ITAT 教育部实用型信息技术人才培养系列教材

3ds Max 2012
三维建模与动画设计
实践教程

尹新梅 等 编著

清华大学出版社
北 京

内容简介

《3ds Max 2012三维建模与动画设计实践教程》遵循读者学习3ds Max三维设计的规律，从基础知识出发，通过实例，由浅入深、循序渐进地介绍3ds Max 2012中的常用概念和基本操作。全书共12章，内容涵盖3ds Max 2012概述、基本操作、简单三维模型的创建、三维模型的编辑与修改、使用二维图形创建与编辑模型、复合对象创建与编辑、材质与贴图、灯光与摄像机、环境和渲染、动画入门、动画进阶、室内效果图表现等。

《3ds Max 2012三维建模与动画设计实践教程》从学习软件基本操作入手，采用"零起点学习软件操作技巧、典型实例提高软件驾驭能力、应用实战提升专业水平——应用拓展达到举一反三的学习效果"这一写作思路，全面详细地向读者介绍3ds Max 2012软件的典型功能与应用实战技能，可作为培训机构、中职、高职以及艺术类院校的3ds Max培训教材。

图书在版编目(CIP)数据

3ds Max 2012三维建模与动画设计实践教程 / 尹新梅等编著. —北京：清华大学出版社，2014
（2021.1重印）

教育部实用型信息技术人才培养系列教材

ISBN 978-7-302-35072-9

Ⅰ.①3… Ⅱ.①尹… Ⅲ.①三维动画软件—教材 Ⅳ.①TP391.41

中国版本图书馆CIP数据核字(2014)第004246号

责任编辑：冯志强
封面设计：吕单单
责任校对：徐俊伟
责任印制：沈 露

出版发行：清华大学出版社
　　　　网　　　址：http://www.tup.com.cn，http://www.wqbook.com
　　　　地　　　址：北京清华大学学研大厦A座　　　　邮　编：100084
　　　　社 总 机：010-62770175　　　　邮　购：010-83470235
　　　　投稿与读者服务：010-62776969，c-service@tup.tsinghua.edu.cn
　　　　质 量 反 馈：010-62772015，zhiliang@tup.tsinghua.edu.cn
　　　　课 件 下 载：http://www.tup.com.cn，010-83470236
印 装 者：三河市铭诚印务有限公司
经　　销：全国新华书店
开　　本：185mm×260mm　　　印　张：29.75　　　字　数：652千字
版　　次：2014 年 6 月第 1 版　　　印　次：2021 年 1 月第 8 次印刷
定　　价：49.80元

产品编号：054768-01

随着房地产业、影视广告动画以及三维游戏市场持续升温，市场需要装饰设计与效果制作、影视制作、三维动画制作与游戏开发等方面的从业人员越来越多。不仅仅是这些行业的收入高，而且前景十分看好。因此，室内装饰设计、动画制作、影视广告制作类的专业培训班以及全国大中专院校此类专业越来越受学员们的追捧。

本书主要从3ds Max软件的实际应用出发，以基础知识作为铺垫，再通过大量实例的制作讲解各种工具与命令的综合使用方法，并在课后结合相关练习对重点知识点进行巩固。以"零起点学习软件操作技巧、典型实例提高软件驾驭能力，应用实战提升专业水平。"这一写作思路，全面详细地向读者介绍3ds Max 2012软件的典型功能与应用实战技能。

全书共分12章，第1章　初识3ds Max，介绍3ds Max 2012的强大功能、应用领域以及工作环境；第2章　对象的基本操作，介绍3ds Max 2012的常用操作工具技能技巧；第3章　简单三维模型的创建，主要介绍如何使用基本三维体、扩展体创建三维模型；第4章　三维模型的编辑与修改，主要介绍如何使用修改面板，以及常用编辑修改器来编辑三维模型；第5章　二维图形的创建与编辑，主要介绍如何编辑修改二维图形以及如何将二维图形编辑成三维体；第6章　复合对象的创建与编辑，主要介绍创建与编辑复合模型的几种常用方法；第7章　材质与贴图，主要介绍常见材质和贴图的制作方法与技巧；第8章　灯光与摄像机，主要介绍常用灯光制作技巧；第9章　渲染与环境，主要介绍如何渲染场景，如何制作一些场特效；第10章　动画入门，主要介绍三维动画工具与关键帧动画的制作技巧；第11章　动画进阶，主要介绍常见路径轨迹动画、旋转、粒子系统等三维动画的制作方法与技巧；第12章　室内装饰设计与效果图表现，主要介绍室内效果图的制作方法和技巧，该案例涉及了建模、材质编辑、灯光布置、像机创建、渲染和后期理整个流程。

本书不同于市场上一般的完全手册基础类图书，也不同于实例堆砌的图书，而是一本与行业实际应用紧密结合的实战性图书。实用性是本书的最大特色！对于初中级读者，或者想通过本书快速提高自己的实战应用水平的读者来说，这本书具有很强的参考价值，也可供各级培训学校作为教材使用。

本书配套光盘包括本书案例和练习题的源文件及素材文件，贴图材质源文件，以方便读者练习和参考。

　　本书由尹新梅主编。参与编写的人员有李彪、朱世波、蒋平、王政、杨仁毅、邓春华、邓建功、何紧莲、施亦东等。在此向所有参与本书编写工作的人员表示由衷的感谢，更要感谢购买本书的读者，你们的支持是我们前进的最大动力。同时由于软件更新速度快，编写时间仓促，因此书中难免会出现疏漏，欢迎各位读者朋友热心指正。

编者

目 录

第1章　初识3ds Max ································· 1

1.1　3ds Max的概述 ························· 2

1.2　3ds Max的应用领域 ················· 2
  1.2.1　电脑游戏 ····················· 2
  1.2.2　电影制作 ····················· 3
  1.2.3　工业制造行业 ················· 3
  1.2.4　电视广告 ····················· 3
  1.2.5　科技教育 ····················· 4
  1.2.6　军事技术 ····················· 4
  1.2.7　建筑装饰 ····················· 4
  1.2.8　科学研究 ····················· 5

1.3　3ds Max 2012的工作环境 ········· 5
  1.3.1　环境配置 ····················· 5
  1.3.2　用户界面 ····················· 5
  1.3.3　设置系统单位 ················· 14

1.4　视图控制 ·························· 15

1.5　文件管理 ·························· 17
  1.5.1　新建文件 ····················· 17
  1.5.2　重置文件 ····················· 18
  1.5.3　打开文件 ····················· 19
  1.5.4　保存文件 ····················· 21
  1.5.5　导入文件 ····················· 22
  1.5.6　合并文件 ····················· 23
  1.5.7　导出文件 ····················· 24

1.6　动手实践——自定义工作环境 ····· 26
  1.6.1　改变视口布局 ················· 26
  1.6.2　改变视口背景颜色 ············· 26
  1.6.3　自定义快捷键 ················· 28

本章小结 ······························ 28

过关练习 ······························ 28

第2章　对象的基本操作 ··············· 30

2.1　认识对象 ·························· 31
  2.1.1　对象的概念 ··················· 31
  2.1.2　对象的基本属性 ··············· 31

2.2　变换对象 ·························· 32
  2.2.1　选择对象 ····················· 32
  2.2.2　移动对象 ····················· 35
  2.2.3　旋转对象 ····················· 35
  2.2.4　缩放对象 ····················· 36

2.3　复制对象 ·························· 37
  2.3.1　克隆复制 ····················· 37

2.3.2　镜像复制 ······················· 40
2.3.3　间隔复制 ······················· 41
2.3.4　阵列对象 ······················· 42

2.4　对齐对象 ·························· 43

2.5　辅助设置 ·························· 45

2.6　组的操作 ·························· 46

2.7　动手实践——制作静物场景表现 ··· 47

本章小结 ······························ 50

过关练习 ······························ 50

第3章　简单三维模型的创建 ············· 52

3.1　认识创建命令面板 ················· 53

3.2　创建标准基本体模型 ··············· 53
  3.2.1　长方体（立方体） ············· 54
  3.2.2　球体 ························· 55
  3.2.3　圆柱体 ······················· 56
  3.2.4　圆环 ························· 56
  3.2.5　茶壶 ························· 58
  3.2.6　圆锥体 ······················· 58
  3.2.7　几何球体 ····················· 59
  3.2.8　管状体 ······················· 61
  3.2.9　四棱锥 ······················· 62
  3.2.10　平面 ························· 62

3.3　动手实践——创建地球仪模型 ······ 63

3.4　创建扩展基本体模型 ··············· 67
  3.4.1　异面体 ······················· 67
  3.4.2　切角长方体 ··················· 68
  3.4.3　油罐 ························· 69
  3.4.4　纺锤 ························· 69
  3.4.5　球棱柱 ······················· 70
  3.4.6　环形波 ······················· 71
  3.4.7　软管 ························· 72
  3.4.8　环形结 ······················· 72
  3.4.9　切角圆柱体 ··················· 73
  3.4.10　胶囊 ························· 74
  3.4.11　L-Ext（L形墙） ·············· 74
  3.4.12　C-Ext（C形墙） ·············· 74
  3.4.13　棱柱 ························· 75

3.5　动手实践——创建足球模型 ········ 75

本章小结 ······························ 78

过关练习 ······························ 79

第4章　三维模型的编辑与修改 ⋯⋯⋯ **82**

4.1　认识修改命令面板 ⋯⋯⋯ 83
　　4.1.1　修改对象基本参数 ⋯⋯ 84
　　4.1.2　给对象添加修改命令 ⋯ 85

4.2　常用修改命令详解 ⋯⋯⋯ 87
　　4.2.1　弯曲 ⋯⋯⋯⋯⋯⋯⋯ 87
　　4.2.2　噪波 ⋯⋯⋯⋯⋯⋯⋯ 88
　　4.2.3　动手实践——制作山脉模型 89
　　4.2.4　编辑多边形 ⋯⋯⋯⋯ 91
　　4.2.5　自由形式变形 ⋯⋯⋯ 100
　　4.2.6　动手实践——制作浴缸模型 102
　　4.2.7　置换 ⋯⋯⋯⋯⋯⋯⋯ 105
　　4.2.8　锥化 ⋯⋯⋯⋯⋯⋯⋯ 107
　　4.2.9　动手实践——制作苹果模型 108

本章小结 ⋯⋯⋯⋯⋯⋯⋯⋯⋯ 114
过关练习 ⋯⋯⋯⋯⋯⋯⋯⋯⋯ 114

第5章　二维图形的创建与编辑 ⋯⋯ **119**

5.1　认识二维图形 ⋯⋯⋯⋯ 120
　　5.1.1　二维图形的作用 ⋯⋯ 120
　　5.1.2　二维图形创建面板 ⋯ 121

5.2　创建基本的二维图形 ⋯ 121

5.3　编辑二维图形 ⋯⋯⋯⋯ 127
　　5.3.1　二维图形的层级结构 127
　　5.3.2　转换为可编辑二维图形 128
　　5.3.3　动手实践——绘制室内
　　　　　　阴角线截面 ⋯⋯⋯ 129

5.4　用二维图形创建三维模型 ⋯ 133
　　5.4.1　挤出 ⋯⋯⋯⋯⋯⋯⋯ 133
　　5.4.2　动手实践——创建楼梯 134
　　5.4.3　车削 ⋯⋯⋯⋯⋯⋯⋯ 140
　　5.4.4　动手实践——制作艺术花瓶 141
　　5.4.5　倒角 ⋯⋯⋯⋯⋯⋯⋯ 144
　　5.4.6　倒角剖面 ⋯⋯⋯⋯⋯ 145
　　5.4.7　动手实践——制作装饰画框 146
　　5.4.8　动手实践——制作爱心凳 149
　　5.4.9　动手实践——制作香梨 153

本章小结 ⋯⋯⋯⋯⋯⋯⋯⋯⋯ 156
过关练习 ⋯⋯⋯⋯⋯⋯⋯⋯⋯ 157

第6章　复合对象的创建与编辑 ⋯⋯ **160**

6.1　常见复合对象创建与编辑 ⋯ 161
　　6.1.1　认识复合对象创建面板 161
　　6.1.2　散布 ⋯⋯⋯⋯⋯⋯⋯ 161
　　6.1.3　动手实践——制作仙人球 167
　　6.1.4　放样 ⋯⋯⋯⋯⋯⋯⋯ 170

6.1.5　动手实践——制作窗帘 ⋯ 176
6.1.6　布尔 ⋯⋯⋯⋯⋯⋯⋯ 181
6.1.7　动手实践——制作钥匙模型 ⋯ 185

6.2　其他复合对象 ⋯⋯⋯⋯ 193
　　6.2.1　变形 ⋯⋯⋯⋯⋯⋯⋯ 193
　　6.2.2　一致 ⋯⋯⋯⋯⋯⋯⋯ 195
　　6.2.3　连接 ⋯⋯⋯⋯⋯⋯⋯ 196
　　6.2.4　地形 ⋯⋯⋯⋯⋯⋯⋯ 198
　　6.2.5　图形合并 ⋯⋯⋯⋯⋯ 200
　　6.2.6　水滴网格 ⋯⋯⋯⋯⋯ 202
　　6.2.7　网格化 ⋯⋯⋯⋯⋯⋯ 203

本章小结 ⋯⋯⋯⋯⋯⋯⋯⋯⋯ 205
过关练习 ⋯⋯⋯⋯⋯⋯⋯⋯⋯ 205

第7章　材质与贴图 ⋯⋯⋯⋯⋯ **209**

7.1　认识材质编辑器 ⋯⋯⋯ 210
　　7.1.1　"材质编辑器"对话框 210
　　7.1.2　精简材质编辑器 ⋯⋯ 211
　　7.1.3　精简材质编辑器的基本
　　　　　　参数卷展栏 ⋯⋯⋯ 214
　　7.1.4　板岩材质编辑器 ⋯⋯ 222

7.2　材质/贴图浏览器 ⋯⋯⋯ 225
　　7.2.1　"材质/贴图浏览器"窗口 225

7.3　材质的类型 ⋯⋯⋯⋯⋯ 226
　　7.3.1　高级照明覆盖材质 ⋯ 227
　　7.3.2　混合材质 ⋯⋯⋯⋯⋯ 228
　　7.3.3　顶/底材质 ⋯⋯⋯⋯⋯ 228
　　7.3.4　多维/子对象材质 ⋯⋯ 229
　　7.3.5　光线跟踪材质 ⋯⋯⋯ 230
　　7.3.6　其他材质 ⋯⋯⋯⋯⋯ 231

7.4　材质的基本操作 ⋯⋯⋯ 235
　　7.4.1　从库中获取材质 ⋯⋯ 235
　　7.4.2　从场景中获取材质 ⋯ 236
　　7.4.3　将材质应用到场景中的对象 236
　　7.4.4　在库中保存材质 ⋯⋯ 237

7.5　贴图类型 ⋯⋯⋯⋯⋯⋯ 237
　　7.5.1　平面贴图 ⋯⋯⋯⋯⋯ 238
　　7.5.2　复合贴图 ⋯⋯⋯⋯⋯ 242
　　7.5.3　色彩贴图 ⋯⋯⋯⋯⋯ 243
　　7.5.4　三维贴图 ⋯⋯⋯⋯⋯ 244
　　7.5.5　其他贴图 ⋯⋯⋯⋯⋯ 249

7.6　贴图坐标 ⋯⋯⋯⋯⋯⋯ 250
　　7.6.1　UVW贴图坐标 ⋯⋯⋯ 251
　　7.6.2　应用"UVW贴图"修改器 253

7.7　动手实践 ⋯⋯⋯⋯⋯⋯ 254
　　7.7.1　制作不锈钢材质 ⋯⋯ 254

7.7.2 制作石材材质 ……… 255
7.7.3 制作多维子材质 ……… 258
7.7.4 制作镂空贴图 ……… 263

本章小结 ……………… 266

过关练习 ……………… 266

第8章 灯光与摄影机 ……………271

8.1 认识3ds Max中的灯光类型 …… 272
8.1.1 标准灯光 ……… 273
8.1.2 光学度灯光 ……… 275

8.2 灯光参数 ……………… 276
8.2.1 标准灯光与参数 ……… 276
8.2.2 光度学灯光参数 ……… 293

8.3 动手实践——制作通过窗子的光线 297

8.4 动手实践——制作灯光阴影 299

8.5 摄影机的类型 ……………… 300
8.5.1 目标摄影机 ……… 301
8.5.2 自由摄影机 ……… 302

8.6 摄影机的参数设置 ……………… 303

8.7 摄影机动画 ……………… 305
8.7.1 沿路径移动摄影机 …… 305
8.7.2 跟随移动对象 ……… 305
8.7.3 摄影机平移动画 ……… 306
8.7.4 摄影机环游动画 ……… 306
8.7.5 摄影机缩放动画 ……… 306

本章小结 ……………… 306

过关练习 ……………… 306

第9章 渲染与环境 ……………310

9.1 渲染与渲染器 ……………… 311
9.1.1 认识渲染器 ……… 311
9.1.2 渲染器优劣对比 ……… 312

9.2 渲染场景 ……………… 313
9.2.1 渲染设置 ……… 313
9.2.2 3ds Max 2012的渲染器 … 320
9.2.3 渲染静态图像 ……… 324
9.2.4 渲染动画 ……… 324
9.2.5 在渲染动画时添加运动模糊 … 325
9.2.6 为光跟踪器设置场景 … 325
9.2.7 动手实践——使用光能传递
渲染室内效果图 …… 326

9.3 环境设置 ……………… 329
9.3.1 设置背景颜色 ……… 329
9.3.2 设置环境贴图 ……… 330
9.3.3 曝光控制 ……… 331

9.3.4 大气效果 ……… 332
9.3.5 大气装置 ……… 333
9.3.6 火焰环境效果 ……… 333
9.3.7 创建篝火效果 ……… 334
9.3.8 动手实践——山中雾色凉亭 … 338

9.4 效果设置 ……………… 340
9.4.1 镜头特效 ……… 340
9.4.2 模糊 ……… 342
9.4.3 亮度和对比度 ……… 344
9.4.4 景深 ……… 345
9.4.5 胶片颗粒 ……… 345
9.4.6 运动模糊 ……… 346
9.4.7 动手实践——火焰文字特效 … 347

本章小结 ……………… 350

过关练习 ……………… 350

第10章 动画入门 ……………353

10.1 认识动画 ……………… 354
10.1.1 动画制作原理 ……… 354
10.1.2 动画制作流程 ……… 355

10.2 动画设置工具 ……………… 355

10.3 设置动画时间 ……………… 357

10.4 创建与编辑关键帧 ……………… 359
10.4.1 创建关键点 ……… 359
10.4.2 运动轨迹 ……… 360

10.5 动手实践——制作开放的花朵 …… 361

本章小结 ……………… 366

过关练习 ……………… 366

第11章 动画进阶 ……………370

11.1 轨迹视图 ……………… 371
11.1.1 轨迹编辑工具栏 ……… 372
11.1.2 层级列表 ……… 373
11.1.3 轨迹编辑窗口 ……… 373

11.2 动画控制器 ……………… 374
11.2.1 了解控制器 ……… 374
11.2.2 访问控制器 ……… 375
11.2.3 查看控制器类型 ……… 375
11.2.4 动画约束 ……… 376
11.2.5 弹簧控制器 ……… 382
11.2.6 位置XYZ控制器 ……… 383
11.2.7 缩放XYZ控制器 ……… 383

11.3 在轨迹视图中为物体
设定动画控制器 ……………… 383

11.4 动手实践——制作蝴蝶飞舞动画 … 385

11.4.1 创建蝴蝶模型 ················· 385

11.4.2 制作蝴蝶材质 ················· 389

11.4.3 制作蝴蝶动画 ················· 391

11.4.4 创建摄像机与灯光 ········· 395

11.4.5 动画输出 ····················· 397

11.5 粒子系统 ······················· 398

11.5.1 创建粒子系统 ················· 398

11.5.2 常见粒子系统 ················· 399

本章小结 ······························· 409

过关练习 ······························· 409

第12章 室内装饰设计与效果图表现 ···413

12.1 室内装饰设计概念 ············ 414

12.2 室内装饰设计流程 ············ 414

12.3 室内装饰设计风格 ············ 417

12.4 室内装饰设计要点 ············ 419

12.5 动手实践——休闲客厅效果图
表现 ······························ 420

12.5.1 建模前的准备 ················· 421

12.5.2 建立场景基本框架 ········· 423

12.5.3 创建踢脚线与窗户 ········· 430

12.5.4 创建摄像机 ·················· 434

12.5.5 合并家具 ····················· 435

12.5.6 赋材质 ······················· 435

12.5.7 创建灯光 ····················· 452

12.5.8 创建窗外美景 ················· 456

12.5.9 后期处理 ····················· 458

本章小结 ······························· 463

过关练习 ······························· 463

第 1 章　初识3ds Max

 学习目标

　　3ds Max 2012是一款优秀的三维建模和动画制作软件，广泛应用于电脑游戏、建筑效果图制作、工业造型、科技教育以及军事模拟等领域。本章将了解3ds Max 2012的应用、工作环境、文件管理以及视图操作等基础知识。

 要点导读

1. 3ds Max 的概述
2. 3ds Max的应用领域
3. 3ds Max 2012的工作环境
4. 视图控制
5. 文件管理
6. 动手实践——自定义工作环境

 精彩效果展示

1.1　3ds Max的概述

　　3ds Max的全称是3d studio Max，是目前最流行、世界上应用最广泛、全球用户最多的三维建模、动画、渲染软件，它完全满足制作高质量动画、最新游戏、建筑效果图表现等领域的需要。3ds Max由全球著名的Autodesk公司麾下的Discreet公司多媒体分部推出。其最佳运行环境为Windows操作系统和MAC操作系统，其版本已从早期的1.0发展到目前的2014版本，其中文版2012版本一直最受广大用户的喜爱。

　　1999年Autodesk将Discreet Logic并购，将原来下属的Kinetix公司并入，成立了Discreet公司。伴随着这次合并，原Kinetix公司麾下的3ds Max系列软件的设计者组成的编程团体也随之加入了Discreet公司，为公司注入了新的活力！

　　目前最流行版本是3ds Max 2012，它提供了出色的新技术来创建模型和为模型应用纹理、设置角色动画和生成高质量图像。在三维制作软件中，这是一个非常成功的产品。3d studio Max的一路升级，增添了许多新的功能，使其性能产生了质的飞跃。从最开始的简单的三维动画制作、模型渲染到被广泛地应用到影视广告制作、建筑装饰巡游与效果图制作、电脑游戏角色动画制作及其他的各个方面，特别是视频游戏对角色动画的要求要高一些，影视特效方面的应用则把3ds Max的功能发挥到了极至。3d studio Max已经成为三维动画制作软件中不可缺少的应用工具！

1.2　3ds Max的应用领域

　　3ds Max是当今世界上应用领域最广，使用人数最多的三维动画制作软件，为建筑表现、场景漫游、影视广告、角色游戏、机械仿真等行业提供了一个专业、易掌握和全面的解决方案。3ds Max 2012支持大多数现有的3D软件，并拥有大量第三方的内置程序。Discreet开发的Character Studio是一个为高级角色动画及群组动画提供理想扩展方案的插件。3ds Max同时与Discreet的最新3D合成软件Combustion完美结合，从而提供了理想的视觉效果，动画及3D合成方案。

　　三维动画主要应用在电脑游戏、电影制作、工业制造行业、电视广告、科技教育、军事技术、科学研究等领域。

1.2.1　电脑游戏

　　当前许多电脑游戏中大量地加入了三维动画的效果。细腻的画面，宏伟的场景和逼真的造型，使游戏的欣赏性和真实性大大增加，使得3D游戏的玩家愈来愈多，使3D游戏的市场不断壮大。同时也带动了持续不断的三维学习与应用热潮，促进了三维技术的发展。如比较经典的网络游戏《魔兽世界》中的动画效果，以及该游戏中的部分角色设计就使用了大量的三维技术。

1.2.2　电影制作

现代的大型电影的制作大都使用了3D技术，如科幻电影《阿凡达》中的人物，以及影片中塑造的多种类型的角色形象和虚拟场景的制作都使用了特技效果，使影片中的每个动作都呈现出很好的连贯性，包括人物和动物的表情、眼神、衣物的飘动、肌肉的伸缩等，都达到了相当高的水平。它给我们带来了强大的视觉冲击与震撼，让人们感受到它无穷的魅力，该电影中的部分场景设计和人物形象设计如图1-1和图1-2所示。

图1-1　　　　　　　　　　　　　　　　图1-2

1.2.3　工业制造行业

由于工业产品的不断更新，其设计、改造离不开3D模型的帮助。例如，在汽车工业中3D动画的应用尤为显著，3ds Max在工业产品造型设计方面也大有用途，如图1-3所示的汽车3D造型。

图1-3

1.2.4　电视广告

3D动画的介入使电视广告变得五彩缤纷，活泼动人。不仅制作成本比真实拍摄低，还显著地提高了广告的收视率。

1.2.5　科技教育

教育资料一般都比较枯燥无味，容易使学生失去兴趣。将3D动画引入到课堂教学，可以明显提高学生的学习兴趣。教师们可以从烦琐的实物模型中解脱出来，与学生共同研究。

1.2.6　军事技术

三维技术应用于军事、航空航天有很长的历史，比如最初导弹飞行的动态研究，以及爆炸后的轨迹。若进行真实的实验，将造成极大的浪费，而计算机动画则可帮助科研人员真实地以运动学、动力学、控制学等为出发点模拟各种行为，如图1-4所示为利用3ds Max模拟飞行。

图1-4

1.2.7　建筑装饰

三维还广泛地应用于建筑装饰等方面。例如在建筑设计中常会运用Max软件制作与表现建筑外观和虚拟场景，即用计算机静态或动态画面的方式模拟建成后的建筑物真实场景，以达到吸引购房者的购买欲望，这就是通常所说的巡游动画，它分为室内和室外漫游。

在装饰设计中也常常运用Max软件表现装修设计效果，如图1-5和图1-6所示为利用Max创建出来的建筑和室内装修效果图。

图1-5

图1-6

1.2.8　科学研究

这是计算机动画应用的一大领域，利用计算机模拟出物质世界的微观状态，分子、原子的高速运动，还可用于交通事故分析、生物化学研究和医学治疗等方面。例如交通事故的事后分析，研究出事故的原因以及如何避免。在医学方面，可以将细微的手术过程放到大屏幕上，进行观察学习，极大地方便了学术交流和教学演示。

1.3　3ds Max 2012的工作环境

3ds Max 2012的工作环境必须有优良的硬件配置和稳定的运行系统驱动作为基础，有了这些基础后才能流畅地运行3ds Max 2012应用程序，从而进一步对3ds Max 2012的各项功能进行深入了解。

1.3.1　环境配置

环境配置是指电脑硬件配置（特别是CPU的选择，它是计算机的心脏部位，其主频直接影响软件的运行速度，一般推荐P4或者更高的配置）和系统驱动应用程序Windows的选择与安装，只有当稳定的系统驱动对硬件进行有效的支持，才能充分发挥硬件的工作效率，从而最大化地提高工作效率。

1．硬件环境配置

一般运行3ds Max 2012的建议最低要求配置如下：

■ CPU：奔腾4以上及AMD系列；
■ 内存：DDDR3，2G以上；
■ 显卡：1GB，1024×768×16位色分辨率，支持OpenGL和Direct3D硬件加速；
■ 输入设备：三键鼠标、键盘；
■ 其他：声卡和音箱。

2．最佳软件环境配置

有了硬件的支持后，还必须选择一个稳定的操作平台来运行3ds Max 2012。该软件所需要的操作系统为Windows XP / Windows 7，版本要求如下：

■ 64位操作系统；
■ DirectX版本：10.0c。

1.3.2　用户界面

配置好硬件与软件后，我们就可通过安装盘安装3ds Max 2012应用软件。完成安装后桌面上将出现 图标，双击此图标即可进入该应用程序的启动画面。稍等片刻后进入3ds Max 2012"欢迎使用3ds Max"的对话框，单击"关闭"按钮即可进入3ds Max 2012的工作界面，该工作界面由标题栏、菜单栏、工具栏、视口、命令面板、状态栏、视图控制区等部分组成，如图1-7所示。

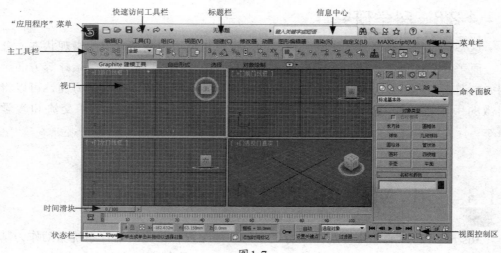

图1-7

1. 应用程序菜单⑤

单击"应用程序"按钮时，显示的"应用程序"菜单提供了文件管理命令，如图1-8所示。

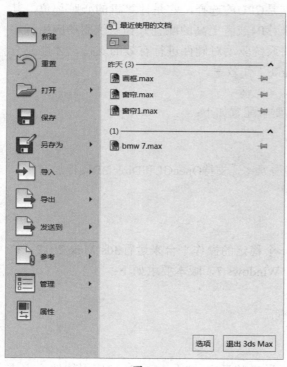

图1-8

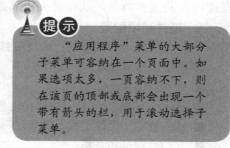

"应用程序"菜单的大部分子菜单可容纳在一个页面中。如果选项太多，一页容纳不下，则在该页的顶部或底部会出现一个带有箭头的栏，用于滚动选择子菜单。

最初打开"应用程序"菜单并且没有其他菜单选项处于活动状态时，"应用程序"菜单会显示最近编辑的文件列表。场景文件是按日期排列的，您可以使用每个日期的标题栏右侧的箭头图标来折叠或展开每天对应的列表。

提示

当使用键盘快捷键Alt+F打开“应用程序”菜单时，会显示菜单选项的相关快捷键，因此可以按快捷键轻松选择所需的菜单。如果移动鼠标，而不是按另一个键，则菜单会还原为其常规外观，但再次按Alt+F快捷键可还原快捷键显示。

■ 图标或图像显示

单击此控件可显示一个子菜单，如图1-9所示。通过该子菜单可选择要在“最近使用的文档”页面中使用的图标。

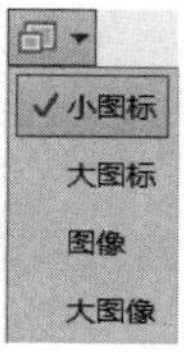

图1-9

- ◆ 小图标（默认值）：在每个文件名称之前显示一个小应用程序图标。
- ◆ 大图标：在每个文件名称之前显示一个较大的应用程序图标。
- ◆ 图像：显示默认情况下与场景一起保存的较小的视口缩略图。
- ◆ 大图像：显示一个默认情况下与场景一起保存的较大的视口缩略图。

■ 选项 退出 3ds Max 这两个按钮始终显示在“应用程序”菜单的底部。

- ◆ 选项：3ds Max 提供了很多用于进行显示和操作的选项。单击“选项”按钮，弹出“首选项设置”对话框，这些选项位于“首选项设置”对话框的一系列标签面板中。
- ◆ 退出3ds Max：退出关闭 3ds Max。如果您有未保存的工作，则将会提示您是否要保存它。

提示

“文件”对话框（例如，“打开”、“保存”和“另存为”）会记住您上次使用的路径并默认指向那个位置。

2. 快速访问工具栏

快速访问工具栏提供一些最常用的文件管理命令以及“撤销”和“重做”命令。

注意

与其他工具栏一样，您可以在“自定义用户界面”面板的“工具栏”面板中自定义快速访问工具栏。

您还可以从工具栏中直接删除按钮，方法是右键单击按钮并选择“从快速访问工具栏中移除”。此外，您还可以通过Modeling Ribbon添加任何按钮，方法是右键单击按钮并选择“添加到快速访问工具栏”。

新建场景：单击以开始一个新的场景。

打开文件：单击以打开保存的场景。

保存文件：单击以保存当前打开的场景。

撤销场景操作：单击以撤销上一个操作。单击向下箭头以显示以前操作的

排序列表，以便您可以选择撤销操作的起始点。请参见撤销/重做。

↷·重做场景操作：单击以重做上一个操作。单击向下箭头以显示以前操作的排序列表，因此您可以选择重做操作的起始点。请参见撤销/重做。

▾快速访问工具栏下拉菜单：单击以显示用于管理快速访问工具栏显示的下拉菜单。

提示

与其他任何 3ds Max 工具栏一样，您也可以使用"自定义用户界面"对话框中的"工具栏"面板自定义快速访问工具栏。

3．信息中心

通过信息中心可访问有关 3ds Max 和其他 Autodesk 产品的信息。它显示在"标题"栏的右侧。

搜索字段：输入要搜索的文本。请参见搜索与接收信息。 使用搜索字段左侧的箭头隐藏或显示此字段。

搜索：在"搜索字段"中输入文本后，请单击"搜索"查找帮助主题和包含此文本的网页。请参见搜索与接收信息。

订阅中心：单击以访问订阅服务。请参见访问速博应用中心。

通讯中心：单击以访问通讯中心。请参见通讯中心概述。

收藏夹：单击以查看"收藏夹"面板。请参见保存和访问收藏夹主题。

·"快速帮助"菜单：单击问号按钮以显示 3ds Max 帮助。

单击向下箭头以访问其他常用的帮助文件。有关此菜单的主要帮助和选项也可在 3ds Max 的"帮助"菜单中获得。

4．标题栏

菜单栏就位于主窗口的标题栏下面。每个菜单的标题表明该菜单上命令的用途。每个菜单均使用标准 Microsoft Windows 约定。

注意

文件功能和相关的命令也可从快速访问工具栏和"应用程序"菜单中获得，它们已从菜单栏中分离出来。

菜单栏分别由编辑、工具、组、视图、创建、编辑器、动画、图表编辑器、渲染、自定义、MaxScript和帮助等菜单项组成，单击菜单命令，会出现下拉菜单，如图1-10所示。

每一个菜单名都包含一个带下划线的字符。按下Alt键的同时按该字符键可以打开菜单，除非特定关键点组合指定给键盘快捷键。"打开"菜单上的一些命令和副标题通常也拥有一个带有下划线的字符。当菜单打开时，按该字符键可调用命令。当使用键盘导航菜单时，还可以使用箭头键移动高亮显示的内容，并按Enter键激活命令或打开子菜单。

命令名称后面的省略号 (…) 表示调用该命令将会打开一个对话框。

命令名称后面的右向三角形表明将出现一个子菜单。

如果命令有键盘快捷键,则菜单将其显示在命令名称的右侧。

如果菜单命令为启用/禁用切换,则复选标记表示其状态:如果复选标记存在,则该命令处于活动状态。

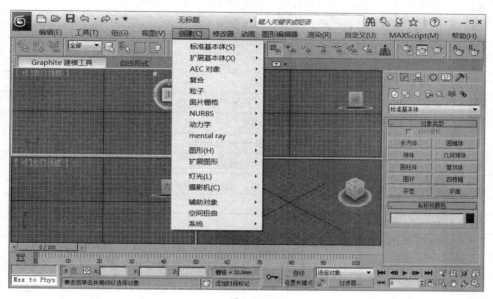

图1-10

 提示

菜单命令名称后有英文标识的是该菜单命令的快捷键按钮,根据显示的快捷按钮在键盘上执行操作即可对选择对象执行其对应的菜单命令。

5. 主工具栏

主工具栏位于菜单栏的下方,如图1-11所示,它是使用频率最高的操作工具,也是常用菜单命令的快捷按钮形式,通过主工具栏可以快速访问 3ds Max 中用于执行很多常见任务的工具和对话框。单击相应的按钮即可执行相应的命令操作。

图1-11

 提示

通常情况下,只有在1280×1024分辨率下,工具栏中的工具才可以完全显示。当工具栏处于低分辨率时,可以将鼠标放在工具栏的空白处,待光标变成🖑标记时,按住左键不放左右拖动工具栏,可显示遮挡的工具并进行相应工具的选择。

在主工具栏的空白处单击鼠标右键,在弹出的快捷菜单中选择相应的工具栏名称选项,可以打开相应的浮动工具栏。按Alt+6可以打开或关闭主工具栏。

熟练掌握这些工具的使用方法和技巧，可大大地提高工作效率。下面简要介绍各工具按钮的功能，如表1-1所示。

表1-1 工具栏按钮简介

按 钮	功能说明
	选择并链接，在制作动画时用于将子物体与父物体链接
	断开当前选择链接，断开子物体与父物体的链接
	绑定到空间扭曲，将物体绑定到空间扭曲
	选择物体
	从场景选择，按物体名称选择物体
	矩形选择区域，还有 等几种形状的选择区域
	窗口选择模式，还有 交叉选择模式
	选择并移动，使用此工具可以选择并移动对象
	选择并旋转，使用此工具可以选择并旋转对象
	选择并均匀缩放，按住该按钮不放，显示选择并非等比缩放按钮 和选择并挤压按钮
	修改操纵器
	键盘快速键覆盖切换
	使用轴点中心，按住该按钮不放，显示使用选择中心按钮 和使用权变换坐标中心按钮，用于确定操作几何体的中心
	三维捕捉开关按钮，按住该按钮不放，显示二维捕捉开关按钮 和
	角度捕捉，可以确定多数功能的增量旋转
	百分比捕捉，可通过指定的百分比增加对象的缩放
	微调器捕捉，可以设置系统所有微调器的单位
	编辑命名选择
	镜像
	对齐
	层管理器
	Graphite建模工具
	曲线编辑器，用于打开"轨迹视图"对话框
	图解视图，用于打开"图解视图"对话框
	材质编辑器，用于打开或关闭"材质编辑器"对话框
	渲染场景对话框按钮
	渲染帧窗口
	快速渲染，按住该按钮不放显示 按钮

6．建模功能区 Graphite 建模工具　　自由形式　　选择　　对象绘制

Graphite 建模工具集，也称为建模功能区，提供了编辑多边形对象所需的所有工具。其界面提供专门针对建模任务的工具，并仅显示必要的设置以使屏幕更简洁。

功能区包含所有标准编辑/可编辑多边形工具，以及用于创建、选择和编辑几何

体的其他工具。此外，还可以根据自己的喜好自定义功能区。有关详细信息，请访问以下链接。

提 示

如果程序界面中没有显示功能区，请选择"自定义"菜单/"显示 UI"/"显示功能区"。

7. 命令面板

命令面板位于界面右侧，它是3ds Max 2012的核心部分，它包括了场景中建模和编辑物体的常用工具及命令。分别由"创建命令面板"、"修改命令面板"、"层次命令面板"、"运动命令面板"、"显示命令面板"和"工具命令面板"等六个面板组成，如图1-12所示。每次只有一个面板可见。单击相应的面板图标即可进行面板间的切换。

图1-12

各命令面板简介如下：

创建面板：包含用于创建对象的控件：几何体、摄影机、灯光等。

修改面板：包含用于将修改器应用于对象，以及编辑可编辑对象（如网格、面片）的控件。

层次面板：包含用于管理层次、关节和反向运动学中链接的控件。

运动面板：包含动画控制器和轨迹的控件。

显示面板：包含用于隐藏和显示对象的控件，以及其他显示选项。

工具面板：包含其他工具程序。

默认情况下，命令面板出现在 3ds Max 窗口的右侧。用户也可以将该面板"停靠"在 3ds Max 窗口的顶、底、左、右四个边上，或将其设为浮动面板。

8. 视口

视图窗口是用户的主要工作区，所有对象的编辑操作都在这里完成。系统默认情况下为4个视图窗口，它们分别是顶视图、前视图、左视图、透视图，如图1-13所示。

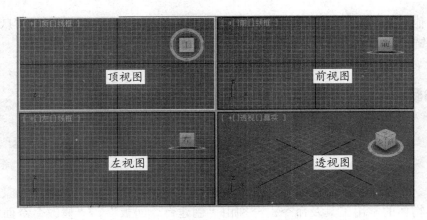

图1-13

9．时间滑块

时间滑块用于控制动画在视图中显示指定帧的状态，并可以通过它移动到活动时间段中的任何帧上。右键单击滑块栏，打开"创建关键点"对话框，在该对话框中可以创建位置、旋转或缩放关键点而无须使用"自动关键点"按钮。

10．轨迹栏

轨迹栏位于视口下方，时间滑块和状态栏之间，如图1-14所示。轨迹栏提供了显示帧数（或相应的显示单位）的时间线。这为用于移动、复制和删除关键点，以及更改关键点属性的轨迹视图提供了一种便捷的替代方式。选择一个对象，以在轨迹栏上查看其动画关键点。轨迹栏还可以显示多个选定对象的关键点。

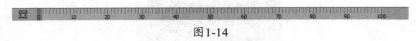

图1-14

用户可以展开轨迹栏，以显示曲线。单击位于轨迹栏左端的 🖾 （打开迷你曲线编辑器）按钮，将展开轨迹栏，如图1-15所示。

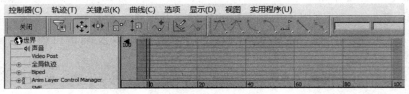

图1-15

11．提示行和状态栏

3ds Max 窗口底部包含一个区域，提供有关场景和活动命令的提示和状态信息。坐标显示区域可以输入变换值，左边的双行界面提供了"MaxScript 侦听器"的快捷键。

状态栏中的 X、Y、Z 数值框用于显示当前选择对象所在的位置以及当前物体被移动、旋转或缩放后的数值。当场景中没有选择对象时，X、Y、Z 数值框只显示光标所在位置的坐标值，如图1-16所示。另外，若要对对象进行坐标变换，则可以直接在数值框中输入参数变换对象坐标。

图1-16

单击⊞按钮切换成⊹状态，用于世界坐标与相对坐标之间的切换。单击🔒按钮切换成🔒状态，用于选定对象锁定与解锁之间的切换，选定对象处于锁定状态时，所有操作只针对锁定对象，其他没被锁定的对象不能进行选择、移动等操作。

12. 动画控制栏

动画控制栏中各按钮用于设置关键帧和控制动画播放，如图1-17所示。

图1-17

自动（自动关键点）处于活动状态时，时间滑块背景将以红色高亮显示，以指示 3ds Max 处于自动设置关键帧模式。

13. 视口导航控制区

视图控制区位于用户界面右下角，它有两种模式，当视图为普通视图即不是摄像机视图时，视图控制工具栏如图1-18所示，当视图为摄像机视图即对摄像机视图进行控制时工具如图1-19所示。使用这些按钮可以控制视图中所显示图形及视图自身的大小和角度，熟练运用这些工具按钮，将大大提高工作效率。

图1-18   图1-19

视图控制区各个工具按钮功能简介如表1-2所示。

表1-2 视图控制区按钮功能简介

按 钮	功能说明
	放大或缩小当前激活的视图区域
	放大或缩小所有视图区域
	将所选择的对象缩放到范围，按住该按钮不放显示🔲按钮
	用于将激活视图中的选择对象以最大方式显示
	将所有视图缩放到范围，按住该按钮不放显示🔳按钮
	同时将4个视图拉近或推远
	缩放视图中的指定区域，当激活视图为透视图时，该按钮切换为▷按钮
	缩放透视图中的指定区域

（续表）

按　钮	功能说明
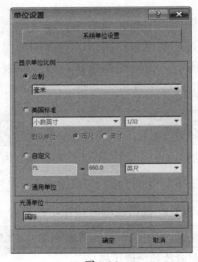 🖐	沿着任何方向移动视窗，但不能拉近或推远视图
	围绕场景旋转视图，按住该按钮不放显示两个形状完全相同但颜色不同的　　　和　　　按钮
	该按钮是黄色的，用于围绕选择的对象旋转视图
	该按钮是黄色的，用于围绕子对象旋转视图
	在原视图和满屏之间切换激活的视图

1.3.3　设置系统单位

单位是三维世界中非常重要的度量工具，主要有米、厘米、毫米以及英制等。当单位设置好后，系统中的模型以及变量都通过该单位进行显示并进行尺寸度量。

3ds Max 2012中有两种单位：绘图单位和系统单位。绘图单位是制作三维造型的依据，系统单位是进行模型转换的依据。

设置系统单位的具体操作如下。

01 执行"自定义"→"单位设置"菜单命令，在弹出的"单位设置"对话框中选择　公制　选项下拉列表框中的　毫米　　　　▼选项，将绘图单位设置为毫米，如图1-20所示。

图1-20

💡 提示

"单位设置"对话框用于确定建模单位显示的方式，这是制作三维造型的依据。显示单位比例有4种方式，分别是　公制　、　美国标准　、　自定义　、　通用单位　。

02 单击　系统单位设置　按钮，弹出"系统单位设置"对话框，选择　系统单位比例　下拉列表框中

的 毫米 选项，将系统单位设置为毫米，如图1-21所示。

图1-21

03 最后单击 确定 按钮，返回"单位设置"对话框，再单击该对话框中的 确定 按钮，完成绘图单位与系统单位设置。

1.4 视图控制

在创建模型的过程中，通常需要对视图或视图内的显示信息进行放大、缩小或推移、旋转等操作。熟练地使用这些操作工具在创作作品时会起到事半功倍的效果。下面采用举例的方式来讲解常用视图缩放的用法。

1. 缩放单个视图窗口 ⊕

放大或缩小某一视图中的场景显示时所用工具为 ⊕（缩放工具），该工具有利于在某一视图中观察模型的细部或整体而不影响其他视图的显示效果。

启用"缩放"后，可通过在"透视"或"正交"视口中拖动鼠标来调整视图的缩放比例。默认情况下，缩放从视口中心进行。激活 ⊕ 按钮后在视图中向上拖动光标为放大，如图1-22所示。向下拖动光标则为缩小。快捷键为Alt+Z。

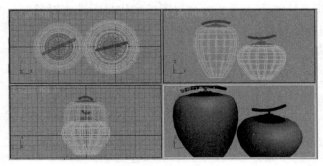

图1-22

2．缩放所有视图 ⊞

放大或缩小所有视图中的场景显示时所用工具为 ⊞（缩放所有视图），该工具用于控制所有视图中的模型显示效果。

激活 ⊞ 按钮后在某一视图中的向上拖动光标，这时所有视图同时放大，如图1-23所示。

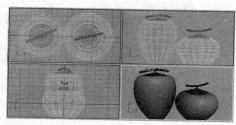

图1-23

3．最大化显示/最大化显示选择对象 ⊡

最大化显示某一视图中的场景时所用工具为 ⊡（最大化显示），该工具用于控制单个激活视图中的模型最大化显示效果。

激活 ⊡ 工具按钮，当前视图最大化显示场景，如图1-24所示。快捷键为Ctrl+Alt+Z。按住 ⊡ 按钮不放，在弹出的下拉按钮中选择 ⊡（最大化显示选定对象）按钮，将切换成 ⊡ 按钮，此按钮用于最大化显示激活视图中所选择的对象。

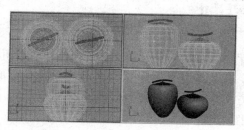

图1-24

4．所有视图最大化显示 ⊞

最大化显示所有视图中的场景时所用工具为 ⊞（所有视图最大化显示），该工具用于控制所有视图中的模型最大化显示效果。

激活 ⊞ 工具按钮，所有视图最大化显示场景，如图1-25所示，快捷键为Shift+Ctrl+Z。其下拉按钮为 ⊞（所有视图最大化显示选定对象），用于最大化显示所有视图中所选择的对象，快捷键为Z。

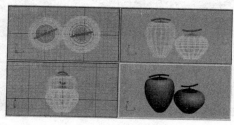

图1-25

5. 缩放区域工具

对视图中的场景进行有选择的区域放大时所用工具为（缩放区域工具），该工具用于单个视图中的框选区域放大或缩小显示效果。操作方法如下：

激活工具按钮，以框选方式对单个视图（透视图除外）进行区域放大，以便观察模型的细节部分，如图1-26所示，快捷键为Ctrl+W。

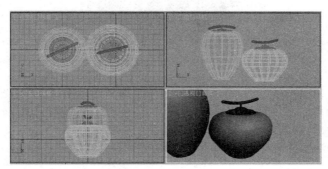

图1-26

值得注意的是：视口控制区中的控制按钮变化取决于活动视口。透视视口、正交视口、摄影机视口和灯光视口都对应着相应的控制按钮，如图1-27所示。正交视口是指"用户"视口及"顶"视口、"前"视口等。

（a）透视和正交视口　（b）视野视口　（c）摄影机视口　（d）灯光视口

图1-27

1.5　文件管理

文件管理是指"新建"、"重置"、"打开"、"保存"和"合并"等基本文件命令的运用，它是 3ds Max 文件管理必不可少的一项操作，几乎贯穿整个操作过程。

单击"应用程序"菜单，即可展开下拉菜单命令选项，在该下拉菜单中包括了所有的文件管理命令。下面对"新建"、"重置"、"打开"、"保存"和"合并"命令进行讲解。

1.5.1　新建文件

为了规范地创建场景对象，在创建对象之前通常会进行新建文件操作，即新建一个空白场景，新建文件的方法有三种：

■ 快捷键Ctrl+N；
■ 单击"应用程序"菜单按钮，选择"新建"选项；
■ 单击快速访问工具栏上的"新建"按钮。

创建新场景的操作如下。

01 单击快速访问工具栏上的"新建"按钮，或按快捷键 Ctrl+N，弹出"新建场景"对话框，如图1-28所示。

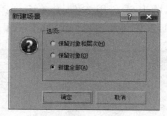

图1-28

02 在"新建场景"对话框中选择要保留的对象类型（如果存在）。

03 单击"确定"按钮即可新建一个场景。

使用"新建"选项可以清除当前场景的内容，而无须更改系统设置（视口配置、捕捉设置、材质编辑器、背景图像等）。"新建"命令也可以提供此选项，当已填充场景处于活动状态时可以使用它，以在新场景中重新使用当前场景中的对象。

"新建场景"对话框选项详解如下。

■ 保留对象和层次

保留对象以及它们之间的层次链接，但删除任意动画键。如果当前场景拥有任何文件链接，则 3ds Max 在所有链接的文件上执行"绑定"操作。

■ 保留对象

保留场景中的对象，但删除它们之间的任意链接以及任意动画键。

处理包含有链接或导入对象的场景时，不应使用此选项。

■ 新建全部（默认）

清除当前场景中的内容。

通过"新建"命令创建的场景，它继承了前一文件的系统设置，如单位设置、视图窗口设置等。

1.5.2 重置文件

"重置"命令会清除场景中所有数据、恢复系统的默认设置，丢弃用户在当前场景中的设置，其效果与重新启动3ds Max系统相同。当执行"重置"命令后，系统出现如图1-29所示的对话框。

图1-29

1.5.3 打开文件

若要对以前保存过的场景进行预览或修改，此时必须在3ds Max应用程序中将文件打开，打开文件的方法有三种：

■ 快捷键Ctrl+O；
■ 单击"应用程序"菜单◎按钮，使用"打开"选项；
■ 单击快速访问工具栏上的"打开"按钮◎。

打开文件的具体操作步骤如下：

01 单击快速访问工具栏上的"新建"按钮◎，或按快捷键 Ctrl+O，弹出"打开文件"对话框，如图1-30所示。

02 单击"查找范围"栏后的路径选项框，找到打开文件的保存位置。

03 在预览框中选择要打开的文件，如图1-31所示。

图1-30

图1-31

04 单击"打开"按钮即可。

从"打开文件"对话框的下拉列表中可以看出，可以打开场景文件（Max 文件）、角色文件（CHR 文件）或 VIZ 渲染文件（DRF 文件），如图1-32所示。也可以选择上一次打开的文件，并使用命令行选项。

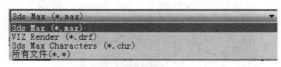

图1-32

Max 文件类型是完整的场景文件。

CHR 文件是用"保存角色"保存的角色文件。

DRF 文件是 VIZ Render 中的场景文件，VIZ Render 是包含在 AutoCAD 建筑（其前身为 Autodesk Architectural Desktop）中的一款渲染工具。DRF 文件类型类似于使用 Autodesk VIZ 保存的 Max 文件。

值得注意的是：如果要加载的文件包含无法定位的位图，会出现"缺少外部文件"对话框。使用此对话框可以浏览缺少的贴图，或不加载这些贴图继续打开文件。

另外，单击"打开"按钮左侧的加号按钮 ，可以为输入的文件名附加序列号，如果已存在这样的文件名可以增加序列号，然后打开该文件名指定的文件（如果这样的文件存在的话）。 例如，如果已突出显示名为 test00.Max 的文件，单击 + 按钮可将文件名改为 test01.Max，然后打开该文件。

打开在早期版本的 3ds Max 中创建的场景时，将弹出"过时文件"对话框。如果重新保存该场景，将覆盖此文件。仍然可以使用3ds Max对这个文件进行编辑，但是不可以在早期版本的3ds Max中再进行编辑。

提示

如果仍然需要使用早期版本的3ds Max打开场景，请使用"文件"下的"另存为"，然后用不同的名称保存该文件。这样就可以使用较早版本打开源文件了。

使用"从 Vault 中打开"命令可以直接从 Autodesk Vault（3ds Max 附带的数据管理提供程序）打开 Max 文件。这可以对创建数字内容时使用的资源进行安全控制和版本管理，而无须使用 Vault 客户端。选择用于存储场景的 Vault 版本。

提示

仅当安装了 Vault 插件（3ds Max 软件安装中的可选部分）时，"从 Vault 中打开"才会显示在应用程序菜单中。

使用"从 Vault 中打开"：

（1）打开"应用程序"菜单 ，然后选择"打开"选项下的"从 Vault 2012 中打开"选项。

（2）如果您没有登录到库提供程序，则会要求您通过"库登录"对话框登录，如图1-33所示。

（3）填写表单，然后单击"确定"按钮即可。

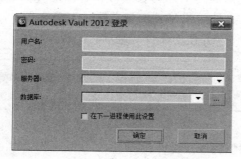

图1-33

1.5.4　保存文件

在创建对象的过程中经常会对已创建好的文件进行保存，以便日后进行调用，同时也可避免断电或误操作导致文件丢失。

保存文件的方法有三种：

■　快捷键Ctrl+S；

■　单击"应用程序"菜单按钮，使用"保存"选项；

■　单击快速访问工具栏上的"保存"按钮▣。

具体操作步骤如下：

01 单击快速访问工具栏上的"保存"按钮▣，将弹出"文件另存为"对话框，如图1-34所示。

02 在"保存在"后面的路径选项框中指定要保存的路径，输入要保存的文件名称，如图1-35所示。

图1-34　　　　　　　　　　　　　　图1-35

03 单击"保存"按钮即可完成文件保存。

提示

执行"保存"命令后对视图、对象、系统单位、捕捉方式、对象材质、灯光等进行的一系列设置一同被保存为*.Max格式的文件中。

3ds Max 可以采用递增顺序对保存的文件进行编号，并以指定的时间间隔自动备份文件。设置"增量保存"和"保存时备份"的选项位于"首选项设置"对话框的"文件"面板上。

使用"应用程序"菜单下的"另存为"命令中的子选项（如图1-36所示），可以将当前文件另存为不同的文件名的Max 或 CHR 格式的场景文件。

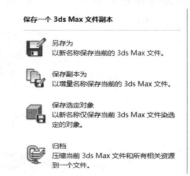

保存一个 3ds Max 文件副本

另存为
以新名称保存当前的 3ds Max 文件。

保存副本为
以增量名称保存当前的 3ds Max 文件。

保存选定对象
以新名称仅保存当前 3ds Max 文件染选定的对象。

归档
压缩当前 3ds Max 文件和所有相关资源到一个文件。

图1-36

■ 另存为

您可以将 Max 场景保存为以前的版本，特别是 3ds Max 2010 或 2011 格式。方法是，使用"另存为类型"下拉列表。

■ 保存副本为

"保存副本为"用来以不同的文件名保存当前场景的副本。该选项不会更改正在使用的文件的名称。

■ 保存选定项

使用"保存选定对象"可将选定的几何体以不同的文件名保存为场景名称。

■ 归档

使用"归档"将创建列出场景位图及其路径名称的压缩存档文件或文本文件。

1.5.5 导入文件

菜单中的"导入"命令是将非3ds Max格式文件导入到3ds Max文件中使用。常用的导入文件格式有：3D Studio Mesh（*.3DS）、Adobe Illustrator（*.AI）、Auto CAD（*.DWG）。

而根据AutoCAD平面图用3ds Max软件创建三维模型则是常用到的方法，即导入Auto CAD（*.DWG）格式文件进行模型，大家应熟练掌握，并灵活运用。

导入文件的具体操作步骤如下。

01 执行"应用程序"菜单 下的"导入"选项中的"导入"子菜单命令，将弹出"选择要导入的文件"对话框，如图1-37所示。

图1-37

02 选择文件路径，找到导入文件的存放位置，在"文件类型"下拉框中选择要导入的文件格式，如图1-38所示。

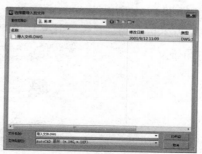

图1-38

03 在文件列表框中选择要导入的文件，单击对话框中的"导入"按钮，弹出
"DWG导入"对话框，如图1-39所示。

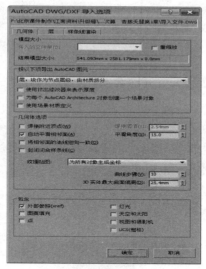

图1-39

04 选择相应的选项后单击"确定"按钮，在弹出的对话框中设置对应选项后，再
单击"确定"按钮即可将CAD文件导入到3D场景中。

1.5.6　合并文件

在3ds Max 的建模过程中常会使用"合并"命令，合并以前创建好的模型到当
前场景中，从而避免重复建模的烦琐操作，也可提高工作效率，特别是对于很大场
景的建模，通常是先由不同的创建者分成几个部分进行局部场景创建，最后通过
"合并"命令再将几个不同场景合并成一个更大的场景。具体操作步骤如下：

01 执行"应用程序"菜单 下的"导入"选项中的"合并"子菜单命令，将弹出
"合并文件"对话框。

02 选择要合并的文件，单击"打开"按钮，弹出"合并"对话框，如图 1-40 所示。

图1-40

📡提示

　　"全部"按钮用于选择列表框中的所有选项；"无"按钮用于取消选项的选择；"反选"按钮用于选择列表中没有选择的剩余选项。在选择列表框中的选项时，可按住 Ctrl 键单击选择项进行叠加选择或取消单个选择的选择项。

03 在合并对话框列表中选择要合并的选项，单击"确定"按钮即可。

📡提示

　　当合并对象与当前场景中的对象出现重名或材质重名现象时，会弹出相应对话框让你选择。

　　当有重名对象时，会弹出如图1-41所示的"重复名称"对话框。各选项按钮含义如下：

图1-41

■ 合并：在后面文本框中输入一个新名字，并以此名字进行合并。
■ 跳过：忽略当前重名对象，不合并到当前场景中。
■ 删除原有：合并对象，并删除当前场景中的重名对象。
■ 自动重命名：将以添加序号的方式为合并对象自动命名。
■ "应用于所有重复情况"复选框：勾选该复选框时，每个重名对象都会按照第一个处理的方式进行默认处理。

　　当对象的材质出现重名时，会弹出如图1-42所示的"重复材质名称"对话框，其中各按钮用法与"重复名称"对话框中对应的选项相似，在此不再重复。

图1-42

1.5.7　导出文件

　　将3ds Max文件导出保存为其他兼容软件的格式，如3D Studio Mesh（*.3DS）、

Adobe Illustrator（*.AI）、Lightscape（*.LP）、AutoCAD（*.DWG）、VRML97（WRL）等。若后期要选择Lightscape渲染软件渲染模型，就可将场景导出为Lightscape（*.LP）格式，具体操作步骤如下：

01 执行"应用程序"菜单 下的"导出"选项中的"导出"子菜单命令，如图1-43所示。

02 弹出"选择要导出的文件"对话框。指定导出文件的保存位置，在文件类型下拉列表框中选择 Lightscape 准备（*.LP）格式选项，输入导出的文件命名，如图1-44所示。

图1-43

图1-44

 提 示

用户还可以使用"导出"命令中的"导出选定对象"命令将当前场景中选择对象导出为相应的场外文件格式。另外也可以使用"导出到DWF"命令将当前场景导出成DWF格式。

03 单击"保存"按钮，弹出"导入Lightscape准备文件"对话框，如图1-45所示。

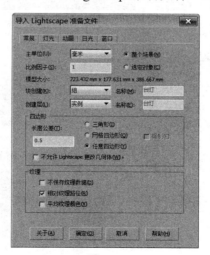

图1-45

04 根据需要设置选项后，单击"确定"按钮，完成导入操作，接下来就可通过Lightscape软件打开导出的文件并进行渲染。

1.6 动手实践——自定义工作环境

现代社会越来越流行个性化，人性化风格，3ds Max 2012也不例外，用户可以随意地设置软件界面的颜色，布局类型，也可以将功能菜单命令设置成自己习惯的快捷键，这些人性化的设计可以让用户更加方便、轻松地使用3ds Max软件。本例将介绍如何设置视图的背景颜色和快捷键的方法。

操作步骤

1.6.1 改变视口布局

根据需要，用户可以改变视图窗口的布局，比如将四视口视图设置成三视口视图，其操作方法如下。

01 在任何视口中，单击或右键单击视口标签 ([+])，弹出一快捷菜单。

02 选择"配置视口"选项，在弹出的"视口配置"对话框中选择"布局"选项卡，选择一种布局，如图1-46所示。

03 单击"确定"按钮即可完成视图设置，完成后的效果如图1-47所示。

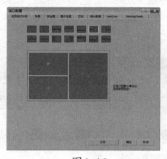
图1-46

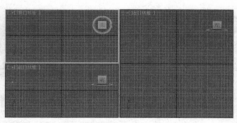
图1-47

1.6.2 改变视口背景颜色

用户可以将视口背景颜色设置成自己喜欢的颜色，操作方法如下。

01 执行"自定义"→"自定义用户界面"菜单命令，即可弹出"自定义用户界面"对话框，如图1-48所示。

图1-48

通过该对话框，用户可以对软件界面颜色、布局以及快捷键设置等进行自定义。"自定义用户界面"对话框中各选项卡含义如下：

■ 键盘：单击该选项卡，即可进入设置快捷键的界面。

■ 工具栏：单击该选项卡，即可进入编辑现有工具栏或创建自定义工具栏的界面。

■ 四元菜单：单击该选项卡，即可进入创建自己的四元菜单集，或可以编辑现有的四元菜单集的界面。

■ 菜单：单击该选项卡，即可进入自定义软件中使用的菜单，编辑现有菜单或创建自己的菜单以及自定义菜单标签、功能和布局的界面。

■ 颜色：单击该选项卡，即可进入自定义软件界面的外观，调整界面中几乎所有元素的颜色以及自由设计自己独特的风格的界面。

02 单击"颜色"选项卡，在"元素"右侧的下拉框中选择"视口"选项，然后在"元素"下面的列表框中选择"视口背景"选项，如图1-49所示。

03 单击"元素"右侧颜色框按钮，在弹出的"颜色选择器"对话框中设置视口背景的颜色参数，如图1-50所示。

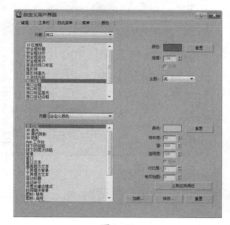

图1-49

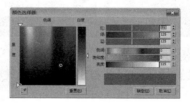

图1-50

04 设置完成后，单击"颜色选择器"对话框中的"确定"按钮，然后再单击"立即应用颜色"按钮，即可看到软件的视口背景变为用户设置的颜色，如图1-51所示。

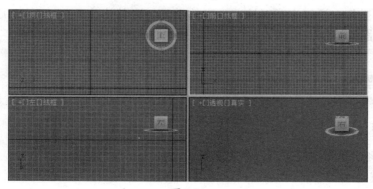

图1-51

1.6.3 自定义快捷键

在3ds Max中可以自定义一些快捷键，自定义快捷键后可大大提高工作效率。其操作方法如下。

01 执行"自定义"→"自定义用户界面"菜单命令，在打开的"自定义用户界面"对话框中单击"键盘"选项卡，在"组"右侧的下拉列表框中选择"主UI"选项，然后在"类别"右侧的下拉列表框中选择"All Commands"选项，再在"类别"下方的列表中选择"合并文件"选项，在对话框右侧的"热键"输入框中输入要定义的快捷键，如Shift+1键，如图1-52所示。

02 完成上面的设置后，单击"指定"按钮，即可将Shift+1快捷键设置为"合并文件"的快捷键，如图1-53所示。最后关闭对话框，这样就可以试着应用自定义的快捷键了。

图1-52   图1-53

设置后用户只要按Shift+1快捷键就可以弹出"合并"对话框。

本章小结

本章主要介绍3ds Max 的应用领域、3ds Max 2012的工作界面、文件管理、视图控制等基本操作，通过本章对这些内容的学习，读者熟悉了3ds Max 2012的工作环境以及对视图的操作，为进一步深入学习3ds Max 2012打下基础。

过关练习

1．选择题

（1）将顶视图切换为用户视图是按____。

A．F键   B．C键

C．B键   D．U键

（2）在系统默认情况下视图窗口为____个。

A．1　　　　　B．3　　　　　C．2　　　　　D．4

（3）对工具栏中的 按钮说法正确的是____。

A．三维捕捉工具

B．二维捕捉工具

C．单击该按钮可打开"栅格和捕捉设置"对话框

D．对齐工具

2．上机题

　　将光盘中的CAD平面图形（素材与源文件/第1章/素材）导入到3ds Max 2012的顶视图中作为背景。

操作提示：

01 首先将3ds Max系统单位设置成毫米。

02 执行菜单栏中的"视图"→"视口背景"命令，打开"视口背景"对话框，设置参数选项，然后在"背景源"选项栏中单击"文件"按钮，打开配套光盘中的"源文件与素材/第1章/导入文件.dwg"文件，如图1-54所示。

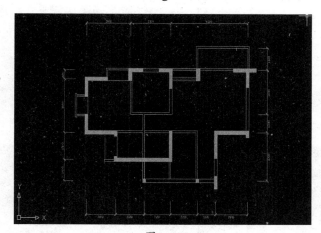

图1-54

　　载入的图片通常在激活的视图中进行显示，因此我们要在顶视图中载入平面图时，应先单击顶视图，视图边框出现黄色框，表明当前视图为激活状态。

第2章 对象的基本操作

 ## 学习目标

前面我们已经熟悉了3ds Max 2012的工作环境和文件管理等基础知识，本章我们将介绍熟练掌握3ds Max中的对象的选择、旋转、移动、复制、对齐以及群组等基本操作。

 ## 要点导读

1. 认识对象
2. 变换对象
3. 复制对象
4. 对齐对象
5. 辅助设置
6. 组的操作
7. 动手实践——制作静物表现

 ## 精彩效果展示

2.1 认识对象

在掌握3ds Max对象的操作之前，先了解对象的概念和基本属性。3ds Max 具有面向对象的特性，所有工具、命令都是作用于对象。通过创建面板下的几何体层级面板和样条线层级面板可以创建最基本的标准几何体、扩展几何体和各种二维几何图形。

2.1.1 对象的概念

通过创建命令面板在视图中创建的物体称为对象，对象可以是三维模型、二维图形及灯光等。并且每个对象都有自身特点和相关的参数，通过调整相关的参数可创建同一对象的不同形态及效果。

2.1.2 对象的基本属性

创建的每个对象除了具有自己特定的属性外，还具有与自然属性、视图显示、渲染环境、材质贴图等相关的属性。选中场景中的对象，执行"编辑"→"对象属性"菜单命令即可开启"对象属性"对话框，如图2-1所示。

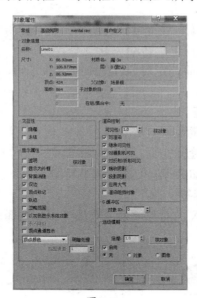

图2-1

1．【常规】标签

（1）"对象信息"选项组

用来显示对象的名称、颜色、位置、面数、材质名称等信息。

（2）"交互性"选项组

■ 隐藏：勾选该复选框，隐藏当前选定的对象，需要取消隐藏时可以在显示命令面板中取消该对象的隐藏状态。

■ 冻结：勾选该复选框，冻结当前选定的对象。

（3）"显示属性"选项组

勾选"透明"复选框，使当前选的对象透明显示，不会对最终渲染产生影响，如图2-2所示。

■ 显示外框：勾选该复选框，将当前选定的对象显示为长方体，可以降低场景显示的复杂程度，加快视图刷新的速度，如图2-3所示。

图2-2　　　　　　　　图2-3

■ 顶点标记：勾选该复选框，在当前对象的表面显示节点的标记，如图2-4所示。
■ 轨迹：勾选该复选框，显示对象的运动轨迹，如图2-5所示。

图2-4　　　　　　　　图2-5

（4）"渲染控制"选项组

设置对象是否参与渲染、接受或投射阴影、是否使用大气效果等。

（5）"G缓冲区"选项组

对象通道——指定当前选定对象G缓冲通道的号码，具有G缓冲通道的对象，可以被指定渲染合成效果。

2．【高级照明】标签

该标签用于设置对象的高级灯光属性。

3．【mental ray】标签

该标签用于控制Mental Ray渲染器的渲染功能。

4．【用户自定义】标签

该标签可以输入自定义的对象属性或对属性进行注释。

2.2　变换对象

变换对象主要是指对对象进行选择、移动、旋转或缩放操作，主要练习工具栏中的 ▶（选择）、✦（移动）、↻（旋转）、■（缩放）工具的使用方法。

2.2.1　选择对象

选择对象是创建和编辑3ds Max 2012对象的前提和基础，使用工具栏中的 ▣（选择对象）按钮可以选择对象。

使用 ▶（选择）按钮选择对象的操作步骤如下。

01 启动3ds Max 12软件，打开配套光盘中的"源文件与素材/第2章/选择对象.max"
文件，单击工具栏中的 按钮，它将变为黄色 按钮，表示处于被激活状态。

02 把光标移动到茶壶上，单击鼠标左键即可选择茶壶对象，此时选择模型在视
图中将以白色线框显示，在透视图或像机视图中，被选择物体会被白色外框包
围，如图2-6所示。

03 接着单击视图中的球体模型，此时球体模型处于选择状态，而原来选择的茶壶
模型选择撤销，如图2-7所示。

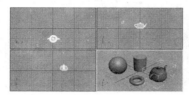
图2-6

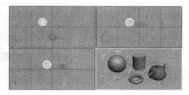
图2-7

提示

在不同的显示模式下选中对象的显示状态各不相同。在"线框"模式下选中的对象以白
色线框显示，在"平滑高光"模式下所选对象的外侧会出现白色边框。

04 单击视图中没有物体的地方，此时将取消物体的选择状态，视图中没有任何物
体被选择，如图2-8所示。

05 按住Ctrl键，并依次单击对象即可选择多个对象，视图中选择对象效果如图2-9
所示。

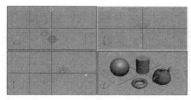
图2-8

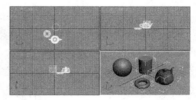
图2-9

下面再介绍几种其他选择对象的方法。

1. 按名称选择

工具栏上 按钮是按名称选择工具按钮，单击该按钮，打开"选择对象"对话
框，如图2-10所示。

"选择对象"对话框中列出了视图场景中所有物体名称，选择名称列表框中的
"球体"选项，单击"确定"按钮，即可选择视图中名称为"球体"的对象。

提示

当场景中的物体有很多时，用此选择方式非常方便，但最好在创建物体时给物体命名，
这样便于选择。单击该按钮可弹出"从场景选择"对话框，按键盘上的H键，也可弹出该对
话框。

图2-10

2. 区域选择

单击工具栏中的▢按钮不放，即可弹出按钮列表，该列表中的按钮用于在场景中拖动鼠标定义一个区域来对物体进行选择，按钮分别是矩形选择区域▢、圆形选择区域▢、围拦选择区域▢、套索选择区域▢、绘制选择区域▢等5种。

[01] 打开配套光盘中的"源文件与素材/第2章/选择对象.max"文件，单击工具栏中的▢按钮，再选择工具栏中的矩形选择区域▢，在视图中拖动鼠标，会出现矩形选择框，如图2-11所示。此时包含在矩形框内的对象将被选择，如图2-12所示。

图2-11   图2-12

[02] 用同样的方法，使用其他4种选择区域方式在视图中拖动鼠标，即可选取选择区域内的对象。

3. 窗口/交叉方式选择

▢/▢（窗口/交叉）：当使用▢窗口方式进行对象选择时，只有完全包含在选择框的物体才能被选择，部分在选择框内的物体则不被选择。当使用▢交叉方式时，与选择框相交或包含在选择框内的物体都会被选择。

窗口/交叉选择的操作步骤如下。

[01] 当工具栏上的选择对象按钮▢处于激活状态时，使用▢交叉方式进行选择，在视图中拖动鼠标拉出矩形框，如图2-13所示。

[02] 在▢交叉方式选择模式下，处于选择区域内或与选择区域相交的物体都能被选中，如图2-14所示。

图2-13   图2-14

03 单击工具栏中的■交叉方式按钮，将选择方式切换为■窗口方式，在视图中拖动鼠标拉出矩形框，如图2-15所示。

04 可以看到在■窗口方式选择模式下，只有完全包含在选择框内的物体才会被选中，如图2-16所示。

图2-15　　　　　　　　　　图2-16

2.2.2　移动对象

位于工具栏中的✛（移动）按钮不仅可以对选择对象进行移动，同时也可以作为选择工具来选择对象，该工具按钮与位于工具栏中的■（选择）按钮的区别是前者既可以选择对象同时也可以移动对象，而后者则只能选择对象。

移动对象的操作步骤如下。

01 打开配套光盘中的"源文件与素材/第2章/移动对象.max"文件，单击工具栏中的✛按钮，按钮将变为黄色，表示处于被激活状态。

02 在透视图中单击如图2-17所示的装饰碗对象，可以看到视图中选择物体上有一个由x、y、z组成的坐标轴，我们就是靠这个坐标轴来确定对象的移动方向。

03 将光标放在坐标轴的x轴上，这时x轴呈现的颜色变成黄色，表明该轴被激活，然后拖动鼠标，即可将选择的物体沿x轴方向移动，这种方法同样适用于y、z轴方向的移动，如图2-18所示。

图2-17　　　　　　　　　　图2-18

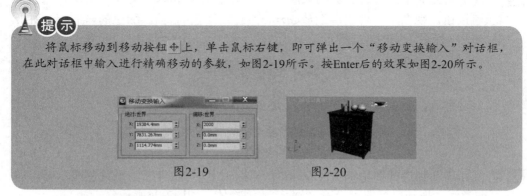

提示

将鼠标移动到移动按钮✛上，单击鼠标右键，即可弹出一个"移动变换输入"对话框，在此对话框中输入进行精确移动的参数，如图2-19所示。按Enter后的效果如图2-20所示。

图2-19　　　　　　　　　　图2-20

2.2.3　旋转对象

旋转工具用于选择对象并对它进行旋转操作。单击工具栏中的旋转按钮◯，视图中即可显示出旋转Gizmo。

旋转对象的操作步骤如下。

01 打开配套光盘中的"源文件与素材/第2章/旋转对象.max"文件，单击工具栏上的 ⟳ 按钮，视图中即可出现旋转Gizmo，它由红色的x轴，绿色的y轴，蓝色的z轴形成坐标系，如图2-21所示。

02 利用鼠标移动旋转Gizmo上的x、y、z轴即可按选择轴向旋转对象，如图2-22所示。

图2-21　　　　　　　　　图2-22

提示

　　将鼠标移动到旋转按钮 ⟳ 上，单击鼠标右键，即可弹出一个"旋转变换输入"对话框，在此对话框中输入进行精确旋转的参数，如图 2-23 所示。按 Enter 键后的效果如图 2-24 所示。

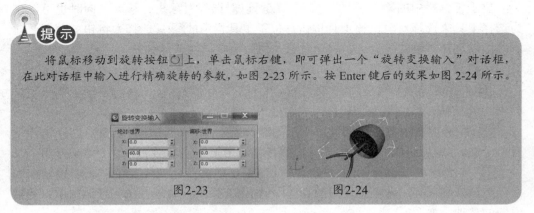

图2-23　　　　　　　　图2-24

2.2.4　缩放对象

　　缩放工具用于选择并缩放对象。单击工具栏中的缩放按钮 ⬚，将光标放在要缩放的对象上单击时，光标变成 △ 状态。

　　缩放对象的操作步骤如下。

01 打开配套光盘中的"源文件与素材/第2章/缩放对象.max"文件，单击工具栏上的 ⬚ 按钮，视图中即可出现缩放Gizmo。它由红色的x轴，绿色的y轴，蓝色的z轴形成坐标系，如图2-25所示。

图2-25

02 将鼠标移动到透视图中缩放 Gizmo的x坐标轴上，当x坐标轴呈黄色显示时，即可被激活，拖动鼠标即可沿着x坐标轴放缩物体，如图2-26所示。

03 按下Ctrl+Z快捷键，回到上一步操作。将鼠标移动到透视图中缩放 Gizmo的xz坐标轴上，使xz坐标轴之间的三角形呈黄色显示，拖动鼠标进行缩放操作，xz轴方向改变比例，如图2-27所示。

图2-26　　　　　　　　　　图2-27

04 按下Ctrl+Z快捷键，回到上一步操作。将鼠标移动到透视图中缩放Gizmo的中心位置，拖动中心的三角形，x、y、z轴三个方向同时改变比例，如图2-28所示。

图2-28

选择并缩放物体共有三种方式：

- ■ ▦（选择并均匀缩放）：该按钮沿三个坐标轴方向等量缩放对象，并保持对象的原有比例，这是一种三维变化，它只改变对象的体积而不改变其形状。

- ■ ▦（选择并非均匀缩放）：根据所激活的坐标轴约束以非均匀的方式缩放对象，是一种二维变化，它使对象的形状和体积都发生变化。

- ■ ▦（选择并挤压）：根据所激活的坐标轴约束来挤压对象，使对象在某一坐标轴上缩小，而同时在另两个坐标轴上放大（反之亦然），挤压物体只改变物体形状而总体积保持不变。

2.3　复制对象

当需要在场景中创建大量的相同的对象时，为了提高创建速度，我们通常采用先创建其中一个对象，再通过对该对象进行复制的方法来完成其余相同对象的创建，常用的复制有克隆复制、镜像复制、间隔复制和阵列复制。

2.3.1　克隆复制

克隆复制是我们用得最多的一种复制对象的方法，3ds Max中用于复制对象的命令位于"编辑"菜单下的"克隆"命令。

克隆对象的操作步骤如下。

01 在场景中选择要复制的对象。

02 执行"编辑"→"克隆"命令或按快捷键Ctrl+V，弹出"克隆选项"对话框，如图2-29所示。

03 选择相应选项后单击"确定"按钮，即可完成物体的复制。

- ■ ⊙ 复制：该选项表明复制所得的物体与原物体之间是相互独立的，对其中一个物体进行编辑修改命令时，都不会相互影响。

■ **实例**：该选项表明复制所得的物体与原物体之间是相互关联的，对其中一个物体进行编辑修改命令时，都会相互影响同时发生变换。

■ **参考**：该选项表明复制所得的物体与原物体之间是参考关系单向关联，当对原物体进行编辑修改时，复制物体同时会发生变换，当对复制物体进行编辑修改命令时，原物体则不会受到影响，仅作为原形态的参考。

下面介绍几种常用的克隆复制方法。

1. 使用移动工具 ✛ 复制对象

其操作方法如下。

01 打开配套光盘中的"源文件与素材/第2章/复制对象.max"文件。

02 在视图中选择对象并按住Shift键不放，然后利用移动工具 ✛ 在前视图中沿x轴向右拖动对象，如图2-30所示，即可弹出"克隆选项"对话框，如图2-31所示。

图2-30   图2-31

03 在对话框中设置 **副本数:** 的数值为2，复制物体与原物体的关系为 **实例** 选项，如图2-32所示。单击"确定"按钮，视图中即会出现复制的两个对象，如图2-33所示。

图2-32   图2-33

2. 使用旋转工具 ◯ 复制对象

在建模的过程中常遇到以某对象为圆心进行环形复制，如制作圆桌配套的椅子，此时就可通过调整对象轴的位置来进行复制，操作方法如下。

01 打开配套光盘中的"源文件与素材/第2章/旋转复制.max"文件。

02 在视图中选择椅子模型，单击命令面板中的层次图标 ♣，打开层次命令面板，单击 **- 调整轴** 卷展栏中的 **仅影响轴** 按钮，如图2-34所示。再利用移动工具 ✛ 在顶视图中将椅子模型的轴心调整到桌子模型中心位置，如图2-35所示。

图2-34

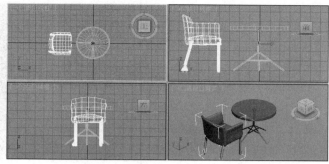

图2-35

03 单击 调整轴 卷展栏中的 仅影响轴 按钮，退出当前命令，单击工具栏中的旋转工具 ，并按住Shift键不放，将椅子模型在顶视图中沿z轴方向向右旋转120°，如图2-36所示，松开鼠标即可弹出"克隆选项"对话框，如图2-37所示。

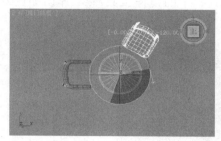

图2-36

图2-37

04 在该对话框中设置 副本数: 的数值为2，复制物体与原物体的关系为 实例 选项，如图2-38所示。单击"确定"按钮，视图中即会出现复制的两个椅子模型，在透视图中的效果如图2-39所示。

图2-38

图2-39

3. 使用缩放工具 复制对象

其操作步骤如下。

01 打开配套光盘中的"源文件与素材/第2章/缩放复制.max"文件。

02 单击缩放工具 ，在视图中选择模型对象并按住Shift键不放，利用缩放工具 在视图中均匀缩放模型，如图2-40所示，并在弹出的"克隆选项"对话框中选择 实例 选项即可，如图2-41所示。

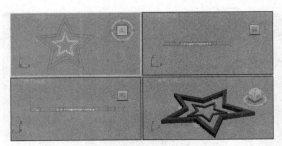 

图2-40　　　　　　　　　　　　　　　图2-41

2.3.2　镜像复制

镜像复制用于将选择对象沿设置的坐标轴方向进行移动或复制操作，其操作步骤如下。

01　打开配套光盘中的"源文件与素材/第2章/镜像复制工具.max"文件，如图2-42所示。

02　在视图中选择窗帘模型，单击工具栏中的镜像工具 ，弹出如图2-43所示的"镜像"对话框。

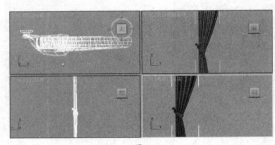 

图2-42　　　　　　　　　　　　　　　图2-43

03　在"镜像"对话框中设置 X 参数为1200，选择 实例 选项，如图2-44所示，即以x轴为镜像轴，在偏移1200的地方再复制一个窗帘模型，镜像复制后在透视图中的效果如图2-45所示。

 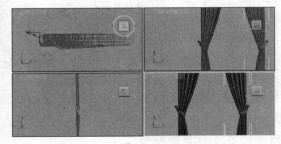

图2-44　　　　　　　　　　　　　　　图2-45

 提示

在"镜像"对话框中若选择 不克隆 选项，物体则不进行复制，仅执行镜像命令。

■ 镜像轴：选项组：用来设置镜像的轴向，系统提供了X、Y、Z、XY、YZ和ZX

6个选项。偏移指镜像对象轴心点与原始对象轴心点之间的偏移距离。

■ 偏移：栏：用于设置镜像物体和原始物体轴心点之间的距离。

■ 克隆当前选择：选项组：用于设置是否克隆及克隆的方法。

■ ☑ 镜像 IK 限制：复选框：勾选该复选框，则当单轴镜像几何体时，几何体的IK约束也将被一起镜像。

2.3.3 间隔复制

间隔工具位于"附加"工具栏，可以通过执行"自定义"→"显示UI"→"显示浮动面板"菜单命令显示。主要用于以当前物体为参考，通过拾取路径的方式沿路径进行一系列复制操作，其操作步骤如下。

01 打开配套光盘中的"源文件与素材/第2章/间隔工具.max"文件。在工具栏空白处单击右键，在弹出的快捷菜单中选择 附加 选项，如图2-46所示，即可打开"附加"工具栏，如图2-47所示。

图2-46　　　　　图2-47

02 在视图中选择圆锥模型，在"附加"工具栏中按住阵列工具 不放，选择下拉工具组中的间隔复制工具 ，弹出"间隔工具"对话框，勾选 ☑ 计数：选项，设置参数为5，如图2-48所示。单击该对话框中的 拾取路径 按钮，单击视图中的圆作为路径，此时"间隔工具"对话框如图2-49所示，单击"应用"按钮，然后再单击"关闭"按钮，结果如图2-50所示。

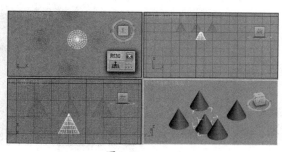

图2-48　　　　　图2-49　　　　　　　　　图2-50

03 撤销上一步的操作，在"间隔工具"对话框中设置参数，单击 拾取点 按钮，如图2-51所示。然后在透视图中单击点并拖动鼠标，让复制对象排列在拖动鼠标形成的直线上，如图2-52所示。

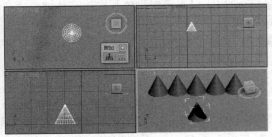

图2-51   图2-52

2.3.4 阵列对象

阵列主要用于以当前物体为参考，进行大规模的有规则的复制操作，其操作步骤如下。

01 打开配套光盘中的"源文件与素材/第2章/阵列.max"文件，在顶视图中选择场景中的球体对象，单击"附加"工具栏中的阵列按钮，或执行"编辑"→"阵列"菜单命令，都将弹出"阵列"对话框，如图2-53所示。

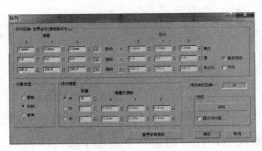

图2-53

02 首先设置 阵列维度 中的 1D 复制的 数量 值为3，然后在 增量 栏设置 移动 左侧的 Z 为500，表示在 Z 轴上每增加500个单位就复制一个新物体，然后单击 移动 后面的 按钮 总计 栏中的 Z 为1500，设置 增量行偏移 栏中的 Y 值为500，接着设置 2D 复制的 数量 值为3，再设置其他的参数，设置完成如图2-54所示。

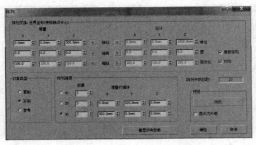

图2-54

03 单击"确定"按钮，阵列效果如图2-55所示，然后将所有的球体选中并群组，确认前视图中球处于选择状态时右键单击 按钮，在弹出的对话框中设置

偏移:屏幕 的 **X:** 为-45，**Y:** 为45，最后利用移动工具 ✛ ，将球与节点对齐，效果如图2-56所示。

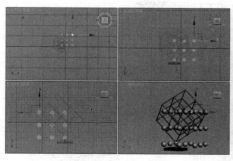
图2-55

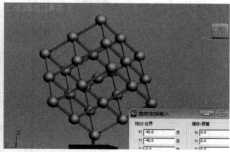
图2-56

"阵列"对话框简介如下：

（1） **阵列变换:** 选项组

指定如何应用三种变化方式来进行阵列复制。

■ **增量：** 分别用来设置 **X**、**Y**、**Z** 三个轴向上阵列物体之间距离的大小、旋转、缩放程度的增量。

■ **总计：** 分别用来设置 **X**、**Y**、**Z** 三个轴向上阵列物体之间距离的大小、旋转、缩放程度的总量。

■ **☑重新定向：** 决定当阵列物体绕世界坐标旋转时是否同时也绕自身坐标旋转。否则，阵列物体保持其原始方向。

■ **☐均匀 ：** 勾选该复选框，禁用y、z轴向上的参数输入，而把X轴上的参数值统一应用到各个轴。

（2） **阵列维度** 选项组

确定阵列变换的维数，其中多维设置仅应用于位移阵列。

■ **◯1D**、**◯2D**、**◯3D**：根据阵列变换选项组的参数设置创建一维、二维和三维阵列。

■ **数量：** 确定阵列各维上对象阵列的数量。

■ **增量行偏移：** 在各个轴向上的偏移增量。

■ **重置所有参数** ：重置阵列参数的初始值。

■ **预览** ：按下该按钮可以在视图中进行预览。

■ **☐显示为外框** ：该选项将阵列结果以对象的边界盒显示，以加快视图刷新速度。

2.4 对齐对象

对齐工具可以将当前选择对象与目标选择进行位置对齐，对齐对象的操作步骤如下。

01 打开配套光盘中的"源文件与素材/第2章/对齐对象.max"文件。下面准备将五角星模型的x、y、z轴上的中心点与五角星框模型的x、y、z轴上的中心点对齐。

02 在视图中选择小五角星模型，单击工具栏中的对齐按钮 ，将鼠标移动到视图中的大五角星框模型上光标显示为十字形，如图2-57所示，此时单击大五角星对象，弹出"对齐当前选择"对话框，如图2-58所示。

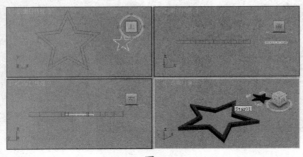 

图2-57　　　　　　　　　　　　　　图2-58

■ —对齐位置（世界）-选项组：用于指定位置对齐的轴向，选择三个轴，则使中心对齐。

■ 当前对象:选项组/目标对象:选项组：用于分别设置当前对象与目标对象对齐位置，对齐位置是基于对象的边界盒进行指定。

■ 最小：当前对象或目标对象边界盒上的最小点。

■ 中心：当前对象或目标对象边界盒上的中心点。

■ 轴点：当前对象或目标对象的坐标轴心点。

■ 最大：当前对象或目标对象边界盒上的最大点。

■ —对齐方向(局部)：选项组：用于指定对齐方向依据的轴向。

■ —匹配比例：选项组：用于将目标对象的放缩比例沿指定的坐标轴向施加到当前物体上。

03 勾选弹出对话框图中的 ☑ X 位置 、☑ Y 位置 、☑ Z 位置 选项，在-当前对象:和-目标对象:组中都选择 ◉ 中心 选项，如图2-59所示，将对象进行中心对齐，再单击"确定"按钮，对齐效果如图2-60所示。

 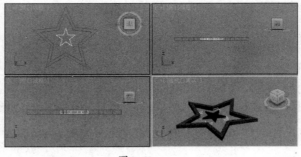

图2-59　　　　　　　　　　　　　图2-60

 提示

　　对齐对象可以是空间模型、也可以是灯光、摄相机，还可以是空间扭曲等。按快捷键Alt+A可激活对齐工具。

　　另外，在3ds Max中还有一些其他的对齐方式，比如快速对齐、法线对齐、放置高光、对齐摄像机、对齐视图等。要切换成相应的对齐方式，则用鼠标左键按住主工具栏上的 按钮不放，弹出下拉按钮，如图2-61所示，然后将鼠标移动到要切换的按钮上即可。

- ■ 快速对齐：用于快速使当前对象与目标对象进行中心对齐，其快捷键为 Shift+A。
- ■ 法线对齐：用于将两个对象在法线方向上相切对齐。
- ■ 放置高光：用于将当前对象与目标对象的高光点进行精确定位来进行对齐。
- ■ 对齐摄像机：用于将选择摄像机对齐目标对象所选择表面的法线，它的使用方法与放置高光类似。
- ■ 对齐到视图：用于将选择对象自身坐标轴与激活视图对齐，弹出如图2-62所示的对话框。

图2-61　　　　图2-62

2.5　辅助设置

捕捉工具在建模过程中功能相当强大，可通过捕捉对象上的相应点进行精确建模，可以通过捕捉当前对象与目标对象上对应的点进行位置对齐等，它在效果图的制作过程中使用非常频繁。

设置捕捉参数的具体方法如下。

01　单击工具栏中的三维捕捉工具按钮 ，该按钮呈黄色显示状态，表明已启动三维捕捉功能。

提示

3ds Max提供了6种捕捉方式，它们分别是：二维捕捉、2.5维捕捉、三维捕捉、角度捕捉切换、百分比捕捉切换、微调节器捕捉切换，要切换成二维或三维捕捉方式，则用鼠标左键按住捕捉开关按钮不放，弹出下拉按钮，如图2-63所示，然后将鼠标移动到要切换的按钮上即可。

02　在三维捕捉工具按钮 上单击鼠标右键，将打开"网格和捕捉设置"对话框。

03　在该对话框中勾选 顶点、端点 和 中点 3个常用捕捉方式选项即可，如图2-64所示。

图2-63　　　　图2-64

提示

　　"栅格和捕捉设置"对话框中列举了12种对象捕捉方式，分别以复选框的形式显示，一次可选择一种或多种捕捉方式。单击 清除全部 按钮，可清除当前选择的所有捕捉方式。

04 最后，单击对话框右上角的 ⊠ 关闭按钮，关闭该对话框即可。

2.6　组的操作

　　成组命令用于将当前选择的多个物体定义为一个组，以后的各种编辑变换等操作都针对整个组中的物体。在场景中单击成组内的物体将选择整个成组。

　　操作步骤如下。

01 打开配套光盘中的"源文件与素材/第2章/群组.max"文件，确认工具栏中的 （选择对象）与 （窗口）按钮为激活状态，在视图中用框选的方式选择场景中的水果与碗对象，如图2-65所示。

02 执行"组"→"成组"菜单命令，在弹出的名称输入框中给群组命名为"水果碗"，如图2-66所示，单击"确定"按钮完成组成操作。此时用选择工具 单击桌子上的"碗"对象将选择整个"水果碗"群组对象。

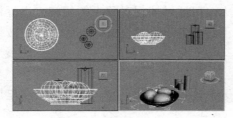 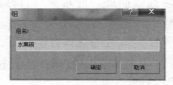

图2-65　　　　　　　　　　　　　　　　图2-66

03 在视图中选择群组并执行"组"→"解组"菜单命令，将"水果碗"群组打散。此时用选择工具 在场景中单击"碗"对象就只能选择"碗"一个物体，如图2-67所示。

04 选择"水果碗"群组对象，执行"组"→"打开"菜单命令，将组暂时打开。这时群组物体周围出现粉红色虚拟框，如图2-68所示。这时可选择组中个别物体进行单独的变换和编辑操作。

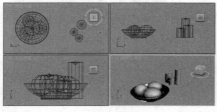 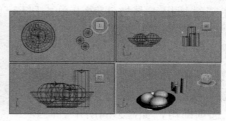

图2-67　　　　　　　　　　　　　　　　图2-68

05 在视图中选择暂时打开的成组中的任意物体，执行"组"→"关闭"菜单命令，将打开的组进行关闭。

06 在视图中选择如图2-69所示的"蜡烛"对象，执行"组"→"附加"菜单命令，再单击"水果碗"组对象，"蜡烛"就加入到"水果碗"组中了，如图2-70所示。

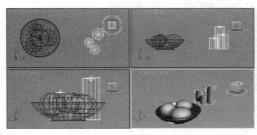

图2-69

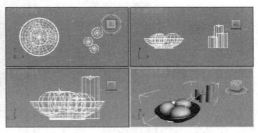

图2-70

07 执行"组"→"打开"菜单命令打开组，再选择需要分离的对象，执行"组"→"分离"菜单命令即可将选择对象从组中分离出来。

2.7 动手实践——制作静物场景表现

通过本章的学习，相信大家已经熟练掌握了 Max 的一些基本操作，下面将通过一个简单的实例操作来加深这些工具的使用方法和技巧。本例将制作如图 2-71 所示的静物场景表现，主要练习移动工具、复制、旋转、对齐等命令的使用方法和技巧。

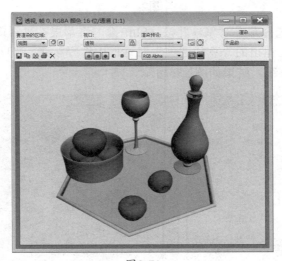

图2-71

操作步骤

01 单击工具栏中的打开文件按钮，打开配套光盘中的"源文件与素材/第2章/静物场景表现.max"文件，如图2-72所示。

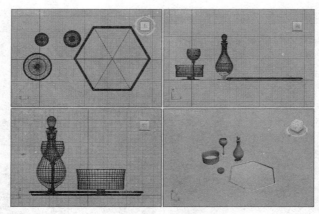

图2-72

02 在顶视图中框选瓶子、酒杯、苹果、果盘对象，再单击工具栏中的移动工具按钮，将其移动到托盘里，结果如图2-73所示。

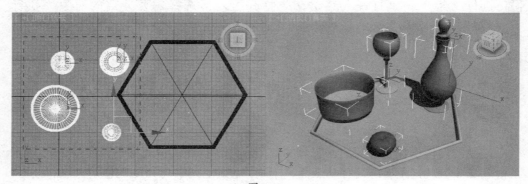

图2-73

03 利用移动工具选择苹果对象，并按住Shift键，将苹果在顶视图中沿y轴向上移动复制一个，并在弹出的"克隆选项"对话框中选择 ◎实例 选项，如图2-74所示，并单击 确定 按钮，结果如图2-75所示。

图2-74

图2-75

04 单击工具栏中的旋转工具按钮，将复制的苹果在左视图与顶视图进行旋转，并利用移动工具调整苹果将其放在托盘上，结果如图2-76所示。

图2-76

05 选择第一个苹果，利用移动工具选择苹果对象，并按住Shift键，将苹果移动复制4个到果盘里，并在弹出的"克隆选项"对话框中选择 ⊙ 实例 选项，设置副本数: 为4，如图2-77所示，并单击 确定 按钮，再利用移动工具将复制的苹果放到果盘里，结果如图2-78所示。

图2-77

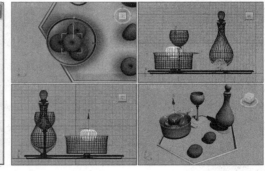

图2-78

06 选择果盘中最上面的那个苹果，单击工具栏中的均匀缩放工具，在顶视图中向外侧拖动光标将苹果放大，在透视图中的结果如图2-79所示。

图2-79

07 苹果比例放大后，大苹果嵌入了小苹果，下面将通过对齐工具调整位置。确认大苹果为选择状态，单击工具栏中的对齐工具，在透视图中拾取果盘中的小苹果，弹出"对齐当前选择"对话框，设置如图2-80所示。最后单击 确定 按钮，关闭对话框，结果如图2-81所示。

图2-80   图2-81

本章小结

    本章主要学习了3ds Max 2012对象的基本操作，其具体为掌握多种选择对象、复制对象的方法以及他们的适用范围，掌握精确移动对象、旋转对象的方法和技巧。最后通过一个简单的模型制作来进一步熟练并掌握这些方法和技巧的应用。对象的基本操作是创建模型的基础，只有熟练并掌握了这些基本操作方法和技巧，才能提高工作效果，从而快速准确地创建用户需要的模型。

过关练习

1. 选择题

    （1）将物体进行变换复制时必须按____。

A. Ctrl   B. Shift

C. Alt   D. Ctrl+Shift

    （2）可对选择物体进行复制的操作有 ____。

A. 按住Shift并结合工具栏中的 ✥、↻ 或 ▫ 工具按钮

B. 单击工具栏中的 ⋔ 工具按钮

C. 单击工具栏中的 ✿ 工具按钮

D. 按Ctrl+C快捷键，再按Ctrl+V快捷键

    （3）状态栏中的 🔒 按钮，可用于锁定____。

A. 选择的灯光

B. 选择的多个物体

C．视图中没有被选择的所有物体

D．选择的摄像机

2．上机题

利用本章所学的对齐知识将图2-82（a）物体对齐成图（b）所示效果。

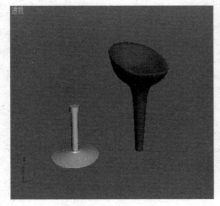

（左图）　　　　　　　　（右图）

图2-82

第3章 简单三维模型的创建

 学习目标

前面我们已经学习了3ds Max 2012文件和对象的基本操作等基础知识,本章将学习创建基本三维体的步骤和方法,熟练掌握标准基本体和扩展基本体的创建方法。只有掌握了最基本、最简单的三维模型的创建方法和技巧,才能为创建复杂的三维模型打下坚实的基础。

 要点导读

1. 认识创建命令面板
2. 创建标准基本体模型
3. 动手实践——创建地球仪模型
4. 创建扩展基本体模型
5. 动手实践——创建足球模型

 精彩效果展示

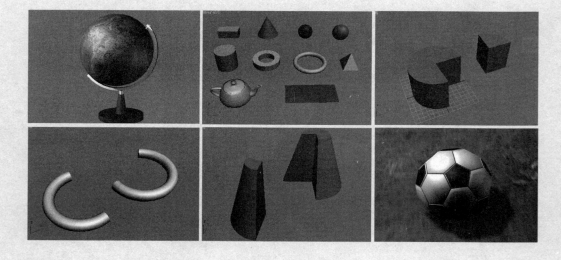

3.1 认识创建命令面板

3ds Max中的所有对象都是通过创建命令面板来完成的，因此，我们首先来认识下创建命令面板。单击创建命令面板图标，将展开创建面板，面板上的（几何体）、（二维图形）、（灯光）、（摄像机）、（辅助对象）、（空间扭曲）和（系统）按钮分别代表相应的创建对象面板，如图3-1所示，单击以上按钮可进行面板切换。

（a）几何体创建面　（b）二维图形创建面　（c）灯光创建面　（d）摄像机创建面板

（e）辅助对象创建面板　（f）空间扭曲创建面板　（g）系统创建面板

图3-1

在3ds Max 中系统提供了多种多样的建模方式，它们都有各自不同的应用场合。从简单的"标准几何体"、"扩展几何体"到"复合物体"，再到高级的表面建模：多边形建模、NURBS建模、细分建模等，可谓种类齐全，功能强大。

其中"标准基本体"和"扩展基本体"是系统默认的原始创建命令，是建模过程中使用最多的面板，也是创建复杂模型的基础，因此大家应熟练掌握基本三维实体的创建方法，下面将重点介绍这两种基本体的创建方式。

3.2 创建标准基本体模型

单击创建面板下的几何体按钮，进入标准基本体创建面板，该面板为系统默认打开面板，在面板中提供了10种标准几何体，如图3-2所示。单击面板中的各按钮，在视图中拖动鼠标即可完成几何体的创建，也可以通过键盘输入其基本参数来创建几何体，这些几何体都是相对独立不可再拆分的几何体，如图3-3所示。

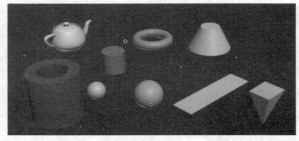

图3-2 图3-3

3.2.1 长方体（立方体）

长方体在我们生活中较为常用，也是最为简单的几何体。它的大小主要由长方体的长度、宽度、高度3个参数值来确定。同样，它的面数由对应的长度分段数、宽度分段数和高度分段数3个参数来决定，创建立方体的基本步骤如下。

01 单击面板中的 长方体 按钮，激活长方体命令。

02 在顶视图中单击并拖动鼠标，拉出矩形底面。

03 释放并拖动鼠标，拉出长方体高度。

04 单击鼠标，完成长方体的创建，其创建效果与参数面板如图3-4所示。

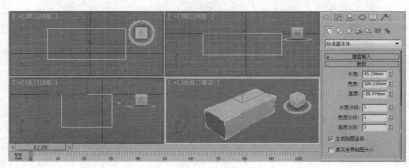

图3-4

提示

（1）"名称和颜色"卷展栏：用于设置长方体的名称和颜色。

（2）"参数"卷展栏：用于设置长方体的长、宽、高等参数值。

① 长度：\ 宽度：\ 高度：：其后面的参数框用于设置长方体的长度、宽度、高度。

② 长度分段：\ 宽度分段：\ 高度分段：：其后面的参数框用于设置长方体的面数即分段数，分段数越多则物体表面越细腻，渲染所需要的时间也会相应的增加。

③ ☑生成贴图坐标 ：该选项为系统默认选项，表明创建的对象自带贴图坐标。

④ ☐真实世界贴图大小 ：勾选该选项，将以真实世界贴图大小在对象上显示贴图。

（3）"创建方法"卷展栏：用于选择创建对象的类型。

① ○ 立方体 ：选择该选项时，将创建立方体。

② ◉ 长方体：该选项为系统默认选项，即需要通过指定长方体的长、宽、高参数创建对象。

（4）"键盘输入"卷展栏：通过键盘输入坐标参数，输入长方体的长、宽、高参数值，再单击 创建 按钮，完成创建对象操作。

3.2.2 球体

在3ds Max 2012中提供了经纬球体和几何球体两种球体模型。无论是哪种球体模型，只要确定半径和分段数两个参数的值，就可以确定一个球体的大小及形状。创建球体的基本步骤如下。

01 单击创建命令面板中的 球体 按钮，激活球体命令。

02 在顶视图中单击鼠标，按住鼠标左键不放并向外拖动会产生逐渐增大的球体。

03 到适当位置后松开鼠标左键，球体就创建好了，其创建效果与参数面板如图3-5所示。

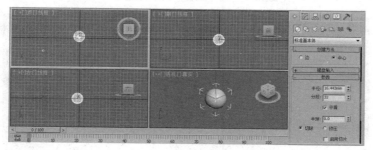

图3-5

■ 半径：设置球体半径大小。

■ 分段：设置球体表面划分段数，其参数越多球体表面越光滑，渲染所需要的时间也会相应的增加。

■ 半球：它用来设置球体的完整性，数值有效范围是0～1。当数值为0时，不对球体产生任何影响，球体仍保持其完整性；随着数值的添加，球体越来越趋向于不完整。当数值为0.5时，球体成为标准的半球体；当数值为1时，几何体在视图中完全消失。

■ ● 切除 / ○ 挤压：创建半球后，对步幅数的两种处理方式。

■ □ 切片启用：勾选切片选项后，可以创建以半圆为截面的切片球体，如图 3-6 所示。

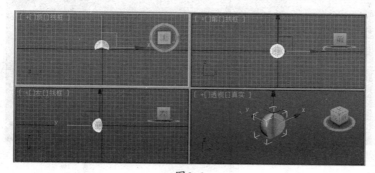

图3-6

■ 切片从：切片开始的角度。

■ 切片到：切片结束的角度。

■ ☐ 轴心在底部 ：它用来确定球体坐标系的中心是否在球体的生成中心。系统默认
为不选中该选项，即球体坐标系的中心就位于球体中心；当勾选该复选框后，
系统就以创建球体的第一个初始点为球体坐标系的中心。

3.2.3 圆柱体

圆柱体的大小是由半径和高度两个参数确定，网格的疏密是由高度分段数、顶面分段数和边数来决定。创建圆柱体的基本步骤如下。

01 单击命令面板中的 圆柱体 按钮，激活圆柱体命令。

02 在顶视图中单击鼠标，按住鼠标左键不放并向外拖动出圆柱体底面或顶面。

03 到适当位置后松开鼠标左键，再向上或向下拖动确定圆柱体的高度。

04 最后单击鼠标左键，完成圆柱体的创建，其创建效果与参数面板如图3-7所示。

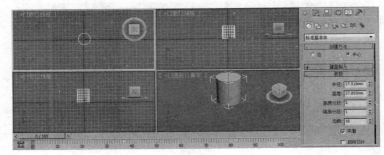

图 3-7

■ 半径 ：用于设置圆柱体的底面圆的半径大小参数。

■ 高度 ：用于设置圆柱体的高度参数。

■ 高度分段 ：设置圆柱体高的分段数。

■ 端面分段 ：设置圆柱体顶面与底面的分段数。

■ 边数 ：设置圆柱体边的分段数，边数越多表面越光滑。

■ ☑ 平滑 ：该选项用于设置圆柱体是否进行光滑处理。

■ ☐ 切片启用 ：勾选切片选项后，可以创建以半圆为截面的切片球体，如图 3-8 所示。

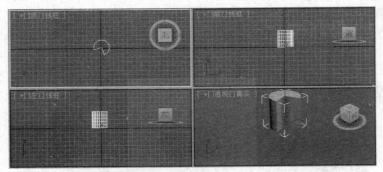

图 3-8

3.2.4 圆环

圆环是一个基本圆环状的物体，通过调整外圆半径和内圆半径参数，使圆环产

生各种效果。创建圆环的基本步骤如下。

01 单击命令面板中的 圆环 按钮，激活圆环命令。

02 在顶视图中单击并按住鼠标左键拖动，拉出外圆环形体，并松开左键确定外圆环大小。

03 再移动鼠标，拉出内圆环形体。

04 单击左键，完成圆环形体的创建，其创建效果与参数面板如图3-9所示。

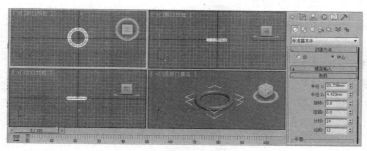

图3-9

- ■ 半径 1：用于设置圆环中心与外圆环之间的半径。
- ■ 半径 2：用于设置圆环中心与内圆环之间的半径
- ■ 旋转：设置圆环每片截面沿圆环中心的旋转角度。
- ■ 扭曲：设置圆环每片截面沿圆环中心的扭曲角度。
- ■ 分段：设置多边形环的边数，超过一定数值视觉上为圆环。
- ■ 边数：设置圆柱体边的分段数，边数越多表面越光滑。
- ■ 平滑：设置圆环是否进行光滑处理。选中 全部 选项，对所有表面进行光滑处理；选中 侧面 选项，对相邻的边界进行光滑处理；选中 无 选项，不进行任何光滑处理；

选中 分段 选项，对每个独立的片段进行光滑处理，效果如图3-10所示。

（a）"全部"选项　（b）"侧面"选项　（c）"无"选项　（d）"分段"选项
　　　效果　　　　　　　效果　　　　　　　效果　　　　　　　效果

图3-10

- ■ □切片启用：勾选切片选项后，可以创建切片圆环体，效果如图3-11所示。

图3-11

3.2.5 茶壶

茶壶在3ds Max中是一个简单的实体样本模型，其属性参数能对茶壶的各个组成元素进行隐藏或显现，更利于观察。创建茶壶的基本步骤如下。

01 单击命令面板中的 茶壶 按钮，激活茶壶命令。

02 在顶视图中单击并按住鼠标左键拖动，拉出茶壶形体。这时可以看到一个由小到大的茶壶就出现在视图中。

03 释放鼠标，完成茶壶形体的创建，其创建效果与参数面板如图3-12所示。

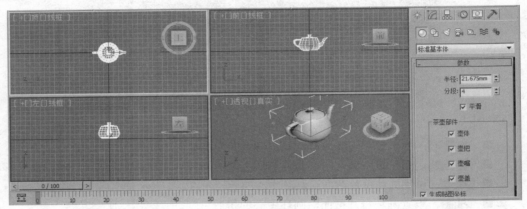

图3-12

- ■ **半径**：设置茶壶的大小。
- ■ **分段**：设置茶壶表面的划分段数。
- ■ **茶壶部件**：茶壶分为 ☑ 壶体 、 ☑ 壶把 、 ☑ 壶嘴 、 ☑ 壶盖 4部分。系统默认4个复选框都勾选上的，取消勾选使其隐藏，效果如图3-13所示。

（a）隐藏"壶体"　　（b）隐藏"壶把"　　（c）隐藏"壶嘴"　　（d）隐藏"壶盖"
　　效果　　　　　　　　效果　　　　　　　　效果　　　　　　　　效果

图3-13

3.2.6 圆锥体

圆锥体是类似于圆柱体的物体，可以用于制作喇叭等物体。创建圆锥体的基本步骤如下。

01 单击命令面板中的 圆锥体 按钮，激活圆锥体命令。

02 在顶视图中单击并按住鼠标左键拖动，拉出圆锥体的底面，并松开鼠标左键。

03 移动鼠标拉出圆锥体的高度后单击鼠标左键，再次移动鼠标调整顶面的大小。

04 单击鼠标左键，完成圆锥体的创建，其创建效果与参数面板如图3-14所示。

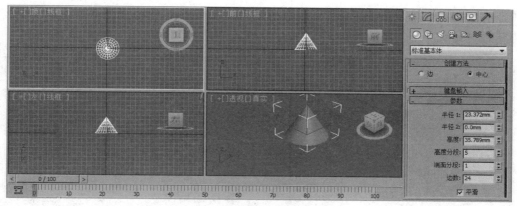

图3-14

- **半径 1:** 用于设置圆锥体的底面半径参数。
- **半径 2:** 用于设置圆锥体的顶面半径参数,该数值为0则为圆锥体,不为0则为圆台体,效果如图3-15所示。

(a)"半径2"参数为0的效果　(b)"半径2"参数不为0的效果

图3-15

- **☑ 平滑:** 用于设置圆锥表面是否进行光滑处理。
- **☐ 切片启用:** 勾选切片选项后,可以创建切片圆锥体,效果如图3-16所示。

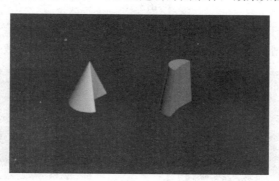

图3-16

3.2.7　几何球体

　　几何球体与球体近似,球体是以多边形相接构成球体,而几何球体是以三角面相接构成球体,创建球体的基本步骤如下。

`01` 单击命令面板中的 **几何球体** 按钮,激活几何球体命令。

02 在顶视图中单击并按住鼠标左键拖动，拉出几何球体模型。

03 松开鼠标左键，完成几何球体的创建，其创建效果与参数面板如图3-17所示。

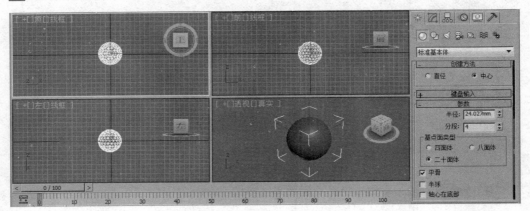

图3-17

■ **半径：**：用于设置几何球体的半径大小。

■ **基点面类型**：用于确定几何球体的表面形态，当选择 ● **四面体**选项时，几何球体表面不是很光滑；当选择 ● **八面体** 选项时，几何球体表面变得光滑；当选择 ● **二十面体**选项时，几何球体与球体更加接近，表面变得更加光滑，效果如图3-18所示。

（a）"四面体"选项效果　（b）"八面体"选项效果　（c）"二十面体"选项效果

图3-18

■ **☑ 平滑**：用于设置几何球体表面是否进行光滑处理，在系统默认情况下为选择状态，当取消该选项时，几何球体表面由多个平面组成，效果如图3-19所示。

（a）系统默认选择"平滑"选项时效果　　（b）不选择"平滑"选项时效果

图3-19

■ **☐ 半球**：选择该选项，将创建半球，效果如图3-20所示。

■ **☐ 轴心在底部**：选择该复选框，几何球体的轴心由系统默认的球心位置变为几何球体的底部。

简单三维模型的创建

图3-20

3.2.8 管状体

几何体创建面板中的管状体命令用于创建圆管体，创建圆管体的基本步骤如下。

01 单击命令面板中的 管状体 按钮，激活管状体命令。

02 在顶视图中单击并按住鼠标左键拖动，拉出管状体内圆的半径，松开鼠标左键，移动鼠标拉出高度后单击鼠标左键，再次移动鼠标拉出外圆的半径。

03 单击鼠标左键，完成管状体的创建，其创建效果与参数面板如图3-21所示。

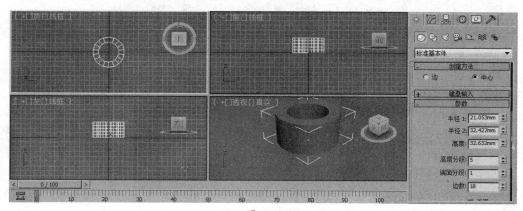

图3-21

- 半径1：设置管状体的内圆半径。
- 半径2：设置管状体的外圆半径。
- 边数：用于设置管状体表面的光滑度，参数越大，管状体表面越接近圆，面数也越多，当参数为5时，创建的管状体效果如图3-22（a）所示。
- ☑ 平滑：用于设置管状体表面是否进行光滑处理，当取消该选项时，创建的管状体效果如图3-22（b）所示。
- ☐ 切片启用：勾选切片选项后，可以创建切片管状体，效果如图3-22（c）所示。

（a）边数为5时的效果　　（b）取消"平滑"选项后的效果　　（c）切片效果

图3-22

3.2.9 四棱锥

四棱锥是一个基本的四角棱锥。创建棱锥的基本步骤如下。

01 单击命令面板中的 四棱锥 按钮，激活四棱锥命令。

02 在顶视图中单击并按住鼠标左键拖动，拉出棱锥的底面，松开鼠标左键，移动鼠标拉出棱锥的高度。

03 单击鼠标左键，完成棱锥的创建，其创建效果与参数面板如图3-23所示。

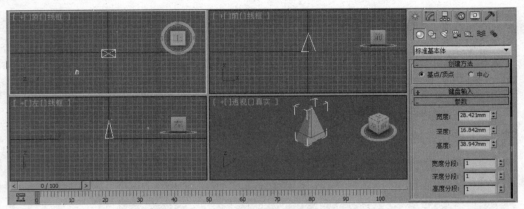

图3-23

- **宽度**：用于设置棱锥的宽度参数。
- **深度**：用于设置棱锥的深度参数。

3.2.10 平面

几何体创建面板中的 平面 按钮，用于创建方形平面体。创建平面的基本步骤如下。

01 单击命令面板中的 平面 按钮，激活平面命令。

02 在顶视图中单击并按住鼠标左键拖动，拉出平面。

03 松开鼠标左键，完成平面的创建，其创建效果与参数面板如图3-24所示。

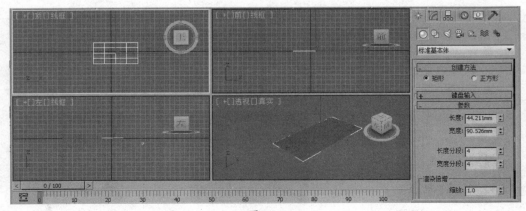

图3-24

■ 渲染倍增 选项组：用于设置平面渲染的缩放比例及其密度。它包括两个复制项：缩放: 和密度:。

3.3 动手实践——创建地球仪模型

本例将通过创建一个简单的地球仪模型来练习 圆柱体 、 圆锥体 、 圆环 和 球体 等标准基本体模型的创建方法和技巧。完成后的效果如图3-25所示。

图3-25

操作步骤

01 单击命令面板中的 圆柱体 按钮，激活圆柱体命令，在顶视图中创建圆柱体并命名为"底座"，在透视图中的效果与参数设置如图3-26所示。

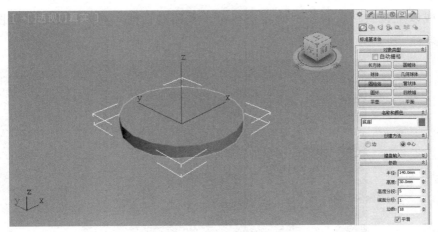

图3-26

02 单击几何体创建面板中的 圆锥体 按钮，在顶视图中创建圆锥体并命名为"支架"，在透视图中的效果与参数设置如图3-27所示。

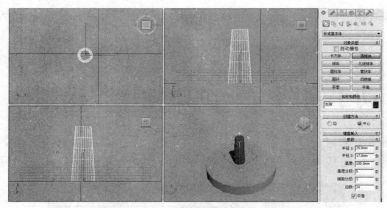

图3-27

03 单击工具栏中的对齐工具 ▣ 按钮，光标变成对齐图标，单击顶视图中的"底座"对象，弹出"对齐当前选择"对话框，选择选项如图3-28所示，再单击"应用"按钮，选择选项如图3-29所示。

图3-28   图3-29

04 完成以上设置后，单击"确定"按钮，关闭对话框，对齐后的效果如图3-30所示。

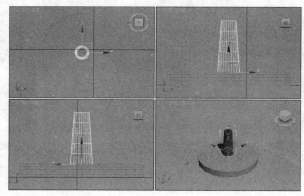

图3-30

05 单击几何体创建面板中的 圆柱体 按钮，在顶视图中创建圆柱体并命名为

简单三维模型的创建

"支点"，参照支架与底座的对齐方法，将其与支架对齐，在透视图中的效果与参数设置如图3-31所示。

图3-31

06 单击 管状体 按钮，在前视图中创建圆环，并命名为"边框"，勾选 ☑ 切片启用 选项，效果与参数设置如图3-32所示。

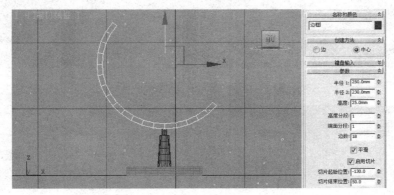

图3-32

07 确认"边框"处于选择状态，单击工具栏中的对齐工具 🖫 按钮，光标变成对齐图标，单击顶视图中的"支点"对象，弹出"对齐当前选择"对话框，选择选项如图3-33所示，再单击"应用"按钮，选择选项如图3-34所示。

图3-33

图3-34

08 完成以上设置后，单击"确定"按钮，关闭对话框，对齐后的效果如图3-35所示。

09 接下来制作地球，单击 球体 按钮，在顶视图创建 半径:为220的圆球命名为 "地球"，并单击工具栏中的移动 ✛ 工具，对球体的位置进行调整，最终效果 与参数设置如图3-36所示。

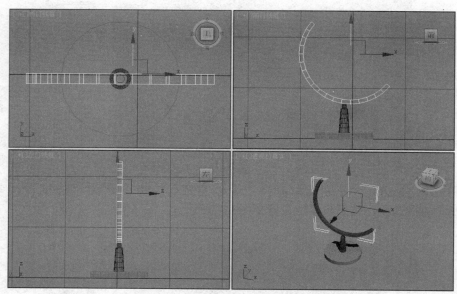

图3-35

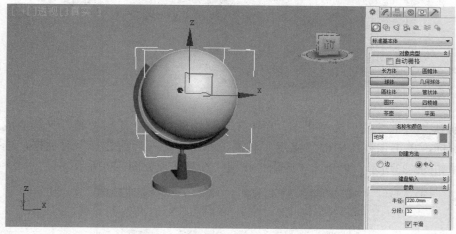

图3-36

10 单击 圆柱体 按钮，在左视图中创建 半径:为8，高度:为510的圆柱体，命名为 "轴"，单击工具栏中的移动工具，在前视图中将"轴"移动到"地球"中心 位置，再单击工具栏中的角度捕捉切换 △ 工具，单击旋转工具，将"轴"沿z轴 方向旋转-40°，如图3-37所示。

11 单击工具栏中的移动 ✛ 工具，在前视图中对"轴"的位置进行调整，使其穿过 球体，并与"边框"两端相交，这样地球仪就做好了，效果如图3-38所示。

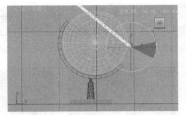
图3-37

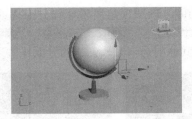
图3-38

3.4 创建扩展基本体模型

扩展基本几何体常用于创建复杂或不规则的几何形体，在创建几何体命令面板的下拉列表框中，选择 扩展基本体 选项即可打开扩展几何体的创建命令面板，系统提供了13种扩展几何体，如图3-39所示。单击面板中的各按钮，在视图中拖动鼠标即可完成扩展几何体的创建，也可以通过键盘输入其基本参数来创建扩展几何体，创建扩展几何体都是相对独立不可再拆分的几何体，如图3-40所示。

图3-39

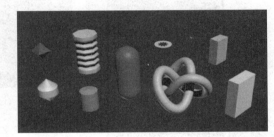
图3-40

3.4.1 异面体

异面体是一个有多个面且具有鲜明棱角形状特点的扩展几何体，其创建方法与几何体的创建方法类似，这里就不再详细讲述，创建的异面体效果与参数面板如图3-41所示。

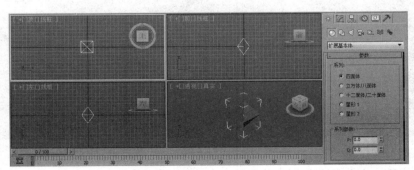
图3-41

■ 系列：该选项组用于选择异面体的各种造型，包括 ⊙ 四面体 、 ○ 立方体/八面体 、
○ 十二面体/二十面体 、 ○ 星形 1 和 ○ 星形 2 5个选项， ⊙ 四面体 为系统默认选项，当选
择其他的选项时，创建的异面体效果如图3-42所示。

（a）"立方体/八面体"　　（b）"星形1"　　（c）"星形2　　（d）"十二面体/二
　　效果　　　　　　　　　效果　　　　　　　效果　　　　　　面体"效果

图3-42

■ 系列参数：该选项组包含 P:值和 Q:值，当选择 ⊙ 星形 2 类型选项时，调整 P:值为
0.5、 Q:值为0.5，此时创建的异面体效果如图3-43所示。

■ 轴向比率：该选项组中的参数选项是用来确定异面体每个面的形状，有 P:、 Q:和
R:共3种数值，当选择 ⊙ 星形 2 类型选项时，设置 P:值为120、 Q:值为50、 R:值为
80，此时的异面体效果如图3-44所示。

图3-43　　　　　　　　　　图3-44

3.4.2　切角长方体

"切角长方体"命令可创建立方体的变形几何体，就是对立方体的角进行圆角
处理后的几何体。其创建方法与长方体的创建方法类似，这里不再详细讲述。创建
的倒角立方体效果与参数面板如图3-45所示。

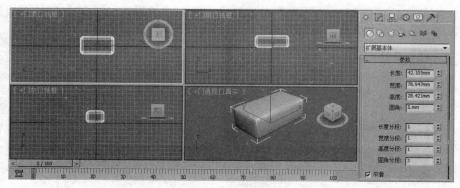

图3-45

■ 圆角：设置倒角边圆度的参数。

- ■ 圆角分段：设置圆角的划分段数，当圆角分段参数为1时，创建的切角长方体没有圆角效果是长方体。
- ■ ☑平滑：勾选该复选框将对切角长方体进行光滑处理。

3.4.3 油罐

"油罐"命令用于创建带有球状顶面的圆柱体。油罐的造型效果与参数面板如图3-46所示。

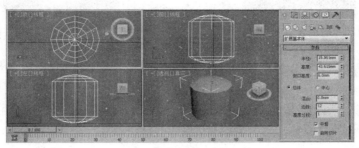

图3-46

- ■ 封口高度：设置油桶状物体两端凸面顶盖的高度。
- ■ ⊙总体：测量油桶的全部高度，包括油桶的柱体和顶盖部分。
- ■ ○中心：只测量油桶柱状高度，不包括顶盖高度。
- ■ 混合：用于设置边缘倒角，光滑顶盖的柱体边缘，当设置混合参数为9时的油罐体效果如图3-47所示。

（a）混合参数为0时的效果　　（b）混合参数为5时的效果

图3-47

3.4.4 纺锤

"纺锤"命令用于创建两端带有圆锥尖顶的柱体，其效果与参数面板如图3-48所示。

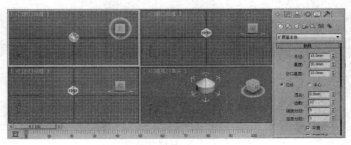

图3-48

■ 封口高度：：用于设置两端纺锤体的高度，当参数为 高度：参数值的一半时，纺
锤体没有高度，只呈现两端的圆锥体，效果如图3-49所示。

（a）封口高度=高度参数1/2时的效果　　　（b）封口高度＜高度参数1/2时的效果

图3-49

■ ⦿ 总体 ：在系统默认下，该选项为选择状态，当选择 ⦿ 中心 选项时，纺锤体
中间圆柱体的高度变长。

■ 边数：：用于设置纺锤体的边数，参数越大，表面越光滑。

■ 混合：：用于设置边缘倒角，光滑端盖的柱体边缘。

■ ☑ 平滑 ：勾选该复选框将对纺锤体进行光滑处理，系统默认该选项为勾选状
态，当取消该选项勾选时，效果如图3-50所示。

■ ☐ 启用切片 ：勾选该选项，可设置切片起始位置：和切片结束位置：栏的参数，以
制作切片效果，如图3-51所示。

图3-50　　　　　　　　　　　　图3-51

3.4.5　球棱柱

"球棱柱"用于创建规则的三棱柱、五棱柱等多边棱体，其创建方法与圆柱体
的创建方法相同。创建的球棱柱效果与参数面板如图3-52所示。

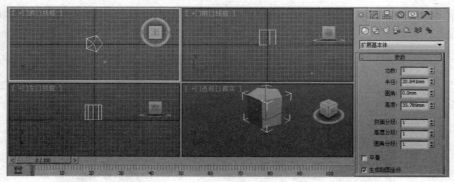

图3-52

- ■ 边数：通过设置"边数"参数值，可以制作多边棱柱体，当边数越大时，棱柱表面越光滑，越接近圆柱体，如图3-53所示，是不同边数的棱柱体效果。

（a）边数为3的棱柱体 （b）边数为5的棱柱体 （c）边数为20的棱柱体

图3-53

- ■ 圆角：通过设置"圆角"参数值，可以对多边棱柱每个角进行圆角，圆角效果由圆角分段：参数控制，若"圆角分段"参数越大，则圆角效果越明显，效果如图3-54所示。

图3-54

3.4.6 环形波

使用"环形波"对象来创建一个环形，利用它的图形可以设置为动画，比如制作星球爆炸产生的冲击波。

"环形波"是"扩展基本体"中的一个特殊的造型，它的创建方法很简单，直接在顶视图中单击并按住鼠标左键不放拖出环形波，松开鼠标确定半径大小，再向圆心移动鼠标拉出环形宽度并单击鼠标即可，其创建效果与面板参数如图 3-55 所示。

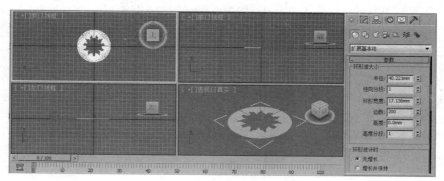

图3-55

- ■ 开始时间：设置环形从零开始的那一帧。
- ■ 增长时间：设置达到最大时需要的帧数。

- 结束时间：设置环形波停止的那一帧。
- ⊙ 无增长：阻止对象扩展。
- ○ 增长并保持：选择该选项，环形波将从"开始时间"扩展到"增长时间"，并保持这种状态到"结束时间"。
- ○ 循环增长：选择该选项，环形波将从"开始时间"扩展到"增长时间"，再从"增长时间"扩展到"结束时间"进行循环增长。

3.4.7 软管

软管是一个能连接两个对象的弹性物体，因而能反映这两个对象的运动。它类似于弹簧，但不具备动力学属性。

软管的创建方法很简单，与圆满柱体的创建相同，这里不再详细讲述。其创建效果与参数面板如图3-56所示。

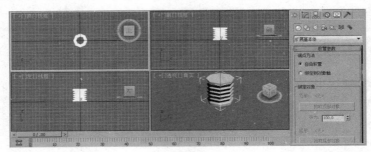

图3-56

- 端点方法：该选组有两个选项，分别是 ⊙ 自由软管 选项和 ○ 绑定到对象轴 选项。⊙ 自由软管 选项为系统默认选项，当选择 ○ 绑定到对象轴 选项时，便可以为每一个绑定对象设置"张力"参数。勾选 ☑ 启用柔体截面 选项，可设置其中的 起始位置、结束位置、周期数、直径 选项参数。
- 软管形状：该选项组用于选择软管的形状并对参数设置。该选项中一共有三个选项，⊙ 圆形软管 选项为系统默认选项，当选择该选项时，软管为圆柱体形状；当选择 ○ 长方形软管 选项时，软管为长方体形状；当选择 ○ D 截面软管 选项时，软管为截面形状；其效果如图3-57所示。

（a）圆形软管　　　　（b）长方形软管　　　　（c）截面软管

图3-57

3.4.8 环形结

环形结在我们机械配件中比较常见，也是一种参数化模型，由于参数较多，因此它是一种拥有许多形状的几何体，其创建效果与参数面板如图3-58所示。

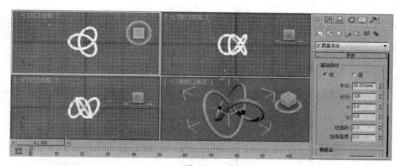

图3-58

（1）"基础曲线"选项组

该选项组中有两个选项可选择 结 和 圆 ，系统默认选项为 结 选项，当选择 圆 选项时，创建的结变成圆环效果。

■ 半径：用来设置圆环体的半径范围。

■ 分段：决定圆环体的分段数。

■ P、Q：只有选择了"结"单选项后，P、Q值才有效。

■ 扭曲数\扭曲高度：只有选择了圆形选项后，它们才有效。

（2）"横切面"选项组

主要用于对缠绕圆环结的圆柱体截面进行设置，主要参数有截面半径、边数、偏心率、扭曲和块等。

（3）"平滑"选项组

此选项下有三个单选项，其中 全部 表示模型整体光滑，侧面 表示模型的边光滑，无 表示不进行光滑处理。用户根据不同的需要选择不同的设置。

（4）"贴图坐标"选项组

此选项主要用于进行贴图坐标的设置。

3.4.9 切角圆柱体

"切角圆柱体"命令用于创建带有倒角的圆柱体，与前面讲的"切角长方体"颇为相似，其创建效果与参数面板如图3-59所示，创建方法可参照"切角长方体"，这里不作赘述。

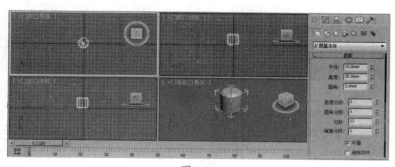

图3-59

3.4.10　胶囊

"胶囊体"是基于柱体的物体，其形状与油罐对象类似，唯一的差别在于柱体与顶面之间的边界。其创建效果与参数面板如图3-60所示，其参数解释可以参照"油罐"，这里不作赘述。

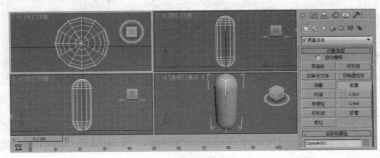

图3-60

3.4.11　L-Ext（L形墙）

创建L-Ext对象时，先要创建一个定义对象整体区域的矩形，然后拖动到定义的高度，最后，拖动拉出每面墙的宽度即可。其创建效果与参数面板如图3-61所示。

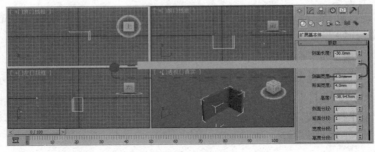

图3-61

3.4.12　C-Ext（C形墙）

C-Ext（C形墙）和前面讲的L-Ext（L形墙）参数基本相同。其创建效果与参数面板如图3-62所示。

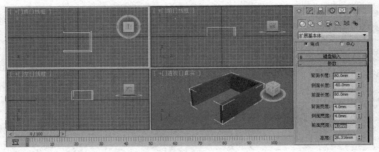

图3-62

3.4.13　棱柱

棱柱对象的创建方式有两种，一种是 ⊙ 基点/顶点 创建方式：先单击设置底面三角形的一个边，再单击创建三角形中另外的两个角，最后单击设置对象的高度。另一种是 ⊙ 二等边 创建方式，其效果如图3-63所示。

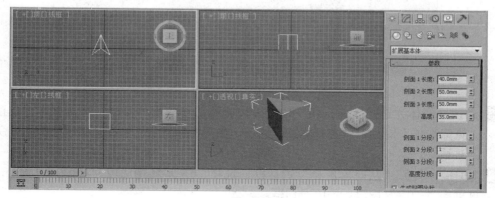

图3-63

3.5　动手实践——创建足球模型

本例将创建一个足球模型来练习扩展基本体中的"异面体"的创建方法和技巧，完成后的效果如图3-64所示。

图3-64

操作步骤

01 单击几何体创建面板中的 标准基本体 ▼ 下拉选项按钮，在展开下拉列表框中选择 扩展基本体 选项，进入 扩展基本体 ▼ 创建面板。

02 单击 异面体 按钮，在顶视图中创建 半径 为300的异面体，并选择 参数 卷展栏中 ⊙ 十二面体/二十面体 选项，设置 系列参数：参数中的 P：为0.4，其创建效果与参数面板如图3-65所示。

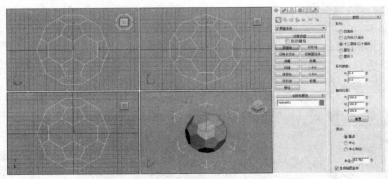

图3-65

03 确认异面体为选择状态,按下Ctrl+V快捷键,将异面体复制一个,并在弹出的"克隆选项"对话框中选择◉复制选项,如图3-66所示,单击"确定"按钮,关闭对话框。

04 按H键,打开"从对象选择"对话框,选择 Hedra001选项,如图3-67所示,再单击"确定"按钮,关闭对话框。

图3-66

图3-67

05 单击 (修改)按钮,进入修改面板,选择 修改器列表 下拉列表框中的 编辑网格 选项,添加"编辑网格"修改命令,单击 选择 卷展栏中的 ■(多边形)按钮,进入多边形编辑模式,并框选整个异面体,如图3-68所示。

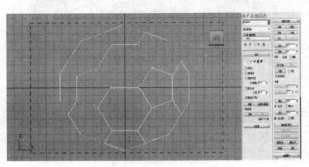

图3-68

06 进入 编辑几何体 卷展栏,选择◉元素选项,单击 炸开 按钮,异面体各个面被炸开,此时异面体成为相对独立的多面体,如图3-69所示。

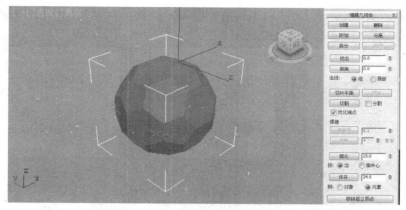

图3-69

07 单击 ___编辑几何体___ 卷展栏中的 ___挤出___ 按钮，设置参数为8，将炸开后的异面体进行拉伸，其创建效果与参数面板如图3-70所示。

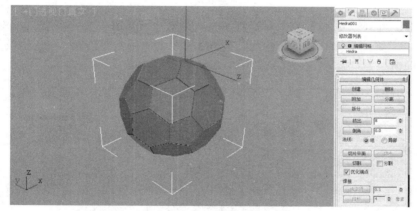

图3-70

08 单击 ___编辑几何体___ 卷展栏中的 ___倒角___ 按钮，设置参数为-5，将炸开后的面进行倒角，其创建效果与参数面板如图3-71所示。

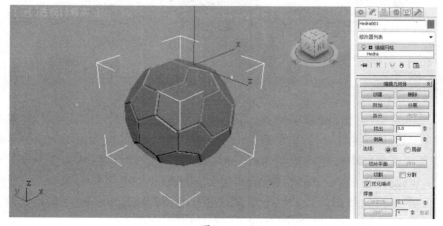

图3-71

09 单击 ■（多边形）按钮，退出当前编辑模式，选择 修改器列表 ▼ 下拉列表框中的 网格平滑 选项，设置 细分量 卷展栏中的 迭代次数:为0，创建效果与参数面板如图3-72所示。

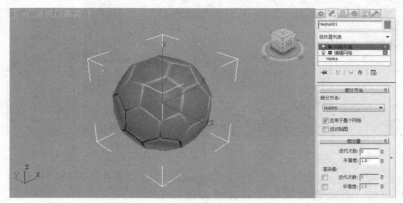

图3-72

10 按H键，打开"选择对象"对话框，选择 ◎ Hedra002 选项，在 ✎（修改）命令面板中，修改异面体的 半径:参数为303，效果如图3-73所示，最后给足球赋上材质即可。

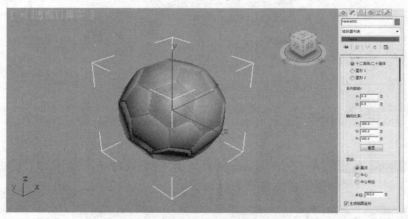

图3-73

本 章 小 结

通过本章对创建标准基本体和扩展体基本体的方法的学习，相信你对这些简单的三维模型的创建有了一个基本的认识和掌握，我们可以直接使用创建命令面板中的命令直接在视图中创建所需要的模型形状，然后通过对这些基本模型参数的修改和调整，以及使用简单的编辑命令就可以创建完成我们所需要的模型。三维基本体模型是三维建模的基础，必须熟练掌握这些基本体创建命令的使用和参数设置，为创建复杂的三维物体打下坚实的基础。

过关练习

1. 选择题

（1）使用创建命令面板，可以创建下面哪些对象？＿＿＿＿

A．灯光　　　B．相机　　　　C．材质　　　D．基本三维模型

（2）通过调整下面哪些参数可以控制茶壶的形状？＿＿＿＿

A．半径　　　B．茶壶部件　C．颜色　　　D．材质

2. 上机题

本练习将制作如图3-74所示的电视柜，主要练习长方体、切角长方体、复制、阵列、对齐命令等。

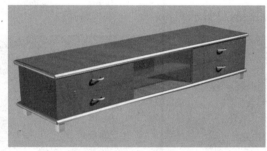

图3-74

操作提示：

01 制作柜底。单击◎（几何体）创建命令面板中的 标准基本体 ▼ 下拉列表，选择 扩展基本体 选项，进入 扩展基本体 ▼ 创建面板，单击 切角长方体 按钮，在顶视图中创建切角长方体，并命令为"柜底"，在透视图中的效果与参数设置如图3-75所示。

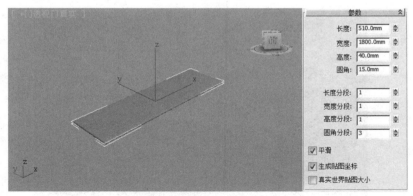

图3-75

02 接下来制作电视柜侧立板，使用"阵列"复制"侧板"，然后创建"隔板"，效果如图3-76所示。

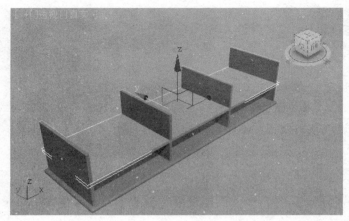

图3-76

03 制作背板，效果如图3-77所示。

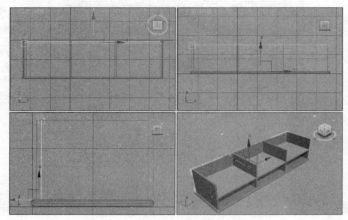

图3-77

04 制作柜面和抽屉，效果如图3-78所示。

图3-78

05 制作拉手，效果如图3-79所示。

图3-79

06 制作电视柜支架。单击 长方体 按钮，在顶视图中绘制 长度:为45、宽度:为45、高度:为65的长方体并命名为"支架"，位置与参数如图3-80所示。

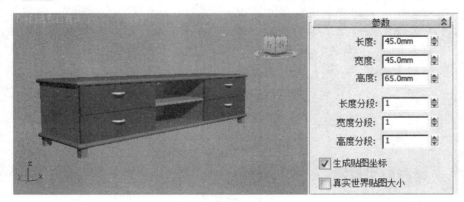

图3-80

第 4 章　三维模型的编辑与修改

 学习目标

　　前面我们学习了简单三维模型的创建，下面将介绍通过给简单三维模型添加常用修改命令来制作表现生活中常见的比较丰富的三维造型。常用的编辑命令有弯曲、倒角、噪波、编辑网格、自由变形、锥化、置换以及编辑多边形等。

 要点导读

1. 认识修改命令面板
2. 常用修改命令详解
3. 动手实践——制作山脉模型
4. 动手实践——制作浴缸模型
5. 动手实践——制作苹果模型

 精彩效果展示

4.1 认识修改命令面板

　　对象创建完成后，若需要对其参数或形态进行调整，添加一些特殊的修改命令来达到满意的效果，此时就必须通过修改命令面板来完成。

　　单击命令面板中的 （修改）按钮，进入修改命令面板，如图4-1所示。修改命令面板主要由名称颜色栏、修改命令下拉列表、修改命令堆栈、修改命令工具和参数设置区5个部分组成。

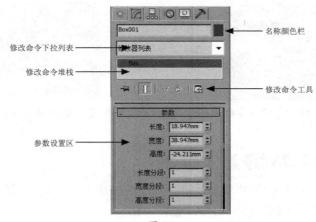

图4-1

- 名称颜色栏：在修改命令面板顶端的输入框中，可以修改对象的名称。单击名称栏中的颜色按钮，可打开"对象颜色"对话框，重新为对象指定颜色。
- 修改命令下拉列表：用于给选择对象添加修改命令，在该下拉列表框中存放了所有的修改命令供用户选择。
- 修改命令堆栈：按层堆积的方式用来存储并记录对象的创建和修改过程的信息，其修改命令的堆积顺序可以移动、删除，记录的信息越多计算机内存消耗也越大。
- 修改命令工具：位于修改堆栈下的下方，用于对所添加的修改命令进行操作，其中包括将添加的修改命令锁定、显示或隐藏其效果、删除以及打开自定义常用修改命令的快捷面板，各工具按钮简介如表4-1所示。

表4-1 修改命令工具栏按钮简介

按 钮	名 称	说 明
	锁定堆栈	用于锁定当前选择对象的堆栈记录信息，当选择其他对象时，堆栈中仍记录原对象的修改信息
	显示最终结果	显示对象修改后的最终效果，忽略当前在堆栈中所选择的切换修改命令
	使唯一	使相对关联参考的对象及修改命令相互独立
	移除修改器	将修改命令堆栈中选择的修改命令删除
	配置修改器置集	单击此按钮弹出快捷菜单，可以对修改面板进行置

■ 参数设置区：用于显示当前修改命令的参数面板，当修改堆栈中有多个命令层级时，系统默认显示顶层级命令修改面板，若用户在修改堆栈中选择的是基层级命令，这里将显示出对象的基本创建参数面板，如图4-2所示。

（a）顶层级命令修改参数面板　　　（b）基层级命令修改参数面板

图4-2

4.1.1　修改对象基本参数

下面我们将讲解对物体基本参数进行修改的操作方法，具体操作步骤如下。

01 在视图中选择事先创建好的对象，如长方体。

02 单击 （修改）按钮，进行修改命令面板，在修改命令面板中，将出现该对象的参数信息，如图4-3所示，此时便可对物体的名称、颜色和基本参数等进行修改。

图4-3

03 在名称栏中单击并按住左键不放移动光标选择名称 Box01 　　　　，然后输入"正方体"，也就是将"Box 01"重命名为"正方体"。

04 单击名称栏后的颜色按钮 ，打开"对象颜色"对话框，如图4-4所示，通过该对话框选择需要的颜色，单击"确定"按钮即可完成对象颜色的修改。

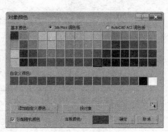

图4-4

将系统自动生成的对象名称和颜色修改为好记的名称，可方便我们对其进行修改时进行对象的选择，特别是场景比较大、对象比较多时，我们可以通过名称或颜色的不同快速地选择对象进行操作，以提高工作效率。

05 当对象赋予了材质后，此时修改对象的颜色，视图中的对象只在"线框"模式下继承并显示修改后的颜色，而不会改变对象在"平滑+高光"模式下显示材质的颜色或贴图的效果。

06 若要对参数进行修改，进入 **参数** 卷展栏，根据需要分别修改 **长度:**、 **宽度:**、 **高度:** 等的参数即可，修改后的效果与参数面板如图4-5所示。

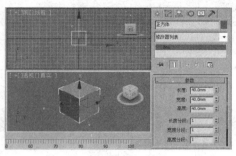

图4-5

4.1.2 给对象添加修改命令

给对象添加一些特殊的修改命令，可制作特殊的造型（继续给上面的正方体添加晶格命令），操作步骤如下。

01 选择要添加修改命令的对象，选择视图中修改后的正方体对象，如图4-6所示。

02 单击 [图] （修改）按钮，进入修改命令面板，在修改命令面板中单击 **修改器列表** 中的 **修改器列表** 按钮，在展开的下拉列表框中，拖动右边的滑块找到要添加的修改命令并选择，如选择 **晶格** 选项，此时选择的修改命令被添加到修改堆栈中，同时出现相应的修改面板，如图4-7所示。

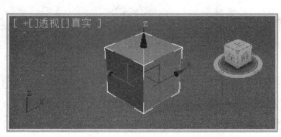

图4-6

图4-7

03 在 ◻─ 参数 ◻ 卷展栏中，调整相应的参数即可产生特殊效果，如图
4-8所示是正方体添加"晶格"修改命令后的效果。

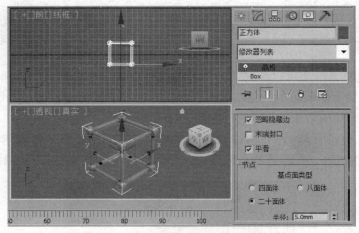

图4-8

在添加某些修改命令后，在修改堆栈中该修改命令前有"+"号按钮，表明在该修改命令
下还有次物体编辑选项，单击"+"号按钮，可展开物体编辑选项，如添加"FFD3×3×3"
修改命令，修改堆栈出现 ⊕ ⊞ FFD 3x3x3 命令层，单击 ⊕ ⊞ FFD 3x3x3 命令里的"+"号按钮，可
展开次物体编辑选项，如图4-9所示。

（a）添加"FFD3×3×3"修改命令　（b）修改堆栈效果　（c）选择次物体编辑选项

图4-9

在修改堆栈中，单击展开的次物体编辑选项，选项变成亮黄色，表明该次物体编辑选项
被激活，在参数设置区将出现相应的参数修改面板。不同的修改命令其参数面板各不相同。

■　堆栈顺序的效果

修改的顺序或步骤是很重要的。每次修改会影响它之后的修改。3ds Max 会以
修改器的堆栈顺序应用它们，所以修改器在堆栈中的位置是很关键的。

图4-10所示的是堆栈中的两个修改器添加的先后顺序不同而产生的不同效果。
左边的管道是先应用了一个"锥化"修改器，后应用了一个"弯曲"修改器，而右

边的管道则是先应用的"弯曲"修改器，后应用了一个"锥化"修改器。

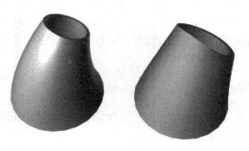

图4-10

4.2 常用修改命令详解

在制作特殊造型时，最常用的修改命令有弯曲、倒角、锥化、噪波、编辑网格、扭曲等，下面将对这些修改命令的使用方法进行详细讲解。

4.2.1 弯曲

弯曲修改命令可以将对象以指定的角度和方向进行弯曲处理，其弯曲所依据的坐标轴向和弯曲限制程度是通过参数面板进行指定的，其应用效果及参数面板如图4-11所示。

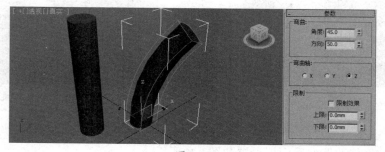

图4-11

（1）"弯曲"选项组

该组参数用来设置弯曲的角度和方向。

■ **角度**：设置弯曲角度的大小，范围为 -999999.0 ～ 999999.0。

■ **方向**：设置弯曲的方向，范围为 -999999.0 ～ 999999.0。

（2）"弯曲轴"选项组

指定要弯曲的轴，注意此轴位于弯曲 Gizmo 并与选择项不相关，默认设置为 z 轴。

（3）"限制"选项组

■ □**限制效果**：勾选此选项，将指定弯曲的影响范围，其影响区域将由上、下限值确定。

■ 上限：设置弯曲的上限，在此限度以上的区域将不会受到弯曲影响。默认值为0。范围为 0 ～ 999999.0。

■ 下限：设置弯曲的下限，在此限度与上限之间的区域将受到弯曲影响。默认值为 0。范围为 0 ～ 999999.0。

4.2.2 噪波

"噪波"修改器沿着三个轴的任意组合调整对象顶点的位置。它是模拟对象形状随机变化的重要动画工具。

"噪波"修改命令能使对象的顶点在不同轴向上随机移动，产生起伏的噪波扭曲效果。常用于制作地形和水面。通过该修改命令的动画噪波设置，可以产生连续的噪波动画，其应用前后效果对比如图4-12所示。

（a）未应用噪波的平面

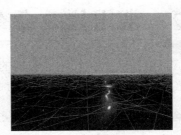

（b）应用了分形噪波的平面

（c）向平面添加纹理以创建平静的海面

（d）对含有纹理的平面使用噪波创建波涛汹涌的海面

图4-12

"噪波"修改器参数面板设置如图4-13所示。

图4-13

（1）"噪波"选项组

该选项组用于控制噪波效果的外观形态和产生方式。

■ 种子：设置噪波的随机种子数，可产生不同的噪波效果。

■ 比例：设置噪波效果的影响大小。值越大，效果越平滑；值越小，效果越尖锐。

■ 分形：勾选此选项，激活下方的分形类型参数。

 提示

　　使用分形设置，可以得到随机的涟漪图案，比如风中的旗帜。使用分形设置，也可以从平面几何体中创建多山地形。

■ 粗糙度：设置噪波的粗糙度，亦即表面起伏的程度。其值越大，起伏越剧烈，产生的表面也就越粗糙。

■ 迭代次数：设置重复分形处理的次数。其值越低噪波越平缓，值越高噪波起伏效果越明显。

（2）"强度"选项组

用于控制噪波的强度影响，其x、y、z轴分别控制在三个轴向上影响对象的噪波强度。其值越大，噪波越剧烈。

（3）"动画"选项组

该选项组主要用于控制自动动画的生成。

■ 动画噪波：勾选此选项，调节"噪波"和"强度"参数的组合效果。

■ 频率：设置噪波抖动的速度。

■ 相位：设置起始点和结束点在波形曲线上的偏移位置。

 提示

　　可以将"噪波"修改器应用到任何对象类型上。"噪波"Gizmo会更改形状以帮助您更直观地理解更改参数设置所带来的影响。"噪波"修改器的结果对含有大量面的对象效果最明显。大部分"噪波"参数都含有一个动画控制器。默认设置的唯一关键点是为"相位"设置的。

4.2.3 动手实践——制作山脉模型

　　本例将制作山脉模型。主要练习"澡波"和"网格平滑"修改命令的使用方法，制作好的山脉模型效果如图4-14所示。

图4-14

操作步骤

01 首先设置系统单位为"毫米"。执行"自定义"→"单位设定"菜单命令，在弹出的"单位设置"对话框中选择 ⊙ 公制 选项下拉列表框中的 毫米 ▼ 选项，将绘图单位设置为毫米，如图4-15所示。

02 单击 系统单位设置 按钮，弹出"系统单位设置"对话框，选择 系统单位比例 下拉列表框中的 毫米 ▼ 选项，将系统单位设置为毫米，如图4-16所示。

图4-15   图4-16

03 单位设置好后，下面制作模型。单击几何体创建命令面板下的 平面 按钮，在顶视图中创建 长度: 和 宽度: 均为8000， 长度分段: 和 宽度分段: 均为20的平面体，在透视图中的效果与参数设置如图4-17所示。

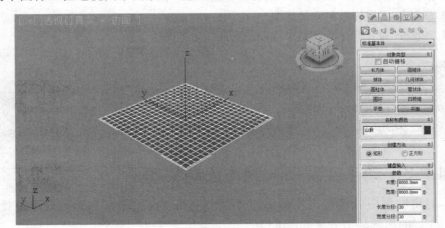

图4-17

提示

在透视图左上角的视图名称上单击右键，将弹出视图快捷菜单，选择 边面 选项，透视图中的对象将显示分段数。

04 单击 ✎ 修改按钮，进入修改命令面板，选择 修改器列表 ▼ 下拉列表中的 噪波 命令，在 · 选择 卷展栏中的 强度: 栏下，设置 X: 和 Y: 均为1000， Z: 的参数为1500，在透视图中的效果与参数设置如图4-18所示。

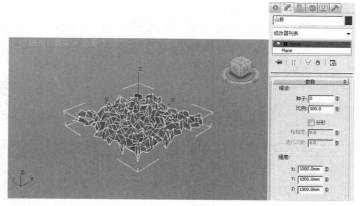

图4-18

05 再选择 修改器列表 ▼ 下拉列表中的 网格平滑 命令，在 - 细分量 卷展栏中
设置 迭代次数: 为3，使用对面看起来更加不滑，在透视图中的效果与参数设置如图
4-19所示。

06 单击视图控制工具栏中的 ▷（视野）按钮，在透视图中拖动光标调整视野，再
单击 ♨（弧型旋转）工具，旋转透视图，调整好的结果如图4-20所示。

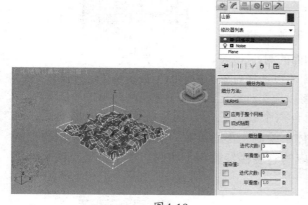

图4-19

图4-20

最后赋上材质，完成山脉模型的制作。

4.2.4 编辑多边形

编辑多边形修改器为选定的对象（顶点、边、边界、多边形和元素）提供显式
编辑工具。"编辑多边形"修改器包括基础"可编辑多边形"对象的大多数功能，
但"顶点颜色"信息、"细分曲面"卷展栏、"权重和折逢"设置和"细分置换"
卷展栏除外。使用"编辑多边形"，可设置子对象变换和参数更改的动画。另外，
由于它是一个修改器，所以可保留对象创建参数并在以后更改。

"编辑多边形"中提供下列选项：

■ 与任何对象一样，可以变换或对选定内容执行Shift+ 克隆操作。

■ 使用"编辑"卷展栏中提供的选项修改选定内容或对象。后面的主题讨论每个

多边形网格组件的这些选项。

■ 将子对象选择传递给堆栈中更高级别的修改器。可对选择应用一个或多个标准
修改器。

通过在活动视口中单击右键，可退出"挤出"等大多数"编辑多边形"命令模式。

"编辑多边形"命令有5个次物体编
辑模式，分别是：顶点、边、边界、多
边形和元素菜，如图4-21所示。其用途
类似于"编辑网格"命令，对于不同的
次物体模式，可将其作为多边形网格
控制。

■ 顶点按钮，单击该按钮将以
选择对象的顶点为最小单位进行
操作。

■ 边按钮，单击该按钮将以选
择对象边为最小单位进行操作。

■ 边界按钮，该次物体对象是
几何体中没有任何三角形边和面的洞。

图4-21

■ 多边形按钮，单击该按钮将以选择对象多边形面为最小单位进行操作。

■ 元素按钮，单击该按钮将以选择对象元素为最小单位进行操作。

在"编辑多边形"修改命令下有六个卷展栏，分别是：编辑多边形模式、选
择、软选择、编辑顶点、编辑几何体、绘制变形卷展栏，如图4-22所示。值得一提
的是，不同的次物体编辑选项所对应的卷展栏参数各不相同，以下是顶点次物体编
辑模式下的参数面板。

（a）"编辑多边形模式" （b）"选择" （c）"软选择"

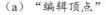

（a）"编辑顶点"　　　（b）"编辑几何体"　　　（c）"绘制变形"

图4-22

在次物体编辑模式下，各卷展栏参数如下。

1. "编辑多边形模式"卷展栏

在 ·、◁、◔、■ 和 ☞ 次物体编辑模式下，该卷展栏参数均相同，如图4-23所示。

图4-23

该卷展栏不常用，这里就不再详细讲解其功能。

2. "选择"卷展栏

该卷展栏用于设置次物体编辑模式下对象的选择方式，其卷展栏如图4-24所示。

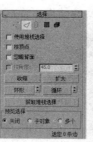

（a）"顶点"　　（b）"边"　　（c）"边界"　　（d）"多边形"　（e）"元素"
编辑模式　　　编辑模式　　　编辑模式　　　编辑模式　　　编辑模式

图4-24

■ □使用堆栈选择 ：勾选此选项，下面的各选项不可用。

■ □按顶点 ： 勾选此选项，可通过选择对象表面顶点来选择其周围的次物体对象，在 · （顶点）次物体编辑模式下不可用。

■ □忽略背面 ：勾选此选项，只对当前显示的面进行选择，而对象背面将不会被选择，如图4-25所示。

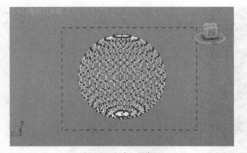 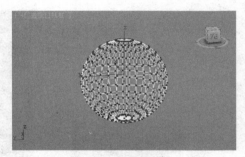

（a）框选对象选择顶点　　　　　　　　　　（b）背面顶点不被选择

图4-25

- ■　□按角度：在 ■（多边形）次物体编辑模式下可用，用于指定角度的参数。
- ■　收缩：单击此按钮，将缩小次物体对象的选择范围。
- ■　扩大：单击此按钮，将扩大选择范围。
- ■　环形：单击此按钮，将以环形的方式选择与当前选择边在同一方向上的所有边，如图4-26所示。该选择项仅在 ◁（边）次物体编辑模式下可用。

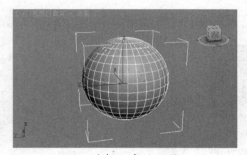 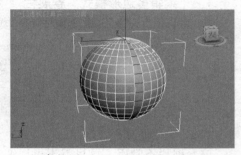

（a）　选择一条边效果　　　　　　　　　（b）单击"环形"按钮后的选择效果

图4-26

- ■　循环：单击此按钮，将以循环的方式选择与当前选择边在同一方向上的所有边，如图4-27所示。该选择项仅在 ◁（边）次物体编辑模式下可用。

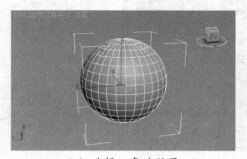 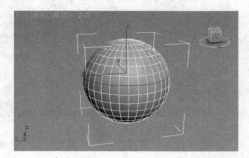

（a）选择一条边效果　　　　　　　　　（b）单击"循环"按钮后的选择效果

图4-27

- ■　获取堆栈选择：单击该按钮，将取消当前次物体对象的选择状态。

3. "软选择"卷展栏

"软选择"控件可以在选定子对象和取消选择的子对象之间应用平滑衰减。在启用"使用软选择"时，会为选择旁的未选择子对象指定部分选择值。这些值可以按照顶点颜色渐变方式显示在视口中，也可以选择按照面的颜色渐变方式进行显示。它们会影响大多数类型的子对象变形，如"移动"、"旋转"和"缩放"功能，以及应用于该对象的所有变形修改器（如"混合"）。

在 ⦂、⬧、⟠、▣ 和 ☞ 次物体编辑模式下，该卷展栏参数均相同，如图4-28所示，值得一提的是，在系统默认情况下该卷展栏为不激活状态，只有在勾选 ☑使用软选择 选项时，才能对该卷展栏参数进行设置。

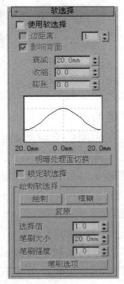 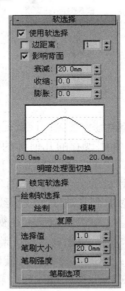

（a）没勾选"使用软选择"选项面板　　（b）勾选"使用软选择"选项面板
图4-28

- ☐使用软选择：勾选此选项，该卷展栏中的其他选项和参数设置被激活。
- ☐边距离：勾选此选项，可以通过设置边距参数来控制被选择点和其影响的顶点之间的影响区域空间。
- ☑影响背面：勾选此选项，对象背面的顶点也可同时被编辑。
- 衰减/ 收缩/ 膨胀：后面的参数框用于设置影响区域的曲线状态即软选择的范围。
- 明暗处理面切换：单击该按钮，将切换对象显示颜色。
- ☐锁定软选择：勾选此选项，使用软选择下的参数被锁定，不能进行设置。
- 绘制：用手绘的方式指定软选择区域。
- 笔刷选项：单击该按钮，将打开"绘制选项"对话框，用于设置笔刷的属性。

4．"编辑几何体"卷展栏

"编辑几何体"卷展栏提供了用于在顶（对象）层级或子对象层级更改多边形对象几何体的全局控件。除在以下说明中注明的以外，这些控件在所有层级均相同。

在 ⦂、⬧、⟠、▣ 和 ☞ 次物体编辑模式下，该卷展栏参数均相同，仅在 ⦂ 编辑模式下，☑删除孤立顶点 为不可用状态，在 ⬧ 和 ⟠ 编辑模式有部分按钮不可用，如图4-29所示。

（a）"顶点"　　（b）"边"　　（c）"边界"　　（d）"多边形"　　（e）"元素"
编辑模式　　编辑模式　　编辑模式　　　编辑模式　　　编辑模式

图4-29

- ■ ▉▉▉重复上一个▉▉▉：该按钮用于重复执行最近的命令。

- ■ 约束：利用现存的几何体约束子对象变形，在后面的下拉列表框中有"无"、"边"、"面"和"法线"四个选项，"无"表示没有约束，"边"表示约束边变形到边的分界线，"面"表示约束顶点变形到面表面，"法线"表示约束每个子对象到其法线（或法线平均）的变换。

- ■ 创建：单击该按钮可在视图中创建新的任意子对象。

- ■ 塌陷：单击该按钮，将覆盖或删除由边界定义的洞。

- ■ 附加：单击该按钮，将其他对象与当前多边形网格对象合并成一个新的整体对象。单击后面的▉按钮，将打开"附加列表"对话框，可以在此对话框中选择需合并的对象集再合并，如图4-30所示。

- ■ 分离：单击该按钮，可将当前选定的次物体对象与其他的对象分开，成为一个新的独立对象或元素。单击其后的▉按钮，将打开"分离"对话框，如图4-31所示，通过该对话框给分离对象命名。

图4-30　　　　　　　　　　　　　图4-31

- ■ 切片平面：单击该按钮，可以在网格对象的中间放置一个剪切平面。

- ■ □分割：选择该选项，当删除面次物体对象时会产生孔洞效果。

- ■ 切片：该按钮只有在 切片平面 按钮为激活状态时才可用，单击该按钮可以将对象沿剪切平面断开。

- ■ 重置平面：单击该按钮，可将切片平面返回到默认位置和方向。
- ■ 切割：单击该按钮，将在多边形之间或者多边形内部创建边。
- ■ 网格平滑：使用当前设置平滑对象。此命令使用细分功能，它与"网格平滑修改器"中的"NURMS 细分"类似，但是与"NURMS 细分"不同的是，它能即时将平滑应用到控制网格的选定区域。 单击其后面的设置按钮，打开"网格平滑"助手（如图4-32所示），以便指定平滑的应用方式。

图4-32

⊕ 0.785 平滑度：确定添加多边形使其平滑前转角的尖锐程度。计算得到的平滑度为顶点连接的所有边的平均角度。如果值为 0.0，将不会创建任何多边形。如果值为 1.0，将会向所有顶点中添加多边形，即便位于同一个平面，也是如此。

☑ 按平滑组分隔：避免在至少不共享一个平滑组的多边形之间的边上创建新多边形。

☑ 按材质分隔：避免在不共享材质 ID 的多边形之间创建新边的多边形。

⊘ 确定：将设置应用于当前选择，然后关闭助手。

⊕ 应用并继续：将设置应用于当前选择，并保留设置以便在随后更改选择时进行预览。

⊗ 取消：关闭助手而不将设置应用于当前选择。不要反转以前使用的"应用"。

- ■ 细化：用于指定细化的程度。根据细化设置细分对象中的所有多边形。增加局部网格密度和建立模型时，可以使用细化功能。您可以对选择的任何多边形进行细分。两种细化方法包括："边"和"面"。 单击细化按钮后面的细化设置按钮▣，打开"细化"助手，以便指定平滑的应用方式。
- ■ 平面化：单击该按钮，将当前选择定的任意次物体对象沿其选择集的 X、Y、Z 轴塌陷成一个平面。
- ■ 视图对齐：单击该按钮，将当前选定的任意次物体对象与视图坐标的平面对齐。
- ■ 栅格对齐：单击该按钮，将当前选定的任意次物体对象与主栅格的平面对齐。
- ■ 松弛：单击该按钮，可微调当前选定的任意次物体对象位置使其表面产生塌陷效果。
- ■ 复制：单击该按钮，可复制当前次物体对象级中已选择的集合到剪贴板中。
- ■ 隐藏选定对象：单击该按钮可将选中的次物体对象隐藏，该按钮仅在 ∷、■ 和 ▣ 次物体编辑模式下可用。
- ■ 全部取消隐藏：单击该按钮可将隐藏的次物体对象重新显示出来，该选择项仅 ∷、■ 和 ▣ 次物体编辑模式下可用。

■ 隐藏未选定对象：单击该按钮可隐藏没被选择的次物体对象，该选择项仅 、 和 次物体编辑模式下可用。

■ ☑ 删除孤立顶点：勾选该复选框将自动删除网格对象内的所有孤立顶点，用于清理网格，仅在 （顶点）次物体编辑模式下不可用。

5. "绘制变形"卷展栏

"绘制变形" 卷展栏如图4-33所示，"绘制变形"可以推、拉或者在对象曲面上拖动鼠标光标来影响顶点。在对象层级上，"绘制变形"可以影响选定对象中的所有顶点。在子对象层级上，它仅影响选定顶点（或属于选定子对象的顶点）以及识别软选择。

图4-33

默认情况下，变形会发生在每个顶点的法线方向。3ds Max继续将顶点的原始法线用作变形的方向，但对于更动态的建模过程，可以使用更改的法线方向，或甚至沿着指定轴进行变形。

"绘制变形"有三种操作模式："推/拉"、"松弛"和"复原"。一次只能激活一个模式。剩余的设置用以控制处于活动状态的变形模式的效果。

对于任何模式，选择该模式，必要的话更改设置，然后在对象上拖动光标以绘制变形。

在对象上的任何区域绘制变形，保持在对象层级上，或在没有选择子对象时在子对象层级上进行工作。仅变形对象上的特定区域，转到子对象层级然后在要变形的区域选择子对象。

> "绘制变形"不可以设置动画。通过使用"笔刷预设"工具可以简化绘制进程。

■ 推/拉：将顶点移入对象曲面内（推）或移出曲面外（拉）。推拉的方向和范围由"推/拉值"设置所确定。

> 要在绘制时反转"推/拉"方向，可以按住 Alt 键。"推/拉"支持随软选择子对象的选择值而衰退的有效力量中的软选择。

- 松弛：将每个顶点移到由它的邻近顶点平均位置所计算出来的位置上，来规格化顶点之间的距离。使用"松弛"可以将靠得太近的顶点推开，或将离得太远的顶点拉近。
- 复原：通过绘制可以逐渐"擦除"或反转"推/拉"或"松弛"的效果。仅影响从最近的"提交"操作开始变形的顶点。如果没有顶点可以复原，"复原"按钮就不可用。

> 在"推/拉"模式或"松弛"模式中绘制变形时，可以按住 Ctrl 键以暂时切换到"复原"模式。

"推/拉方向"组：此设置用以指定对顶点的推或拉是根据曲面法线、原始法线、或变形法线进行，还是沿着指定轴进行。默认设置为"原始法线"。

用"原始法线"绘制变形通常会沿着源曲面的垂直方向来移动顶点；使用"变形法线"会在初始变形之后向外移动顶点，从而产生吹动效果。

- 原始法线：选择此项后，对顶点的推或拉会使顶点以它变形之前的法线方向进行移动。重复应用"绘制变形"总是将每个顶点以它最初移动时的相同方向进行移动。
- 变形法线：选择此项后，对顶点的推或拉会使顶点以它现在的法线方向进行移动，也就是说，在变形之后的法线。
- 变换轴 X/Y/Z：选择此项后，对顶点的推或拉会使顶点沿着指定的轴进行移动，并使用当前的参考坐标系。
- 推/拉值：确定单个推/拉操作应用的方向和最大范围。正值将顶点"拉"出对象曲面，而负值将顶点"推"入曲面。默认设置为 10.0。 单个的应用是指不松开鼠标按键而进行的绘制（即在同一个区域上拖动一次或多次）。

> 在进行绘制时，可以使用 Alt 键在具有相同值的推和拉之间进行切换。例如，如果拉的值为 8.5，按住 Alt 键可以开始值为 -8.5 的推操作。

- 笔刷大小：设置圆形笔刷的半径。只有笔刷圆之内的顶点才可以变形。默认值为 20.0。

> 要交互式地更改笔刷的半径，可以松开鼠标按键，按住Ctrl + Shift和鼠标左键，然后拖动鼠标。此方法同样适用于 3ds Max 中所有其他绘制界面功能。

- 笔刷强度：设置笔刷应用"推/拉"值的速率。低的"强度"值应用效果的速率要比高的"强度"值来得慢。范围从 0.0～1.0。默认值为 1.0。

提示

要交互式地更改笔刷的强度，可以松开鼠标按键，按住Ctrl + Shift和鼠标左键，然后拖动鼠标。此方法同样适用于 3ds Max 中所有其他绘制界面功能。

- **笔刷选项**：单击此按钮以打开"绘制选项"对话框，在该对话框中可以设置与各种笔刷相关的参数。
- **提交**：使变形的更改永久化，将它们"烘焙"到对象几何体中。在使用"提交"后，就不可以将"复原"应用到更改上。
- **取消**：取消自最初应用"绘制变形"以来的所有更改，或取消最近的"提交"操作。

4.2.5　自由形式变形

FFD代表"自由形式变形"。它的效果用于类似舞蹈、汽车或坦克的计算机动画中。也可将它用于构建类似椅子和雕塑这样的圆图形。

FFD 修改器使用晶格框包围选中几何体。通过调整晶格的控制点，可以改变封闭几何体的形状。

FFD修改命令是根据对象的边界盒加入一个由控制点构成的线框，通过移动控制点次物体对象改变对象的外形，FFD（长方体）自由变形盒方式衍生出了FFD2×2×2、FFD3×3×3、FFD4×4×4、FFD（长方体）4种修改工具。FFD2×2×2是指线框的每边上有两个控制点，FFD3×3×3指线框的每边上有3个控制点，FFD4×4×4则指线框的每边上有4个控制点，这3个修改命令的参数完全相同。而FFD（长方体）可以自由指定线框的三边上控制点的数目。其实FFD（长方体）包含了前面3种变形方式，只是为了方便才将它们独立出来，FFD2×2×2的变形效果与参数面板如图4-34所示。

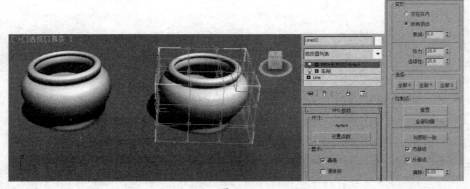

图4-34

FFD（圆柱体）自由变形柱比较特别，它的控制线框为柱体方式，用户可以自由控制在高度上、半径上、边上的控制点数，专用于柱体类对象的变形加工。

这里将以FFD（长方体）为例进行讲解，其参数面板如图4-35所示。

（a）"FFD参数"卷展栏　　（b）"控制点"选项组

图4-35

（1）"尺寸"选项组

该组参数用来设置线框中控制点的数目。

单击 设置点数 按钮，将弹出如图4-36所示的"设置FFD尺寸"对话框，可以设置长、宽、高各个面上的控制点数。

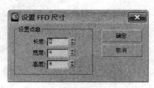

图4-36

（2）"显示"选项组

该组参数用于设置视图中自由变形盒的显示状态。

■ ☑ 晶格 ：勾选此选项，将不在视图中显示变形盒的线框。

■ □ 源体积 ：勾选此选项，在变换控制点时，不显示改变后的外框形状。

提示

　　要查看位于源体积（可能会变形）中的点，通过单击堆栈中显示出的关闭灯泡图标来暂时取消激活修改器。

（3）"变形"选项组

该组参数用来影响控制点移动造成对象变形的效果。

■ ⦿ 仅在体内 ：选中该项，设置只有在线框内部的对象部分才会受到变形影响。

■ ○ 所有顶点 ：选中该项，设置对象的所有顶点都会受到变形影响。

■ 衰减 ：它用来指定线框上FFD效果衰减到0所需的距离。

■ 张力 / 连续性 ：调整变形曲线的张力和连续性。

（4）"选择"选项组

该组参数提供三个轴向上控制对控制点的选择方式。

（5）"控制点"选项组

■ 重置 ：复位控制点的初始位置。

■ 全部动画化 ：给所有的控制点分配点控制器，使其可以在轨迹视图中显示出来。

■ **与图形一致**：单击该按钮，将使控制点在其所在位置与中心点的连线上移动。

提示

将"与图形一致"应用到规则图形效果很好，如基本体。它对退化（长、窄）面或锐角效果不佳。这些图形不可使用这些控件，因为它们没有相交的面。

■ **☑ 内部点**：勾选此选项，则只有对象的内部点将受到符合图形操作的影响。
■ **☑ 外部点**：勾选此选项，则只有对象的外部点将受到符合图形操作的影响。
■ **偏移**：设置受符合图形影响的控制点的偏移量。

4.2.6　动手实践——制作浴缸模型

本例将创建一个浴缸模型。练习"编辑网格"和"网格平滑"修改命令的使用方法，制作好的浴缸模型效果如图4-37所示。

图4-37

操作步骤

01 设置系统单位为"毫米"，在几何体创建命令面板下，选择 **标准基本体 ▼** 下拉列表框中的 **扩展基本体** 选项，进入 **扩展基本体 ▼** 创建面板，单击 **切角长方体** 按钮，在顶视图中创建 **长度** 为2000、**宽度** 为800、**高度** 为500、**圆角** 为10、**长度分段** 为8、**宽度分段** 为7、**高度分段** 为1、**圆角分段** 为3的切角长方体，在透视图中的效果与参数设置如图4-38所示。

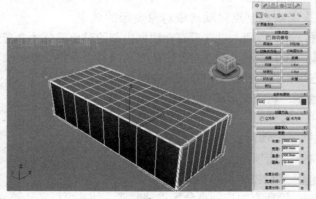

图4-38

02 单击 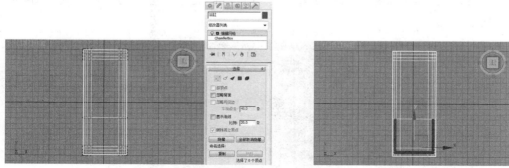（修改）按钮，进入修改命令面板，选择 修改器列表 ▼ 下拉列表中的
编辑网格 命令，单击 选择 卷展栏中的 （顶点）按钮，进入顶点编辑模式，
在顶图中选择顶点，单击工具栏中的移动工具，调整顶点至如图4-39所示位置。

03 单击 选择 卷展栏中的 ■（多边形）按钮，进入多边形次物体编辑模式，按
住Ctrl键，激活工具栏中的 （选择工具），选择如图4-40所示的面。

图4-39   图4-40

04 设置 编辑几何体 卷展栏中的 挤出 参数为60，并按Enter键，结果如图4-41所
示。

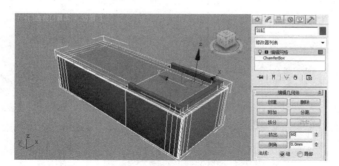

图4-41

05 单击修改堆栈 编辑网格 前的"+"号，展开次物体选项，选择 面 选项，进入
面次物体编辑模式，再单击 编辑几何体 卷展栏中的 切割 按钮，在顶视图要
创建切割线的地方单击，用于制作浴缸造型，创建完成的效果如图4-42所示。

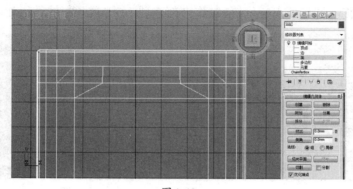

图4-42

提示

在创建切角线的过程中，单击右键可终止切割线下一点的创建。

06 选择修改堆栈中的 多边形 选项，进入多边形编辑模式，在顶视图中对面进行
选择，设置 挤出 栏的参数为-70，并按Enter键，选择面与参数设置如图4-43
所示。

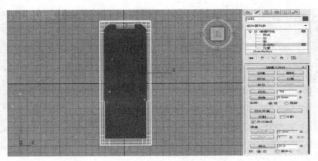

图4-43

07 继续在顶视图中选择面，设置 挤出 栏的参数为-320，并按Enter键，选择面与
参数设置如图4-44所示。

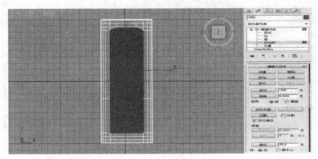

图4-44

08 选择修改堆栈中的 顶点 选项，进入顶点编辑模式，在透视图中对顶点进行框
选，如图 4-45 所示，并激活工具栏中的移动工具，左视图中将选择顶点沿 y 轴
方向向下移动调整顶点的位置，制作内部造型，在透视图中的结果如图 4-46 所示。

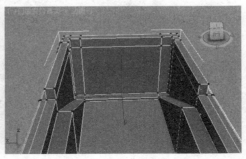

图4-45   图4-46

09 确认当前模式为 ┣━ 顶点 编辑模式，在左视图中框选如图4-47所示顶点，并激活
工具栏中的 ✛（移动）工具，将选择顶点沿y轴方向向下移动调整顶点的位置，
调整内部造型，在透视图中的结果如图4-48所示。

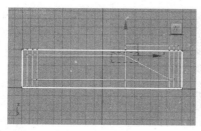 

图4-47　　　　　　　　　　　　　　图4-48

10 单击修改堆栈中的 ┣━ 顶点 编辑模式选项，退出当前编辑模式，浴缸造型效果
如图4-49所示。

11 下面将给模型添加"网格平滑"命名，使其表面更加光滑。在 ✎（修改）命令
面板中，选择 修改器列表 ▼ 下拉列表中的 网格平滑 选项，设置 细分量 卷展栏中
的 迭代次数：参数为3，效果与参数设置如图4-50所示。最后赋上材质即可。

图4-49　　　　　　　　　　　　　　图4-50

● ─ 4.2.7　置换

"置换"修改器以力场的形式推动和重塑对象的几何外形。可以直接从修改
器 Gizmo 应用它的变量力，或者从位图图像应用。该命令可以将一个图像映射到三
维物体表面，对三维物体表面产生凹凸现象，白色的部分将凸起，黑色的部分将凹
陷，如制作门上的雕花，效果与参数面板如图4-51所示。

图4-51

"置换"命令对图像的要求较高，如果是彩色图像，"置换"命令会自动按其灰度方式进行贴图置换。"置换"修改命令的贴图坐标与UVW Map修改命令相似，具有平面、柱形、球体、收缩包裹4种方式，以针对不同形态的三维物体。

1. "参数"卷展栏

（1）"置换"选项组

■ 强度：设置贴图置换对物体表面的影响强度。当为正值时，为凸起效果，为负值时为凹陷效果，值为0时，没有置换效果。

■ 衰退：设置贴图置换作用范围的衰减。

■ 亮度中心：勾选该复选框，可指定中心亮度值。

（2）"图像"选项组

■ 位图：单击 无 按钮，可以选择计算机中的一幅位图文件作为置换贴图，单击 移除位图 按钮可以将当前位图删除。

■ 贴图：单击 无 按钮，可在"材质/贴图浏览器"中选择程序贴图，单击 移除贴图 按钮可以将当前贴图删除。

■ 模糊：柔化置换造型表面尖锐的边缘。

（3）"贴图"选项组

■ 平面：使用平面贴图坐标方式。

■ 柱形：使用柱面贴图坐标方式。

■ 球形：使用球面贴图坐标方式。

■ 收缩包裹：使用收缩包裹贴图坐标方式。

■ 长度、宽度、高度：分别设置贴图坐标各平面的大小。

■ U向平铺/V向平铺/W向平铺：设置在三个方向上贴图的重叠次数。

■ 翻转：反转贴图坐标。

（4）"通道"选项组

用户可在此选项组中为对象选择一个通道。

■ 贴图通道：选择此项，将为贴图置换修改指定贴图通道，可通过输入框设置通道数目。

■ 顶点颜色通道：选择此项，将为贴图指定顶点颜色通道。

（5）"对齐"选项组

用来设置贴图"边界框"对象的尺寸、位置和方向。

■ X/Y/Z：用于选择对齐贴图"边界框"对象的坐标轴向。

■ 适配：该按钮用于自动适配贴图大小。

■ 中心：该按钮用于将贴图与对象中心进行对齐。

■ 位图适配：单击该按钮，将弹出位图选择框，从中选择一个图像文件，贴图将匹配所选位图的长宽。

■ 法线对齐：该按钮用于贴图将自动对齐到所选择表面的法线。

■ 视图对齐：该按钮用于将贴图与当前激活视图对齐。

■ 区域适配：单击该按钮，可在视图上拉出一个范围框，使贴图自动匹配该范围。

■ 重置：该按钮用于恢复贴图的初始设置。

■ 获取：单击该按钮，然后在视图中拾取另一个对象，被单击对象的贴图设定将会被获取到当前对象的贴图坐标上。

2. "置换"修改器的使用方法

使用"置换"修改器有两种基本方法：

■ 通过设置"强度"和"衰退"值，直接应用置换效果。
■ 应用位图图像的灰度组件生成置换。在2D图像中，较亮的颜色比较暗的颜色更多地向外突出，导致几何体的3D置换。

要将位图作为置换贴图应用，请执行以下操作。

01 在"参数"卷展栏→"图像"组中，单击"位图"按钮（除非选定了贴图，一般标签为"无"）。使用文件对话框选择位图。

02 调节"强度"值。改变场的强度，查看使对象几何体发生置换的位图效果。

在获得位图置换中所需图像后，可以应用优化修改器以在保留细节的同时减少几何体的复杂度。

要用置换修改器建模，请执行以下操作。

01 将"置换"应用到想要建模的对象，从"贴图"组中选择 Gizmo。

02 增加"强度"设置知道开始看到对象中的变化为止。

03 可以使用 🔲 缩放、🔘 旋转和 ⊕ 移动等工具操作Gizmo 使效果集中。

04 通过执行这些操作，调整"强度"和"衰退"设置可以微调效果。

4.2.8 锥化

锥化修改器通过缩放对象几何体的两端产生锥化轮廓；一段放大而另一端缩小。可以在两组轴上控制锥化的量和曲线。也可以对几何体的一段限制锥化。其应用效果及参数面板如图4-52所示。

图4-52

（1）"锥化"选项组

■ 数量：设置锥化倾斜的程度。
■ 曲线：设置锥化曲线的曲率。

（2）"锥化轴"选项组

■ 主轴：指定锥化的轴向。
■ 效果：指定锥化效果影响的轴向。
■ □对称：勾选此选项，将会产生相对于主坐标轴对称的锥化效果。

（3）"限制"选项组

■ ☐限制效果：勾选此选项，对锥化效果启用上下限。将允许用户限制锥化效果在对象上的影响范围。

■ 上限：用世界单位从倾斜中心点设置上限边界，超出这一边界以外，倾斜将不再影响几何体。

■ 下限：用世界单位从倾斜中心点设置下限边界，超出这一边界以外，倾斜将不再影响几何体。

4.2.9　动手实践——制作苹果模型

本例将创建一个苹果。练习"锥化"、"置换"和"弯曲"修改命令的使用方法，制作好的苹果模型效果如图4-53所示。

图4-53

📋 操作步骤

01 单击创建面板几何体下 标准基本体 ▼ 中的 球体 按钮，在顶视口中拖动创建 半径:为 10 的球体，并命名为"苹果"，效果与参数设置如图 4-54 所示。

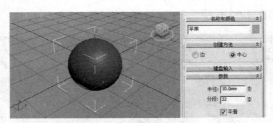

图4-54

02 单击 🎛 （修改）按钮，进入修改命令面板，选择 修改器列表 ▼ 下拉列表框中的 锥化 选项，为当前选择的"苹果"对象添加"锥化"修改命令，在 - 参数 卷展栏中设置 数量:参数为0.85，效果与参数设置如图4-55所示。

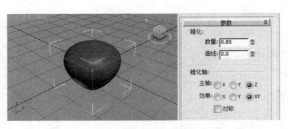

图4-55

提示

　　"锥化"修改器对苹果的原始球体进行了大致整形。若要更具有真实感,需要将球体塌陷为可编辑网格,然后使用"软选择"调整选定区域和未选定区域之间的变换。

03 接下来继续调整苹果的形状。确认当前"苹果"为选择状态,在修改堆栈空白处单击右键,然后选择 塌陷全部 快捷菜单选项,如图4-56所示,并在弹出的"警告"对话框中单击 是(Y) 按钮,此时修改堆栈效果如图4-57所示。

图4-56　　　　　　　　　　　　　图4-57

提示

　　如果对如何塌陷堆栈没有把握,可在弹出的"警告"对话框中单击 暂存(D)/是 按钮,再从菜单栏上选择"编辑"→"取回"命令,可以将场景还原为没有塌陷状态。

04 通过以上塌陷操作,锥化球体变为可编辑网格。在修改堆栈中单击 可编辑网格 前的"+"号按钮,以展开次物体编辑选项,选择 顶点 选项,进入顶点次物体编辑模式,在前视图中,用框选的方式将苹果底部的三行顶点选中,顶点变成红色,如图4-58所示。

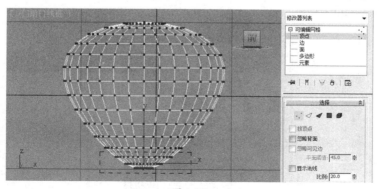

图4-58

05 接着上一步操作,勾选修改面板中 选择 卷展栏下的 ☑使用软选择 选项,启用"软选择"方式,再设置 衰减: 参数为15,此时选择的顶点以逐渐变化的颜色显示，效果与参数设置如图4-59所示。

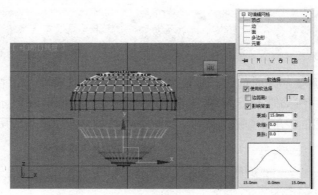

图4-59

06 确保 顶点 次物体编辑选项在修改堆栈中处于活动状态（黄色），并且顶点在视图中可见。然后在 修改器列表 ▼ 下拉列表中选择 置换 选项，添加"置换"修改命令，并设置 强度 参数为1，苹果的下半部分上产生的效果与参数设置如图4-60所示。

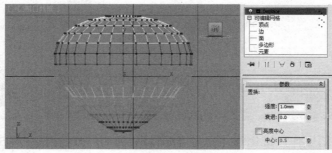

图4-60

07 单击 − 参数 卷展栏下 位图: 栏的 无 按钮，打开配套光盘中的"源文件与素材 / 第 4 章 / 置换贴图 .jpg"文件，如图4-61所示，用于制作苹果底部的凹凸效果。

图4-61

提示

该位图是一个黑色的方格，其中有四个模糊的白色水滴。白色区域的置换比黑色区域要多，从而在苹果底部生成四个特有的凹凸。

08 此时再设置 强度 参数为-6，苹果的下半部分上产生凸起效果，在透视图中的效果与参数设置如图4-62所示。

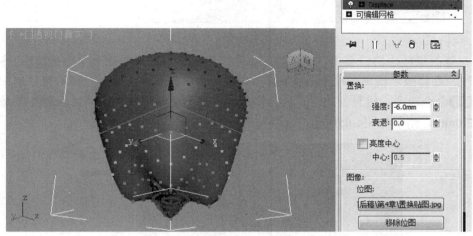

图4-62

09 接下来完成苹果的顶部，此时需要添加"编辑网格"修改命令。选择 修改器列表 下拉列表中的 编辑网格 选项，并单击 选择 卷展栏中的 ⋮ （顶点）按钮，并勾选 ☑ 忽略背面 ，在顶视图中单击苹果选择中间顶点，在 软选择 卷展栏中勾选 ☑ 使用软选择 选项，设置 衰减 参数为4，并激活前视图，将选择顶点沿y轴向下移动，制作顶部中间造型，如图4-63所示。

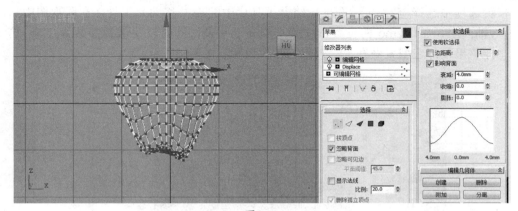

图4-63

10 取消 ☐ 忽略背面 选项，按住Ctrl键，再框选苹果模型顶部的三行顶点，在修改面板中设置 衰减 参数为8，如图4-64所示。

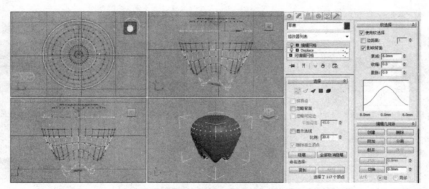

图4-64

11 在修改堆栈中右键单击 ⚙ ⊞ Displace 命令层级，然后选择快捷菜单中的 复制 命令选项。在修改堆栈顶部 ⚙ ⊞ 编辑网格 命令层级上单击右键，然后选择快捷菜单中的 粘贴 命令选项，将复制的"置换"修改器添加到修改堆栈中，并修改 强度: 参数为 2.0mm，结果如图4-65所示。

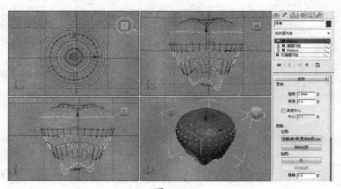

图4-65

12 单击修改堆栈中顶部 ⚙ ⊞ Displace 命令层级前的"+"号按钮，在展开的次物体编辑选项中选择 ⌐ Gizmo 选项，结合工具栏中的 ✛ （移动）工具，在前视图中沿 y轴向上调整Gizmo 的位置，使其刚刚高于苹果，同时设置 衰退: 参数为 1.5，这样苹果顶部造型就做好了，效果与参数设置如图4-66所示。

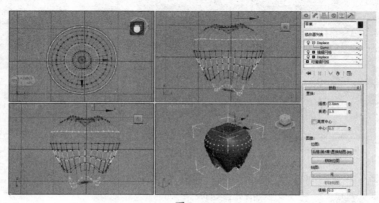

图4-66

13 最后制作苹果顶部——茎。单击几何体创建面板中的 圆柱体 按钮，在顶视图中捕捉到苹果顶中间位置创建 半径 为0.7、高度 为7、高度分段 为12的圆柱体并命名为"苹果茎"，效果与参数设置如图4-67所示。

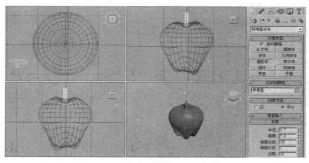

图4-67

14 单击 （修改）按钮，进入修改命令面板，选择 修改器列表 下拉列表框中的 弯曲 选项，为当前选择的"苹果茎"对象添加"弯曲"修改命令，在 参数 卷展栏中设置 角度 参数为72，效果与参数设置如图4-68所示。

图 4-68

15 最后赋上材质，进行渲染即可。

提示

　　如果希望使茎看上去类似于图4-69所示效果，请在修改堆栈中"弯曲"命令层级下方添加一个非常轻微的"锥化"修改命令即可。具体操作方法：在修改堆栈中选择 Cylinder 命令层级，此时选择 修改器列表 下拉列表框中的 锥化 选项，添加"锥化"修改器，在圆柱体弯曲之前对其锥化，设置锥化的 数量 参数为-0.5即可。

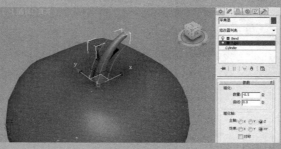

图4-69

本章小结

通过本章对三维模型常用编辑命令的初步学习，相信大家已经掌握了一些常见三维模型的制作方法与技巧。很多三维模型可以通过多种编辑方式来制作，但只有熟练掌握这些基本的编辑方法才能够最快捷、最方便地完成三维模型的创建，从而制作出我们需要的三维模型来。

过关练习

1. 选择题

（1）在3ds Max中，通过给如图4-70（a）所示的圆台添加以下哪种修改命令，可得到如图4-70（b）所示的网格效果？____

A. 扭曲　　　　B. 编辑网格　　　　C. 晶格　　　　D. 噪波

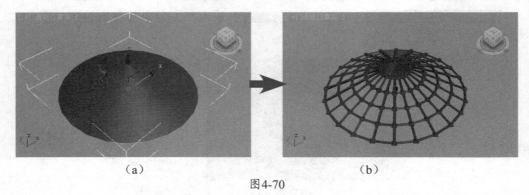

（a）　　　　　　　　　　　　　　（b）

图4-70

（2）如图4-71（a）所示的圆柱体通过添加以下哪种修改命令可得到图4-71（b）所示效果？____

A. 挤压　　　　B. 扭曲　　　　C. 拉伸　　　　D. 锥化

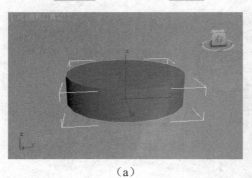

（a）　　　　　　　　　　　　　　（b）

图4-71

（3）给如图4-72（a）所示圆柱体添加以下哪些修改命令，可得到如图4-72（b）所示的棱台效果？____

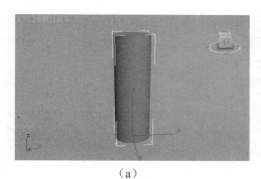 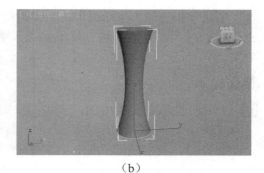

（a） （b）

图4-72

A．锥化修改命令　　　　B．编辑网格修改命令

C．FFD3×3×3　　　　　D．拉伸修改命令

（4）制作如图4-73所示的苹果模型可采用哪些操作步骤来实现？____

A．先绘出截面图形再添加车削修改命令

B．先创建球体再添加编辑网格命令调整顶点

C．先创建球体再添加编辑多边形命令调整顶点

D．先绘出截面图形再添加轮廓修改命令

图4-73

2．上机题

（1）本例将制作如图4-74所示的喷泉效果图。喷泉是属于环境装饰泛畴，它具有美化环境、净化空气、平衡湿度的作用，在比较大的室内场景与空中花园常采用喷泉作为主体装饰，可谓有光、有色、有声、有动感之特点。

图4-74

喷泉效果的制作方法很多，但多用粒子系统这种简单的制作方法来制作，其缺点是很耗内存。本例将用二维图形通过 挤出 命令来造型，利用阵列命令制作水柱效果。

操作提示：

01 使用创建命令面板中的 管状体 按钮，在顶视图中绘制喷泉外池，参数如图4-75所示。将状体在原位复制1个，制作喷泉内池，在修改命令面板中将 半径1 改为100、 半径2 改为110、 高度 改为20，结果如图4-76所示。

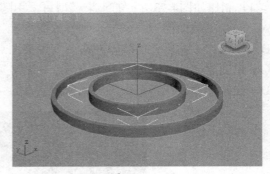

图4-75 　　　　　　　　　　　　　　　图4-76

02 制作喷泉池底。使用 圆柱体 按钮，在顶视图中捕捉喷泉外池圆柱体的轴心，绘制 半径 为182、 高度 为15的圆柱体制作池底，如图4-77所示。

03 制作喷泉，使用 线 按钮，在前视图中绘制喷水柱截面图形，如图4-78所示。然后对喷水柱截面图形添加"挤出"修改命令，设置 数量 参数值为0.7。然后"镜像"复制。调整位置，结果如图4-79所示。

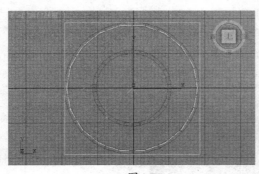

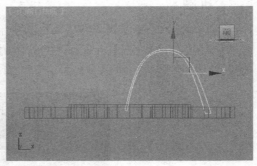

图4-77 　　　　　　　　　　　　　　　图4-78

04 选择制作好的喷水柱将其成组为"水柱"，然后使用对齐工具进行对齐操作，对齐后的位置如图4-80所示。最后使用"阵列"命令进行操作，结果如图4-81所示。这样，水柱就做好了。

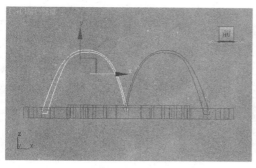 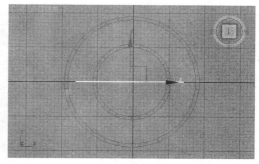

图4-79　　　　　　　　　　　　　　　图4-80

05 同样方法制作内侧水池喷水柱，完成后的效果如图4-82所示。

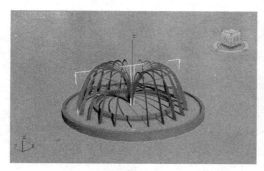 

图4-81　　　　　　　　　　　　　　　图4-82

（2）本练习使用"FFD"修改器命令制作鸡蛋模型，最终效果如图4-83所示。

图4-83

操作提示：

01 首先创建一个球体，为球体添加"FFD4×4×4"修改命令。

02 接着上一步操作，在前视图中利用移动工具框选如图4-84所示的控制点，然后将其沿Y轴向上移动到如图4-85所示位置。

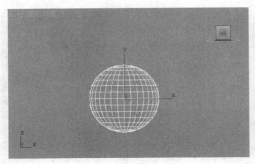

图4-84   图4-85

03 为了体现出鸡蛋形状的不规则性，在前视图中框选如图4-86所示的控制点，然后将其沿x轴向左移动到如图4-87所示位置。

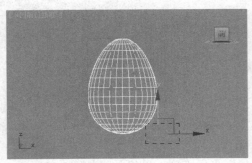   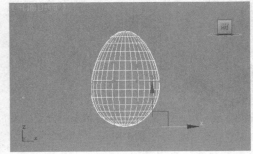

图4-86   图4-87

04 继续调整顶点。在前视图中框选第一行顶点将其沿x轴向左移动，鸡蛋形状发生改变，如图4-88所示，以方便我们在透视图中观察鸡蛋制作完成的效果，如图4-89所示。

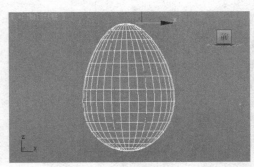   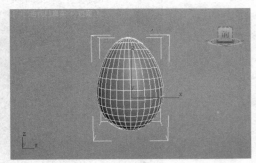

图4-88   图4-89

第5章 二维图形的创建与编辑

 学习目标

本章将学习如何在3ds Max 2012中创建和编辑二维图形以及如何将二维图形编辑成三维模型。在三维模型创建中，很多三维模型是通过对二维图形进行挤出、车削、倒角等编辑创建而成的。因此，应熟练掌握二维图形的编辑方法和技巧。

 要点导读

1. 认识二维图形
2. 创建基本的二维图形
3. 编辑二维图形
4. 用二维图形创建三维模型
5. 动手实践——绘制室内阴角线截面
6. 动手实践——创建楼梯
7. 动手实践——制作艺术花瓶
8. 动手实践——制作装饰画框
9. 动手实践——制作爱心凳
10. 动手实践——制作香犁

 精彩效果展示

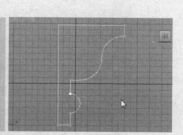

5.1 认识二维图形

5.1.1 二维图形的作用

二维图形在建模和动画中起着非常重要的作用，它是生成三维模型的基础，常作为放样路径、截面、动画中的约束路径来使用。给二维图形添加 车削 、 挤出 、 倒角 、 倒角剖面 和 晶格 编辑修改命令可以将二维图形直接转换成三维实体，如图5-1所示。

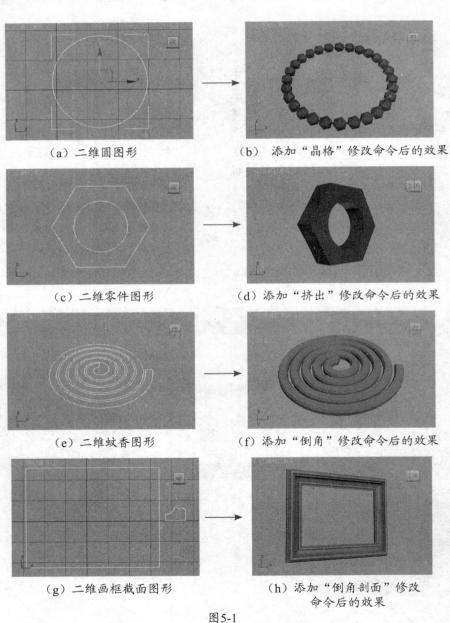

（a）二维圆图形　　　　　　　（b）　添加"晶格"修改命令后的效果

（c）二维零件图形　　　　　　　（d）添加"挤出"修改命令后的效果

（e）二维蚊香图形　　　　　　　（f）添加"倒角"修改命令后的效果

（g）二维画框截面图形　　　　　（h）添加"倒角剖面"修改
　　　　　　　　　　　　　　　　　命令后的效果

图5-1

5.1.2　二维图形创建面板

二维图形是由一条或者多条样条线组成的对象。对象中的样条线则是由一系列的点定义的曲线，样条线上的点通常被称为顶点，这些顶点包含着不同的特性（Bezier 角点、Bezier、角点、平滑）并分别控制着样条曲线的形态。

在 3ds Max 中，二维图形是最基础的造型之一，通过编辑二维图形，可创建出复杂的三维模型。单击（创建）按钮下的（图形）按钮，进入二维图形创建面板，如图 5-2 所示，单击对象类型下面的各个按钮可创建相应的二维图形。

在系统默认情况下，样条线类型选项总是显示在最前面，为最常用的面板，在该下拉列表框中系统还提供 NURBS 曲线 和 扩展样条线 两种类型的二维图形创建选项，以满足用户的创建需要，如图5-3所示。

图5-2

图5-3

121

选择 样条线 下拉列表框中的 NURBS 曲线 或 扩展样条线 选项，将打开其对应的二维图形创建面板，如图5-4所示。

（a）NURBS曲线创建面板

（b）"扩展样条线"创建面板

图5-4

5.2　创建基本的二维图形

1．线

线是最基本的平面造型之一，它可以用来绘制任何形状的封闭或开放曲线（包括直线），也可绘制封闭的二维图形和非封闭的放样路径。

单击（二维图形）创建面板中的 线 按钮，在前视图中单击创建起点，然后移动光标再单击创建下一点且点与点之间用线的方式进行连接，再移动光标单击指定下一点，若要结束下一点的创建，可直接单击右键，此时创建的线为直线段，如图5-5所示。

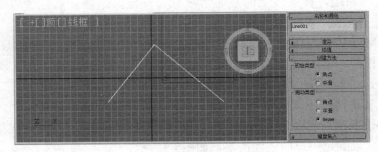

图5-5

提示

　　创建线的方法很多，还可通过拖拉鼠标的方式确定点的位置和弧度来创建线。还可在 **创建方法** 卷展栏下选择所创建的线的类型。

（1）**初始类型**选项组

用来设置单击鼠标建立线形时所创建的端点类型。

■ **⊙角点**：用于建立折线，端点之间以直线连接。

■ **○平滑**：用于建立曲线，端点之间以曲线连接，且曲线的曲率由端点之间的距离决定。

（2）**拖动类型**选项组

用来设置按压并拖动鼠标建立线形时所创建的端点类型。

■ **○角点**：选中该项，建立的线形端点之间为直线。

■ **○平滑**：选中该项，建立的线形在端点处将产生光滑的曲线。

■ **⊙Bezier**：选中该项，建立的线形将在端点产生光滑的曲线。与平滑方式不同的是，端点之间曲线的曲率及方向是由使用鼠标端点处拖动控制柄所控制的。

2．圆

　　圆按钮用于创建圆形，常用于制作放样物体的放样截面。它还常用作放样时的基本形体，其创建效果与参数如图5-6所示。

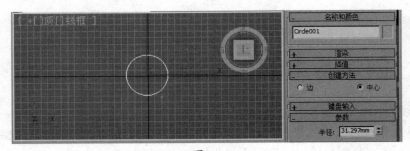

图5-6

■ **半径**：用于设置圆的半径参数，参数越大圆也越大。

3. 弧

弧 按钮可用来创建圆弧曲线和扇形，创建的圆弧效果与参数面板如图 5-7所示。

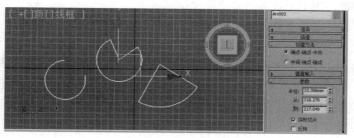

图5-7

圆弧的创建方法与圆形基本相同，由于圆弧是圆的一部分，因此在创建时先要指定圆弧的起点、端点以及圆弧所跨的弧度大小，如图5-8所示为圆弧的创建流程。圆弧也可用作放样物体的放样截面。

 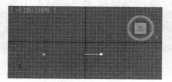 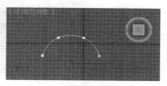

（a）指定起点 （b）指定端点 （c）确定弧度

图5-8

- 半径：设置建立的圆弧的半径大小。
- 从：设置建立的圆弧在其所在圆上的起始点角度。
- 到：设置建立的圆弧在其所在圆上的结束点角度。
- 饼形切片：勾选该复选框，则分别把圆弧中心和弧的两个端点连接起来构成封闭的图形。
- 反转：反向选择圆弧。圆周上任意两点将圆周分成两端弧，若未勾选该复选框，被选择的弧线为从起始角度到结束角度，勾选该复选框则反向选取。

4. 多边形

多边形按钮可用于制作任意边数的多边形，其最小边数为3时，创建的多边形为三角形，通过设置其圆角参数可制作圆角多边形，效果如图5-9所示。当边数取值过大如大于30时，创建的图形将接近圆形。

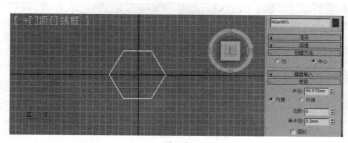

图5-9

- **⊙ 内接**：选中该项，则输入的半径为多边形的中心到其顶点的距离。
- **○ 外接**：选中该项，则以上输入的半径为多边形的中心到其边界的距离。
- **边数**：用于设置多边形的边数，最小值为3。
- **角半径**：用于多边形的圆角半径。
- **□ 圆形**：选择该选项时，多边形变成圆形。

5. 文本

文本 按钮可用来在场景中直接产生文字图形或制作三维的图形文字，如图5-10所示。同时也可以对文本的字体等样式进行参数设置，在文本框中输入的文本内容既可以是中文也可以是英文，还可以对其进行一些简单的编辑工作。甚至在完成了动画制作之后，仍可以修改文本的内容。

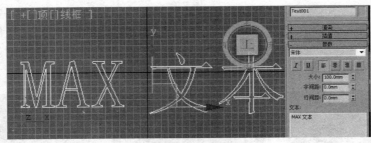

图5-10

- **大小**：用来设置文字的大小尺寸。
- **字间距**：用来设置文字之间的间隔距离。
- **行间距**：用来设置文字行与行之间的距离。
- **文本**：用来输入文本内容，同时也可以进行改动。
- **更新**：用于设置修改完文本内容后，视图是否立刻进行更新显示。当文本内容非常复杂时，系统可能很难完成自动更新，此时可选择手动更新方式。只有当 **☑ 手动更新** 复选框处于勾选状态时，该按钮才可用。
- **□ 手动更新**：用于进行手动更新视图。当勾选该复选框时，当单击 **更新** 按钮后，文本输入框中当前的内容才会显示在视图中。

6. 截面

截面 用来通过截取三维造型的剖面来获取二维图形。通常与三维几何体配合使用且创建的截面必须与三维造型相交才有效，获取的二维图形以高亮黄色线框显示，其使用效果和参数面板如图5-11所示。

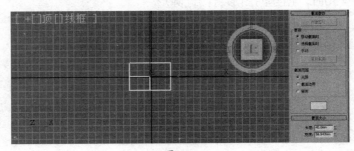

图5-11

创建图形 用于创建截面图形，当截面与三维造型相交时，单击此按钮，将打开"命名截面图形"对话框，如图5-12所示。在名称栏可以更改默认名称，单击 确定 按钮，即可创建一个截面图形。如果没有和三维物体产生相交，则无法创建截面。

图5-12

（1） 更新 选项组

■ ⊙ 移动截面时 ：在移动截面的同时更新视图。

■ ○ 选择截面时 ：只有在选择了截面时才进行视图更新。

■ ○ 手动 ：手动决定视图显示的更新时间。可通过单击 更新截面 按钮进行手动更新视图。

（2） 截面范围 选项组

■ ⊙ 无限 ：选择该单选按钮后，截面所在的平面将无界限的扩展，只要经过此剖面的物体都被截取，而与视图显示截面的尺寸无关。

■ ○ 截面边界 ：选择该单选按钮后，将以截面所在的边界为限，凡是接触到截面边界的造型都被截取，否则不受影响。

■ ○ 禁用 ：关闭截面的截取功能。

7．矩形

矩形 按钮用于创建长方形和圆角长方形，在创建过程中按住Ctrl键可以创建正方形，效果如图5-13所示。矩形常作为放样物体的截面来使用。

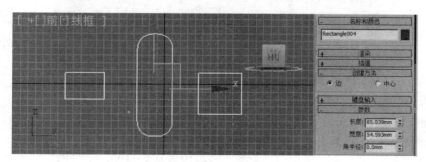

图5-13

■ 角半径 ：可以设置矩形的四个角为圆角。

8．椭圆

椭圆的创建方式与圆的创建方式基本相同，单击 椭圆 按钮，在绘图区域内单击并拖动光标完成椭圆的创建，可也通过设置 参数 卷展栏中的 长度 和 宽度 参数来调整椭圆的大小，在创建的过程中按住Ctrl键可创建圆，效果与参数如图5-14所示。

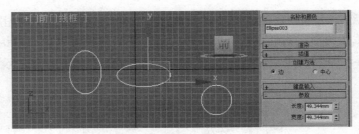

图5-14

9. 圆环

圆环 常作为放样截面使用，通过放样来生成空间的三维实体以创建某些特殊三维形体，创建的圆环效果与参数面板如图5-15所示。通过设置圆环的外圆半径参数和内圆半径参数来确定圆环的大小。

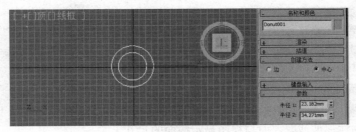

图5-15

10. 星形

星形 可用来建立多角星形，通过调整各项参数，可以产生许多奇特的图案，效果及参数面板如图5-16所示。

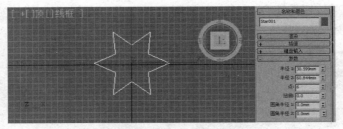

图5-16

■ 半径 1：用来设置星形的顶点内接于圆的半径大小。

■ 半径 2：用来设置星形的顶点外切于圆的半径大小。

■ 点：用来设置星形的顶点数，其范围可从3～100。星形的实际顶点数是该数值的两倍，其中一半的顶点位于同一半径上形成星形的外顶点，而剩下的顶点则位于另一半径上形成星形的内顶点。

■ 扭曲：用来设置扭曲值，使星形的齿产生扭曲。正值对应的是逆时针旋转，负值对应的是顺时针旋转。

■ 圆角半径 1：用来设置星形内顶点处的圆角半径，如图5-17所示。

■ 圆角半径 2：用来设置星形外顶点处的圆角半径，如图5-18所示。

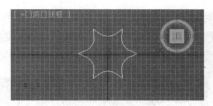
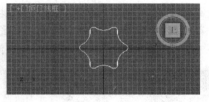

图 5-17   图 5-18

11. 螺旋线

　　<u>螺旋线</u>　常用作放样物体的放样路径，在其参数面板中可以设置螺旋线的大小、圈数及旋转方向等参数，其效果及参数如图5-19所示。

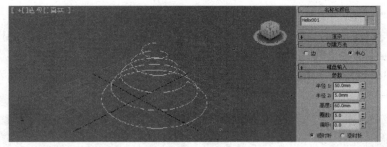

图 5-19

■　<u>圈数</u>：设置螺旋线旋转的圈数。
■　<u>偏移</u>：设置旋转的偏移强度，正值偏向上方，负值偏向下方。
■　⊙ <u>顺时针</u>/〇 <u>逆时针</u>：用于选择螺旋线旋转的方向。

5.3　编辑二维图形

5.3.1　二维图形的层级结构

　　在3ds Max中，主要通过编辑二维图形次级结构对象的方式来控制曲线的最终形态，二维图形有以下层级结构，如图5-20所示。可以看出二维图形有顶点、线段、样条线三种层级结构。

　　顶点是组成线段的最基本元素，一条线段至少有两个顶点，在3ds Max中有4种不同类型的顶点。进入顶点层级，用户可以在顶点处单击鼠标右键，在弹出的快捷菜单中选择顶点类型，如图5-21所示。

图 5-20   图 5-21

■ 在"角点"类型下，顶点两侧的线段可以呈现任何相交角度，如图5-22所示。
■ 在"平滑"类型下，顶点两侧的线段变成光滑的曲线，曲线与顶点成相切状态。选择"平滑"方式以后，顶点两侧的线段变成光滑的曲线，如图5-23所示。

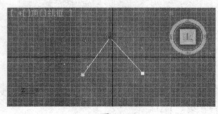

图5-22　　　　　　　　　　　　　　　图5-23

■ 在"Bezier"类型下，顶点上添加了两根控制手柄，不论调节哪一根，另一根始终与它保持呈一条直线，并与曲线相切，拖动任何一根手柄轴改变其长度，另一根手柄也会等比例缩放，如图5-24所示。
■ "Bezier角点"类型是改进了的Bezier模式，相比起来，它使顶点更为自由，如图5-25所示。

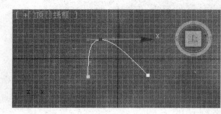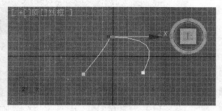

图5-24　　　　　　　　　　　　　　　图5-25

5.3.2　转换为可编辑二维图形

二维图形创建面板提供的二维图形都是些最基础的图形，有时并不能达到我们想要的形状，通常都需要进行再次编辑，此时我们就可通过系统提供的方法将其转为可编辑的二维图形来制作我们想要的造型。

将绘制的二维图形转换为可编辑的二维图形有两种方法：

一是直接选择二维图形，在视图窗口中单击右键，选择快捷菜单 转换为 下面的 转换为可编辑样条线 选项，将其转换为可编辑的样条曲线，此时对象的 Circle 命令层被直接踏栈成 可编辑样条线 状态，而不能回到最初状态，如图5-26所示。

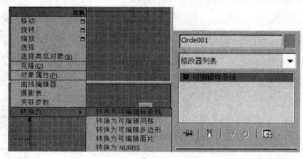

图5-26

二是进入修改命令面板，选择 修改器列表 下拉列表框中的 编辑样条线 选项，给当前的二维图形直接添加"编辑样条线"修改命令即可，此时仍可在修改堆栈中回到 Circle 命令层级对参数进行修改，如图5-27所示。

值得一提的是：在二维图形创建面板中，仅 线 按钮创建的图形是可直接编辑的样条线，如图5-28所示。

图5-27

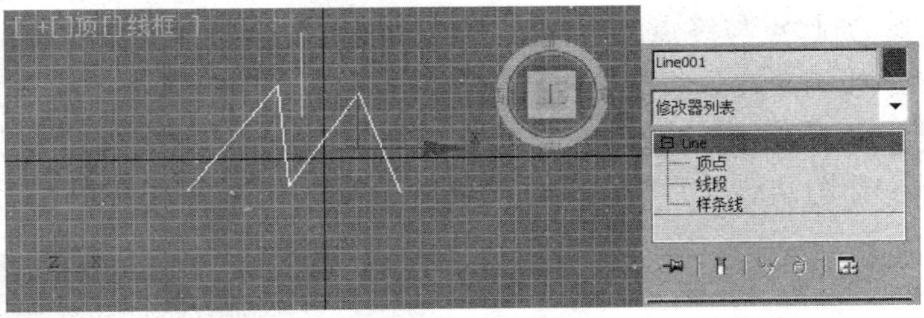

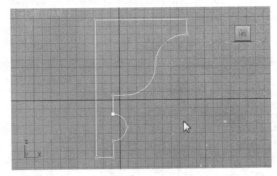

图5-28

5.3.3 动手实践——绘制室内阴角线截面

下面将制作如图5-29所示的阴角线截面图形，主要练习样条线的编辑方法。

图5-29

操作步骤

01 单击 （创建）按钮下的 （图形）按钮，进入二维图形创建面板，单击 线 按钮，在前视图按住Shift键移动光标依次单击，创建如图5-30所示闭合曲线。

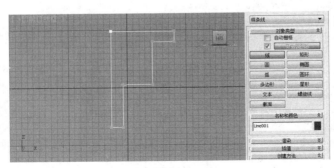

图5-30

提示

　　在创建线的过程中，顶点以黄色小方块表示，白色的小方块表示样条线的起点。明确这一点对后面在采用多个截面进行放样时，则可通过调整截面起点的位置来校正放样体的扭曲效果。

02　当起点与终点重合时，弹出"样条线"对话框，如图5-31所示，系统提示是否要闭合样条线，单击 是(Y) 按钮，闭合样条线。

03　再单击 圆 按钮，在如图5-32所示的位置创建大小相同的圆，用于后面制作阴角线的半圆效果，可单击工具栏中的 ✛（移动）工具调整圆的位置。

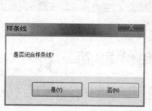
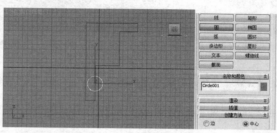

图5-31　　　　　　　　　　　　　　　　图5-32

04　选择第一步创建的样条线，单击 ✐（修改）按钮，进入修改命令面板，单击 几何体 卷展栏中的 附加 按钮，单击视图中的圆，如图5-33所示，将其附加为一个整体。

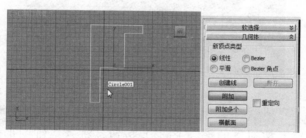

图5-33

05　单击 选择 卷展栏中的 ⋀（样条线）按钮，进入样条线次物体编辑模式，如图5-34所示。

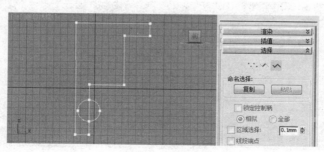

图5-34

二维图形的创建与编辑

单击 Line 前的"+"号按钮,在展开的次物体选项中选择 样条线 选项,此时 选择 卷展栏中的 ∧ (样条线) 按钮被激活,说明修改堆栈中的 Line 下的次物体选项与 选择 卷展栏中的按钮之间具有关联性,无论是选择修改堆栈中的次物体选项还是单击 选择 卷展栏中的次物体按钮,都将同时启动相应的次物体编辑模式,如图5-35所示。

（a）修改面板　　（b）启动顶点次物体　（c）启动线段次物体　（d）启动样条线次物体

图5-35

06 单击 几何体 卷展栏中的 修剪 按钮,单击圆与样条线相交和重合的线段,如图5-36所示,将其修剪掉。

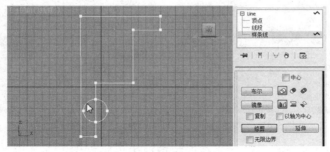

图5-36

07 修剪后的结果如图5-37所示,再单击右键,退出当前 修剪 命令。

08 修剪后的圆与样条线相交的顶点为开放状态,接下来将顶点进行焊接使其成为一样闭合的样条线。单击修改堆栈中 Line 下的 顶点 选项,进入顶点次物体编辑模式,框选,如图5-38所示的顶点。再单击 几何体 卷展栏中的 焊接 按钮,此时样条线变成闭合曲线。

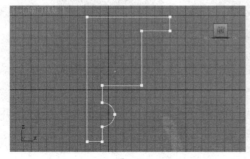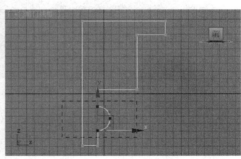

图5-37　　　　　　　　　　　　图5-38

09 下面制作阴角线中的弧形造型。确认当前编辑模式为 ⌐─── 顶点 次物体编辑模式，框选如图5-39所示的顶点，并在视图窗口中单击右键，在弹出的快捷菜单中选择 Bezier 选项，如图5-40所示，修改顶点的为贝塞尔。

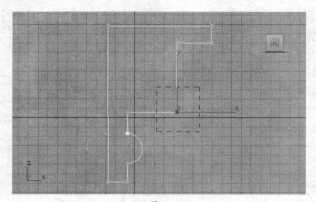 

图5-39 图5-40

10 修改为Bezier类型后的顶点效果如图5-41所示，单击工具栏中的 █ （移动）工具，分别调整顶点两侧的绿色控制柄，调整曲线的形态，并适当的调整顶点的位置，结果如图5-42所示。

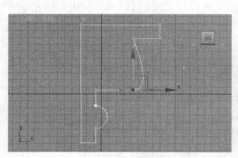 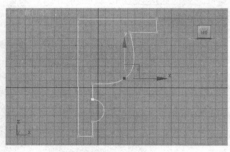

图5-41 图5-42

11 选择如图5-43所示的顶点，并在视图窗口中单击右键，在弹出的快捷菜单中选择 Bezier 角点 选项，修改顶点为贝塞尔角点类型，如图5-44所示。

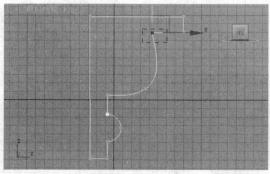 

图5-43 图5-44

12 单击工具栏中的移动工具，移动顶点两侧的绿色控制柄，调整曲线的形态，并适当地调整顶点的位置，调整后的结果如图 5-45 所示，这样阴角线截面图就做好了。

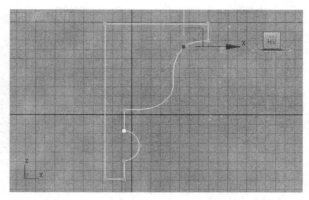

图5-45

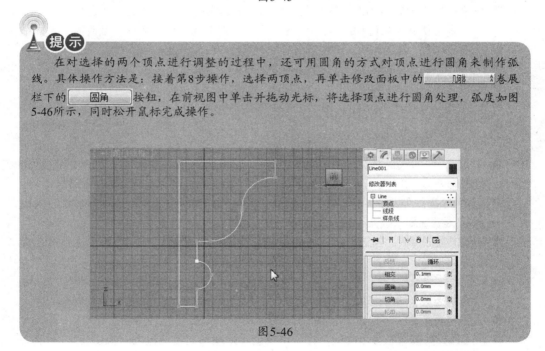

> **提示**
>
> 在对选择的两个顶点进行调整的过程中，还可用圆角的方式对顶点进行圆角来制作弧线。具体操作方法是：接着第8步操作，选择两顶点，再单击修改面板中的 ▢▢▢▢▢▢ 卷展栏下的 圆角 按钮，在前视图中单击并拖动光标，将选择顶点进行圆角处理，弧度如图 5-46所示，同时松开鼠标完成操作。

图5-46

5.4 用二维图形创建三维模型

二维图形转换为三维实体的方法很多，主要是通过给二维图形添加修改命令来实现的，下面将重点介绍常用的 挒出 、 车削 和 倒角 编辑修改命令的使用。

5.4.1 挒出

挒出命令可以将二维形生成有厚度的三维实体，用来制作一些家具和工业品模型，效果如图5-47所示，如果想对挤出的模型进行形状的编辑，可通过添加其他修改命令来完成，如图5-48所示。

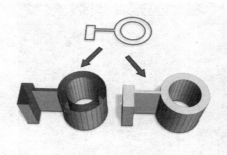

图5-47　　　　　　　　　　　图5-48

- ■ 数量：用于设置挤出的厚度。
- ■ 分段：用于设置挤出厚度的分段数目，参数越大渲染所需要的时间也越长。一般采用系统默认参数1即可，若有特殊需求可根据实际情况增加分段参数值。
- ■ 封口始端：勾选此项，将在挤出对象的开始端生成平面，系统默认为选择状态。
- ■ 封口末端：勾选此项，将在挤出对象的封口端生成平面，系统默认为选择状态。
- ■ 变形：勾选此项，将在一个可预测、可重复模式下安排封口的面。
- ■ 栅格：勾选此项，将在图形边界上的方形修剪栅格中安排封口的面。
- ■ 面片：勾选此项，将挤压而成的对象输出为面片对象，对它可以用 编辑面片 修改命令进行修改。
- ■ 网格：勾选此项，将挤压而成的对象输出为网格对象，对它可以用 编辑网格 修改命令进行修改。
- ■ NURBS：勾选此项，将挤压而成的对象输出为NURBS对象，对它可以用 NURBS 曲面选择 修改命令进行修改。
- ■ 生成贴图坐标：勾选此项，将贴图坐标应用到挤出对象中，默认设置为不选择状态。
- ■ 真实世界贴图大小：将选项系统默认为禁用状态，只有 生成贴图坐标 选项处理勾选状态时，才被激活。
- ■ 生成材质 ID：勾选此项，将不同的材质ID指定给挤出对象侧面和封口。
- ■ 使用图形 ID：勾选此项，将使用挤出样条线指定给线段的材质ID值。
- ■ 平滑：勾选此项，将平滑应用于挤出的实体。

5.4.2　动手实践——创建楼梯

下面将制作如图5-49所示的楼梯模型。在制作楼梯踏步时先用 线 创建二维截面图形，然后添加 挤出 修改命令将二维线框转换为三维对象。在制作栏杆与扶手时直接用 线 创建，并将其设置为可渲染的线段。

图5-49

操作步骤

`01` 单击 ▢（新建场景）工具按钮，新建场景。

`02` 为了规范地制作图形，接下来设置捕捉方式。单击工具栏中的 ▦（三维捕捉）
按钮，并在该按钮上单击右键，在弹出来的"栅格和捕捉设置"对话框中勾选
▢✔ **栅格点** 选项，如图5-50所示，捕捉方式为捕捉栅格点。

`03` 单击 ✿（创建）面板下的 ▣（二维图形）按钮，在二维图形创建命令面板
中，单击 ▭ 线 ▭ 按钮，在前视图中单击鼠标右键激活前视图，并单击视图
控制区域的 ▣ 按钮以全屏显示前视图，捕捉栅格点绘制如图5-51所示的楼梯剖
面线框。

图 5-50

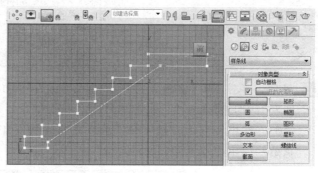

图 5-51

 提示

在绘制线段过程中，若在不需要的地方确定了点，要想返回上一步操作时，可以按键盘
上的←键，取消错误确定点的操作，若继续按←键，可以返回再上一步操作状态，如果想把
绘制好的线段全部取消，可按Delete键。

`04` 当起始点与端点重合时，系统弹出"样条线"对话框，提示用户是否闭合样条
线，单击 是(Y) 按钮，闭合样条线，完成后的效果如图5-52所示。

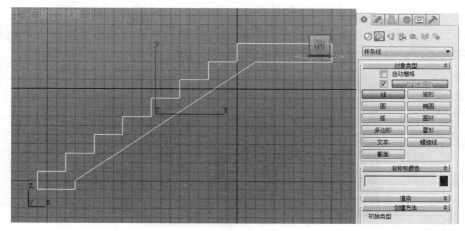

图 5-52

提示

创建好后，我们可在 — 名称和颜色 卷展栏给创建的样条线进行重命名，单击名称栏后面的 ■（颜色）按钮，将打开如图5-53所示的"对象颜色"对话框，重新设置样条线的颜色。

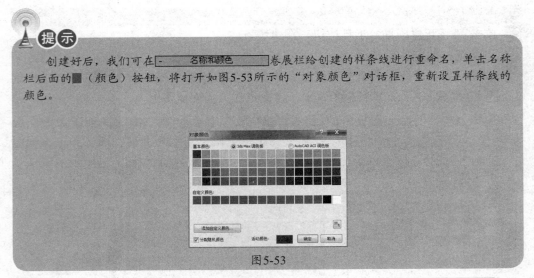

图5-53

05 最后，单击 （修改）按钮，进入修改命令面板，选择 修改器列表 下拉列表框中的 挤出 选项，添加"挤出"修改命令，并在挤出修改面板中设置 数量 参数，线框图变成三维实体，并单击视图控制工具栏中的 （所有视图最大化显示）按钮，效果如图5-54所示。

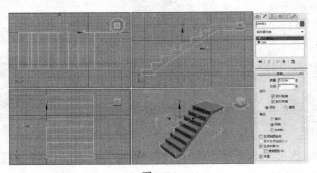

图5-54

06 接下来制作栏杆扶手。单击 （创建）面板下的 （二维图形）按钮，再单击二维图形创建命令面板中的 线 按钮，在前视图中捕捉栅格点顺着楼梯的走向绘制如图5-55所示的样条线，完成后单击右键退出绘制线操作。

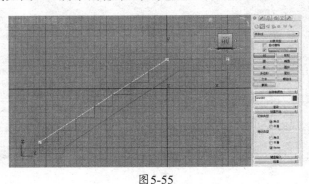

图5-55

07 单击 <u>渲染</u> 卷展栏，展开下拉面板，勾选 ☑ 在渲染中启用 和 ☑ 在视口中启用 选项，这样绘制的样条线在视图窗口中和渲染后都可看见。适当设置 **厚度:** 参数值，在透视图中的效果与参数如图5-56所示。

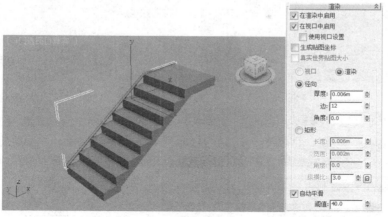

图 5-56

 提 示

通常情况下系统默认的二维曲线不被渲染，即渲染后是看不到的，当 <u>渲染</u> 卷展栏中的 ☑ **在渲染中启用** 选项处于勾选状态时，创建的二维曲线仅在渲染后可见；在 ☑ **在渲染中启用** 选项和 ☑ **在视口中启用** 选项同时处于勾选状态时，创建的二维曲线在视图窗口和渲染后都可见；勾选 ☑ **在视口中启用** 选项，可以直观地设置曲线的粗线。

☉ **径向** 选项和 ☉ **矩形** 选项，分别用于控制生成的对象的形状。当选择 ☉ **径向** 选项时，二维曲线生成圆管状效果；当选择 ☉ **矩形** 选项时，二维曲线生成矩管状效果，如图5-57所示。

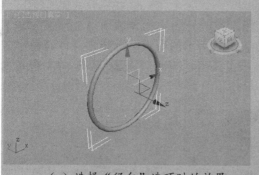 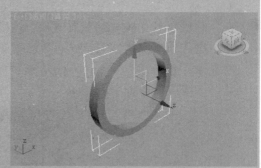

（a）选择"径向"选项时的效果　　（b）选择"矩形"选项时的效果

图 5-57

08 单击视图控制工具栏中的 🔍（缩放）工具，调整前视图，并按S键，关闭 🖰（三维）捕捉工具，再单击工具栏中的移动工具，在前视图中将创建的线沿y轴方向向上移动到适当位置，如图5-58所示。

09 再单击二维图形创建命令面板中的 [线] 按钮，在前视图中结合Shift键绘制栏杆立柱，效果如图5-59所示。

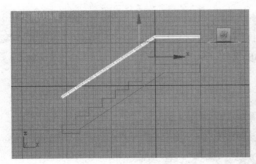
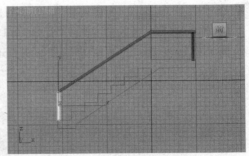

图5-58　　　　　　　　　　　　　　　　图5-59

10 接下来对其进行编辑，进入 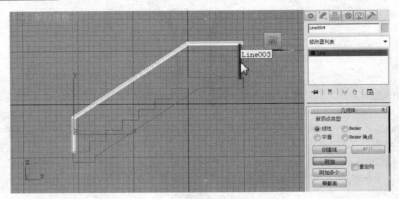（修改）命令面板，单击　几何体　卷展栏中的　附加　按钮，依次单击绘制的样条线，如图5-60所示，将其附加为一个整体，并在　渲染　卷展栏取消☐ 在视口中启用 勾选，完成后单击右键，退出当前　附加　编辑状态。

图5-60

11 单击修改堆栈中 Line 前的"+"号按钮，在展开的次物体选项中选择 ⋯⋯ 顶点 选项，进入顶点次物体编辑模式，框选如图5-61所示的顶点，选择顶点以红色小方框显示，再单击　几何体　卷展栏中的　熔合　和　焊接　按钮，将两条分开的线段的两顶点进行闭合。

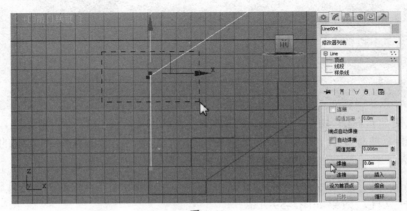

图5-61

12　完成后，再用同样的方法将右上角两条分开的线段的两顶点进行闭合，再选择闭合后的两顶点，在视图窗口中单击右键，在弹出的快捷菜单中选择 角点 选项，切换顶点的类型，如图5-62所示。最后，单击工具栏中的移动工具，调整两顶点的位置，使所在样条线横平竖直。

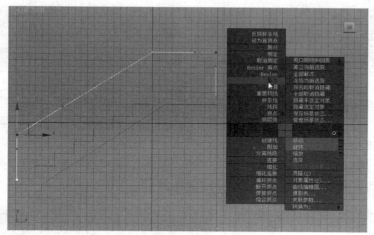

图5-62

13　结合Ctrl键选择样条线的三个顶点，单击 几何体 卷展栏中的 圆角 按钮，在前视图中顶点上单击并拖动光标将选择顶点进行圆角处理，如图5-63所示。

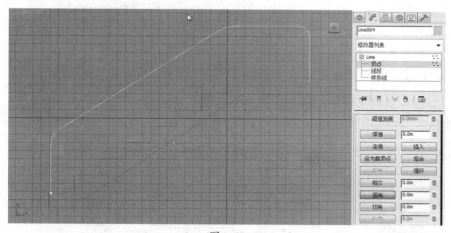

图5-63

14　然后进入 渲染 卷展栏，勾选 ☑ 在视口中启用 选项，这样扶手就绘制好了，效果如图5-64所示。

15　接下来制作护栏。单击 ⚙ （创建）面板下的 ⊕ （二维图形）创建命令面板中的 线 按钮，在前视图中顺着楼梯的走向绘制护栏样条线，并修改 渲染 卷展栏中 厚度: 参数，使其比扶手细些，修改后的效果与参数如图5-65所示。

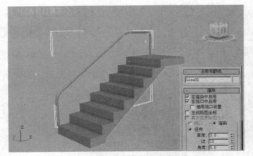
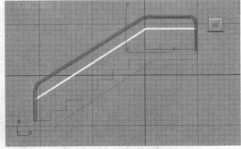

图5-64   图5-65

16 确认护栏线处于选择状态，按住Shift键，将其沿y轴方向向下移动到适当位置复制两个，并在弹出的"克隆选项"对话框中选择 实例 选项，设置副本数:为2，如图5-66所示。

17 再单击 确定 按钮，关闭对话框，最后再用 线 按钮，添加一个栏杆立柱即可，结果如图5-67所示，这样楼梯就做好了，

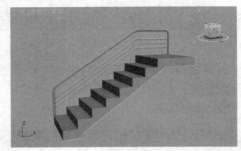

图5-66   图5-67

5.4.3 车削

车削命令是将二维图形绕指定轴旋转而成三维模型的一种常见的建模方法，效果与参数卷展栏如图5-68所示。

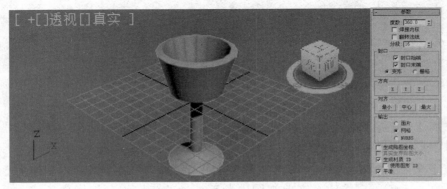

图5-68

■ 度数:设置图形旋转的度数（它范围 0 ～ 360，默认值是 360即旋转一周）。

■ 焊接内核:旋转一周后，将重合的点进行焊接，形成一个完整的三维实体。

- ■ 翻转法线：勾选此选项，将翻转造型表面的法线方向。有时车削后的对象可能会出现内部外翻，勾选该选项即可修正它，如图5-69所示是车削后没有勾选 翻转法线 选项的对象，图5-70所示是勾选 ☑ 翻转法线 选项的效果。

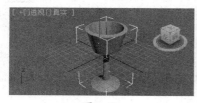
图5-69

图5-70

- ■ 分段：设置旋转圆周上的分段数，值越大造型表面越光滑，默认值为16。
- ■ 封口选项组：设置封口开始截面和封口末端截面。
- ■ ⊙ 变形：根据创建变形目标的需要，可以对顶盖进行变形处理。
- ■ ○ 栅格：在图形边界上的方形修剪栅格中安排封口面，此方法产生尺寸均匀的曲面。
- ■ "方向"选项组：设置绕中心轴的方向。 X / Y / Z 是相对对象轴点，单击轴按钮可指定轴的旋转方向。
- ■ "对齐"选项组：设置旋转对象的对齐轴向。 最小 / 中心 / 最大 是将旋转轴与图形的最小、居中或最大范围对齐。
- ■ 最小：将曲线在指定轴向上的最小点与中心轴线进行对齐。
- ■ 中心：将曲线在指定轴向上的中心点与中心轴线进行对齐。
- ■ 最大：将曲线在指定轴向上的最大点与中心轴线进行对齐。
- ■ 输出选项组：设置生成旋转对象以面片、网格或者NURBS曲面等方式输出。
- ■ □ 生成贴图坐标：将贴图坐标应用到车削对象中。
- ■ ☑ 生成材质 ID：勾选此选项，可为生成的对象指定不同的材质 ID 号。系统默认生成对象的顶盖、底盖和侧面材质ID号分别为1、2、3。
- ■ □ 使用图形 ID：勾选此选项，将使用曲线的材质 ID 号。
- ■ ☑ 平滑：勾选此选项，将对生成的对象进行平滑处理。

5.4.4 动手实践——制作艺术花瓶

本例将制作如图5-71所示的艺术花瓶。在创建艺术花瓶时都先创建二维截面图形，接着运用 车削 修改命令将二维线框转化为三维实体。在制作树枝时使用二维螺旋命令制作，并运用 FFD 2x2x2 编辑修改命令，通过调整控制点的位置来丰富树枝的造型，采用复制、 □ （缩放）和 ↻ （旋转）工具来制作生成更多形态各异的树枝。

图5-71

操作步骤

1. 制作花瓶

01 单击 ✦ （创建）命令面板中 ⟳ （二维图形）创建命令面板下的 ⟨ 线 ⟩ 按钮，在前视图中绘制如图5-72所示的曲线，制作花瓶外轮廓剖面线（单击视图控制工具栏中的 ⟨ "全屏显示"按钮，可对当前视图进行全屏显示切换）。

02 再单击 ⟨ （修改）按钮，进入修改命令面板，单击 ⟨ 选择 ⟩ 卷展栏中的 ⋰（顶点）按钮，选择视图中的顶点并单击工具栏中的移动工具对顶点的位置进行调整，结果如图5-73所示。

图5-72

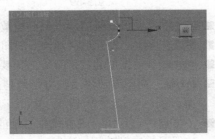

图5-73

提示

若对视图中曲线的形态不满意时，还可选择顶点并在视图区域内任意位置单击右键，在弹出的快捷菜单中选择 Bezier 角点、Bezier、角点、平滑 命令，拖动顶点两端的绿色控制柄，调整顶点两侧曲线的形态。

03 单击修改命令面板 ⟨ 选择 ⟩ 卷展栏中的 ⌃（曲线）按钮，进入曲线次物体编辑模式，单击 ⟨ 几何体 ⟩ 卷展栏中的 ⟨ 轮廓 ⟩ 按钮，单击视图中的曲线，该曲线变为红色并按住左键不放向左侧拖动将曲线向内侧偏移出瓶厚（将曲线进行偏移，也可在 ⟨ 轮廓 ⟩ 后的参数框中输入参数值进行准确偏移），如图5-74所示。

04 选择修改命令面板 ⟨ 修改器列表 ⟩ 下拉列表框中的 车削 命令，将剖面曲线进行旋转，设置 ⟨ 参数 ⟩ 卷展栏中的 ⟨ 分段: ⟩ 值为30，再单击 ⟨ Y ⟩ 按钮与 ⟨ 最小 ⟩ 按钮，旋转后的效果如图5-75所示，这样花瓶就做好了。

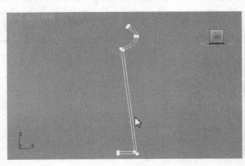

图5-74

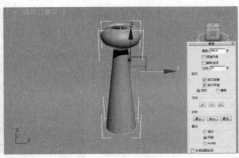

图5-75

提示

旋转物体实际上是由多个棱面组成，当 **分段**:参数值越大时旋转体表面圆滑得越接近圆球表面，反之 **分段**:参数值越小时旋转体则变为棱锥体，其中 **分段**:最小参数值为3时，旋转体为三棱锥体。

2．制作树枝

01 单击 (二维图形) 创建命令中的 螺旋线 按钮，在顶视图中绘制如图5-76所示的螺旋曲线，制作树枝，在制作时适当调整螺旋线的高度参数。

02 在 渲染 卷展栏中勾选 ☑在渲染中启用 和 ☑在视口中启用 选项，并适当调整 ◉径向选项下的◉渲染参数值，使螺旋曲线成为在视图中可见并能被渲染的曲线，效果如图5-77所示。

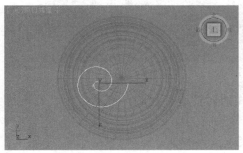

图5-76

图5-77

03 在前视图确定竹子为选中状态，按住Shift键，再单击工具栏中的移动工具，将树枝向左进行移动复制1个，并在打开的"克隆选项"对话框中选择◉复制 单选项，如图5-78所示。

04 然后添加 FFD 2x2x2 （自由变形）修改命令，将复制的树枝进行自由变形操作，单击修改堆栈中的 ⊕ ⊞ FFD 2x2x2 前的"+"号按钮，展开次物体编辑模式选项，选择 ⸺ 控制点选项，在前视图中框选顶部控制点并利用移动工具将其向下进行移动，调整后的效果如图5-79所示。

图5-78

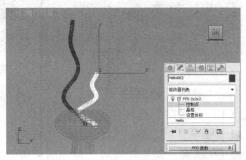

图5-79

05 在顶视图中单击右键激活顶视图，选择树枝顶行控制点，将其向上进行移动，树枝由圆变扁，效果如图5-80所示。

06 在前视图中选择复制的树枝的右上角控制点，将其沿 x 轴方向向左移动，树枝产生强烈的变形效果，如图 5-81 所示，并单击 ┆┄┄ **控制点** 选项，退出当前编辑命令。

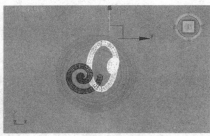
图5-80

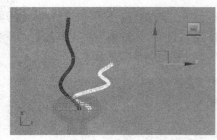
图5-81

07 参照以上制作树枝的操作步骤，再将制作的树枝进行复制、变形与角度旋转得到更多不同形态的树枝。

5.4.5 倒角

倒角命令只能作用于二维图形，通过给二维图形添加"倒角"命令可将二维平面图形拉伸成三维模型，通过参数设置可将生成的三维模型的边界加入倒角效果，其应用效果与参数面板如图5-82所示。

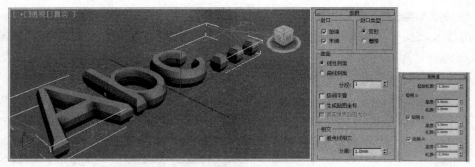
图5-82

1. "参数"卷展栏

（1）"封口"选项组

■ ☑ 始端 ：勾选此选项，封闭开始截面。

■ ☑ 末端 ：勾选此选项，封闭结束截面。

（2）"封口类型"选项组

■ ⊙ 变形 ：选择此项，可以对顶盖进行变形处理。

■ 栅格：选择此项，顶盖为网格类型，渲染效果优于"变形"方式。

（3）"曲面"选项组

■ 线性侧面：选中此项，两个倒角级别的补插方式为直线方式。

■ 曲线侧面：选中此项，两个倒角级别的补插方式为曲线方式。

■ 分段：设置倒角步幅数，值越大，倒角越圆滑。

■ 级间平滑：勾选此选项，将对倒角的边进行光滑处理。

■ 生成贴图坐标：勾选此选项，自动指定贴图坐标。

（4）"相交"选项组

■ 避免线相交：勾选此选项，防止尖锐边角产出突出变形与自身相交。

■ 分离：设置轮廓边之间所保持的距离，仅在勾选 避免线相交 选项时设置参数才有效，最小值为0.01。

2．"倒角值"卷展栏

■ 起始轮廓：原始图形的外轮廓，如果为0，将以原始图形为基准进行倒角制作。

■ 级别 1：包含两个参数，它们表示起始级别的改变。

◆ 高度：设置级别1在起始级别之上的距离。

◆ 轮廓：设置级别1的轮廓到起始轮廓的偏移距离。

■ 级别 2：勾选此选项，可通过设置参数改变倒角量和方向。

◆ 高度：设置级别2在起始级别之上的距离。

◆ 轮廓：设置级别2的轮廓到起始轮廓的偏移距离。

■ 级别 3：勾选此选项，将在前一级别之后添加一个级别。当启用级别2时，级别3添加于级别1之后。

◆ 高度：设置级别3在起始级别之上的距离。

◆ 轮廓：设置级别3的轮廓到起始轮廓的偏移距离。

5.4.6 倒角剖面

倒角剖面修改器使用一个图形作为路径或"倒角剖面"来挤出另一个图形。它是倒角修改器的一种变量。

尽管此修改器与包含改变缩放设置的放样对象相似，但实际上两者有区别，因为其使用不同的轮廓值而不是缩放值来作为线段之间的距离。此调整图形大小的方法更复杂，从而导致一些层级比其他的层级包含或多或少的顶点，它更适合于处理文本。应用效果及参数面板如图5-83所示。

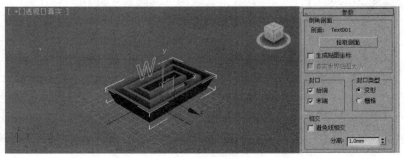

图5-83

提示

如果删除原始倒角剖面，则倒角剖面失效。与提供图形的放样对象不同，倒角剖面只是一个简单的修改器。

【参数】卷展栏各选项含义如下：

（1）"倒角剖面"选项组

■ 拾取剖面 ：单击此按钮，可在视图中拾取开放或封闭的曲线作为倒角的外轮廓线。

■ 生成贴图坐标 ：勾选此选项，自动为对象指定贴图坐标。

（2）"封口"选项组

■ ☑ 始端 ：勾选此选项，封闭开始截面。

■ ☑ 末端 ：勾选此选项，封闭结束截面。

（3）"封口类型"选项组

用来设置顶盖表面的构成类型。

■ ⊙ 变形 ：不处理表面，以便进行变形操作，制作变形动画。

■ ○ 栅格 ：进行表面网格处理，它产生的渲染效果要优于"变形"方式。

（4）"相交"选项组

用于在制作倒角时，改进因尖锐的折角而产生的突出变形。

■ 避免线相交 ：勾选此选项，防止尖锐边角产生突出变形与自身相交。

■ 分离 ：设置两个边界线之间保持的距离，防止交叉。

5.4.7　动手实践——制作装饰画框

本例将制作装饰画框模型，主要练习"倒角剖面"命令的使用方法，制作好的画框效果如图5-84所示。

图5-84

操作步骤

01 单击 ⊡（二维）图形创建面板中的 矩形 按钮，在顶视图中创建 长度：为400、宽度：为500的矩形，用于制作装饰画框的路径，如图5-85所示。

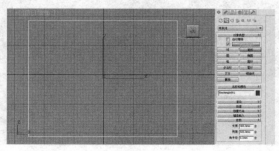

图5-85

02 再单击 [矩形] 按钮，在前视图中分别创建四个矩形，用于制作装饰画框的
剖面，并利于 [移] （移动）工具对位置进行调整，如图5-86所示。

03 确认选择其中一个剖面矩形，单击 [修] （修改）按钮，进入修改命令面板，选择
[修改器列表 ▼] 下拉列表框中的 [编辑样条线] 选项，将矩形转换成可编辑的样条
线，单击 [几何体] 卷展栏中的 [附加] 按钮，依次单击其余两剖面矩形将
其附加为一个整体，如图5-87所示。

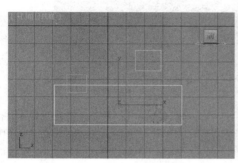

图5-86　　　　　　　　　　　图5-87

04 单击修改堆栈中 [🔧 ⊞ 编辑样条线] 前的
"+"号按钮，在展开的次物体编辑
选项中选择 [⊢ 样条线] 选项，进入样
条线编辑模式，单击 [几何体] 卷展
栏中的 [修剪] 按钮，修剪出剖面
形状，如图5-88所示。

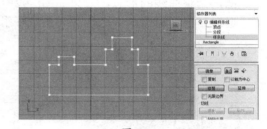

图5-88

📡(提示)

执行修剪后的曲线顶点之间均为开放状态，要制作成闭合曲线，可将所有顶点选中进行
焊接即可。在顶点编辑模式下，闭合曲线只有一个起始点，且以白色方框点显示，相反，当
一条曲线出现多个白色方框点，说明曲线不是闭合曲线。

05 选择修改堆栈中的 [⊢ 顶点] 次物体编辑选项，进入顶点编辑模式，框选如图5-89所
示的顶点，并单击 [几何体] 卷展栏中的 [焊接] 按钮，将修改后的开放的
顶点进行焊接。

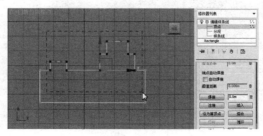

图5-89

06 接下来，将继续对顶点进行调整，首先框选整个剖面曲线，在视图中单击右键，在弹出的快捷菜单中选择 角点 选项，将所有顶点转为角点，如图5-90所示。

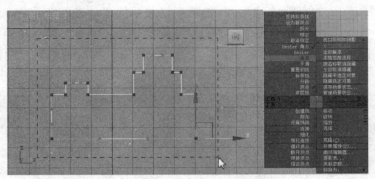

图5-90

07 然后再分别选择顶点，单击 几何体 卷展栏中的 圆角 按钮，再单击后面的 按钮，向上拖动将顶点进行圆角，最终效果如图5-91所示。

08 最后单击移动工具对顶点的位置进行调整，并适当调整顶点两侧的绿色控制柄，调整曲线的形态，效果如图5-92所示，再单击修改堆栈中的 顶点 选项，退出当前编辑命令，这样剖面就做好了。

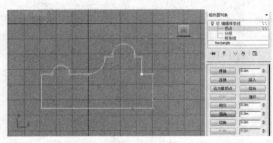
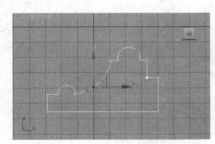

图5-91   图5-92

09 下面制作画框模型，选择路径矩形，单击 （修改）按钮，进入修改命令面板，选择 修改器列表 下拉列表框中的 倒角剖面 选项，单击 参数 卷展栏中的 拾取剖面 按钮，单击视图中的剖面，效果如图5-93所示。

图5-93

148

提示

　　执行倒角剖面操作后，通过移动工具或 ▣ （比例缩放）调整剖面边界盒的位置或比例可校正模型中间有镂空现像或剖面过大比例失调的现像，如图5-94所示。

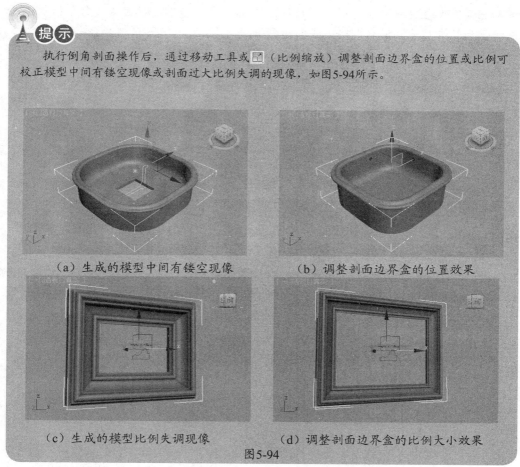

（a）生成的模型中间有镂空现像　　　　　（b）调整剖面边界盒的位置效果

（c）生成的模型比例失调现像　　　　　（d）调整剖面边界盒的比例大小效果

图5-94

　　下面调整剖面的大小。选择模型单击修改堆栈中 ▣ ▣ 倒角剖面 前的"+"号按钮，在展开的次物体选项中选择 ┕┄┄ 剖面 Gizmo 选项，单击工具栏中的 ▣ （比例缩放）工具，调整剖面的比例即可，如图5-95所示。

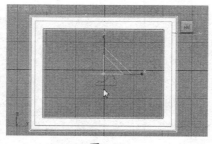

图5-95

5.4.8　动手实践——制作爱心凳

　　本例将制作如图5-96所示的爱心凳。在创建模型时先创建多边形，接着运用

编辑样条线 修改命令编辑多边形路径与截面图形，最后添加 倒角剖面 修改命令将二维线框转化为三维实体，最后直接用线创建凳脚。

图5-96

操作步骤

01 单击 ⊕（二维）图形创建面板中的 多边形 按钮，在顶视图中创建 半径: 为450、边数: 为 3、角半径: 为 100 的多边形，用于制作爱心的路径，如图 5-97 所示。

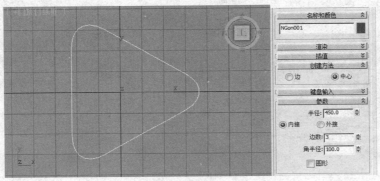

图5-97

02 单击 ⚙（修改）按钮，进入修改命令面板，选择 修改器列表 ▼ 下拉列表框中的 编辑样条线 选项，将多边形转换成可编辑的样条线，单击修改堆栈中 编辑样条线 前的"+"号按钮，在展开的次物体选项中选择 ⋯⋯ 顶点 选项，进入顶点次物体编辑模式，单击 几何体 卷展栏中的 插入 按钮，在如图5-98所示位置单击插入顶点。

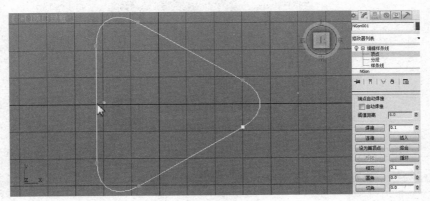

图5-98

03 向右水平移动光标并单击，确定插入顶点的位置，完成后，单击右键，退出当前继续插入顶点操作，单击工具栏中的移动工具，调整顶点的位置，使路径看起来更加流畅，调整后的效果如图5-99所示。

04 单击面板中的 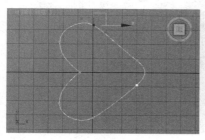（层次）按钮，进入层次面板，单击 调整轴 卷展栏中的
仅影响轴 按钮，沿 x 轴向右水平调整路径的轴心位置，为后面进行旋转复制准备，结果如图 5-100 所示，并单击 仅影响轴 按钮，退出当前命令。

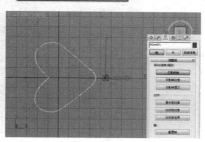

图5-99   图5-100

05 单击工具栏中的 （旋转）工具，按住Shift键，在顶视图中将路径沿z轴方向进行旋转约72度，如图5-101所示，进行旋转复制。

06 此时松开Shift键，并在弹出的"克隆选项"对话框中选择 实例 选项，设置副本数：为4，如图5-102所示。

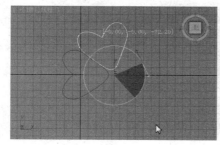

图5-101   图5-102

07 设置好后，单击对话框中的 确定 按钮，旋转复制后的效果如图5-103所示，这样所有的路径就做好了。

08 接下来制作倒角剖面。单击 （二维）图形创建面板中的 线 按钮，在前视图中如图5-104所示的曲线，用于制作倒角剖面。

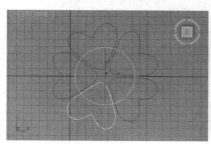
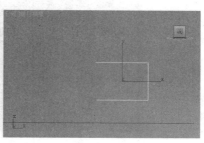

图5-103   图5-104

09 进入 🖊 (修改) 命令面板，单击修改堆栈中 ⊞ Line 前的 "+" 号按钮，在展开的次物体选项中选择 ┊── 顶点 选项，进入顶点编辑模式，选择右上角顶点单击右键，在弹出的快捷菜单中选择 Bezier 选项，转换顶点类型，并利用移动工具，通过调整顶点两侧的绿色控制柄来调整曲线的形态，结果如图5-105所示，这样倒角剖面就做好了。

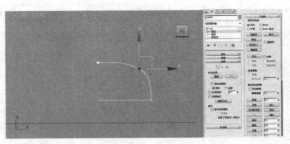

图5-105

10 下面制作爱心凳模型，选择其中一个创建好的爱心路径多边形，在 🖊 (修改) 命令面板中，选择 修改器列表 ▼ 下拉列表框中的 倒角剖面 选项，单击 参数 卷展栏中的 拾取剖面 按钮，单击前视图中的剖面，结果如图5-106所示。

图5-106

11 接下来调整剖面的位置，正确显示爱心模型。单击修改堆栈中 ⚙ ⊞ 倒角剖面 前的 "+" 号按钮，在展开的次物体选项中选择 ┊── 剖面 Gizmo 选项，单击工具栏中的移动工具，在顶视图中将剖面沿x轴方向进行移动调整，结果如图5-107所示。

图5-107

提示

由于在复制路径过程中，我们采用的是关联复制，因此在后面对剖面进行调整时，只需对其中一个进行调整，就可完成所有与之有关联属性的对象的调整，此操作大大提高了工作效率。

12 接下来制作凳脚。单击 ⊙（二维）图形创建面板中的 [线] 按钮，在前视图中绘制如图5-108所示的闭合曲线，用于制作凳脚。

13 然后在 [渲染] 卷展栏中，勾选 ☑ 在渲染中启用 和 ☑ 在视口中启用 选项，使用创建的二维曲线在视图窗口和渲染后都可见；再选择 ⊙ 渲染 选项，设置参数如图5-109所示，让二维曲线生成矩管状效果。

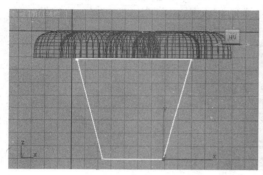
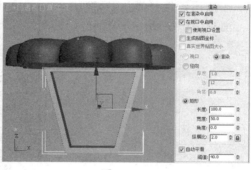

图5-108   图5-109

14 将创建好的凳脚在顶视图中进行关联复制1个，再选择制作好的两个凳脚，以90度沿z轴进行旋转关联复制1组，位置参照如图5-110所示效果。

15 单击视图控制工具栏中的 ⊙（弧形旋转）按钮，调整透视图的角度，效果如图5-111所示，并为场景对象赋上材质，打上灯光即可。

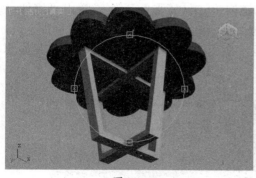

图5-110   图5-111

5.4.9 动手实践——制作香梨

本例将制作效果如图5-112所示的香犁模型。主要练习NURBS样条线中的点曲线的创建与编辑方法。

图5-112

操作步骤

01 新建一个空白文件，单击 ⊙ 图形创建命令面板中的 样条线 下拉按钮，选择 **NURBS 曲线** 选项，进入曲线创建面板，单击 点曲线 按钮，在前视图中绘制出香梨剖面线的一半，如图5-113所示。

图5-113

02 确认选择样条线，单击工具栏中的镜像按钮 🔲（镜像）工作，弹出"镜像：屏幕 坐标"对话框，在前视图中将样条线沿x轴镜像复制一个，设置如图5-114所示，再单击 确定 按钮关闭对话框，并用 ⬚（移动）工具调整其位置如图5-115所示，完成梨子剖面线的绘制。

图5-114

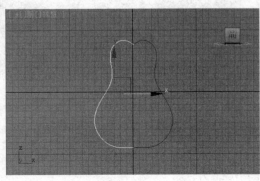

图5-115

03 接着上一步操作，在顶视图中选择上两条样条线，单击工具栏中的 （旋转）按钮与 🔒（角度捕捉切换）按钮，并按住键盘上的 Shift 键不放，将样条线沿 z 轴方向 90 度旋转克隆一个，并在弹出的"克隆选项"对话框选择 ⊙ **复制** 选项，如图 5-116 所示，单击 **确定** 按钮关闭对话框，复制后的效果与位置如图 5-117 所示。

图 5-116

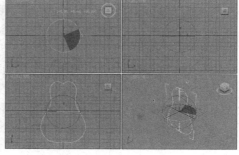

图 5-117

04 选择任一样条线，进入 🖊（修改）命令面板，单击 **常规** 卷展栏下 **附加** 按钮，将光标逐一移动到其他未选择的样条线上单击，将剩余样条线全部附加为一整体，如图 5-118 所示。

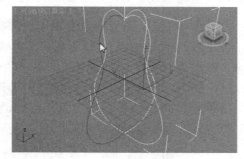

图 5-118

05 确认选择样条线，单击 **常规** 卷展栏下 🔳 按钮，在弹出的"NURBS 修改器"对话框中单击 🖊（创建 U 向放样曲面）按钮，如图 5-119 所示，将光标由顺时针方向分别移动到四个半剖面样条线上并单击鼠标左键，放样样条线效果如图 5-120 所示。

图 5-119

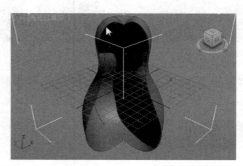

图 5-120

06 单击鼠标右键，取消操作命令，此时的对象并未闭合，在 🖉 （修改）命令面板中，勾选 `- U 向放样曲面` 卷展栏下的 ☑ `自动对齐曲线起始点` 和 ☑ `闭合放样` 选项，如图5-121所示，此时的对象成为闭全实体。

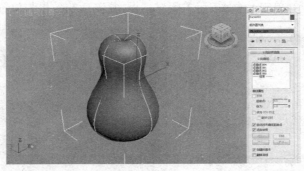

图5-121

提示

　　有时因为操作不当，可能得到的模型为黑色，这是因为法线方向不对的原因，此时可为模型添加法线修改命令，通过勾选 ☑ `翻转法线` 选项来校正此现象。

07 接下来制作果枝。单击 🔶 （二维）图形创建面板中的 `样条线` ▼ 下的 `线` 按钮，在前视图中创建如图5-122所示的样条线，并用 ✛ （移动）工具将其调整到樱桃的中央位置。

08 单击 🖉 （修改）按钮，进入修改命令面板，在 `- 渲染` 卷展栏中，勾选 ☑ `在渲染中启用` 和 ☑ `在视口中启用` 选项，使用创建的二维曲线在视图窗口和渲染后都可见；适当调整 `厚度` 参数，使其变粗即可，效果与参数如图5-123所示。

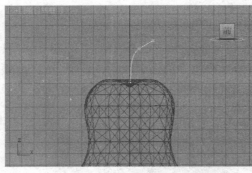

图5-122

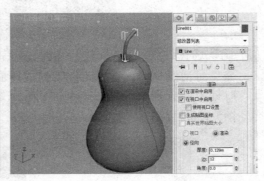

图5-123

09 将对象进行复制并调整角度与位置，再给对象赋上材质打上灯光即可。

本章小结

　　通过本章对二维图形编辑方法的学习，相信大学已经掌握了一些常用的编辑命令。实际三维模型创建中，我们通过对文字的编辑可以创建三维字体效果，通过对剖截面图形的编辑可以编辑三维模型的造型。因此，在3ds max中掌握常用字的二维图形的编辑技巧是非常重要的，特别是掌握网格编辑、面片编辑等，希望大学能通过大量实例的制作多加练习。

过关练习

1．选择题

（1）作为放样的路径和截面图形必须是（ ）

A．切角长方体　　　B．矩形　　　C．圆柱体　　D．二维图形

（2）▱（修改）命令面板由以下哪些部分组成？（ ）

A．对象名称和颜色栏　B．修改器列表　C．修改堆栈　D．参数控制区

2．上机题

本例将制作如图5-124所示的叶子模型。熟练掌握NURBS曲线中的"点曲线"的建模技巧以及能够熟练运用NURBS曲线制作各种比较简单的曲面物体模型。

图5-124

操作提示：

01 单击▣（二维）图形创建命令 `NURBS 曲线 ▼` 面板中的 `点曲线` 按钮，然后在顶视图单击鼠标左键，创建出曲线的起始顶点，如图5-125所示。

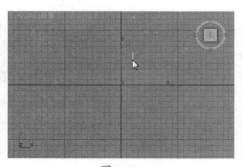

图5-125

02 拖动鼠标，拉出曲线线段，如图5-126所示，然后再次单击鼠标左键，创建出曲线的第2个顶点，如图5-127所示。

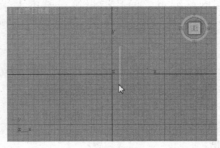

图5-126   图5-127

03 接着上一步操作，拖动鼠标拉出曲线线段，并创建出第3个顶点，如图5-128所示，然后单击鼠标右键，结束曲线的创建。

04 选择曲线，在顶视图中将其以"复制"的方式沿x轴向右移动复制两个，调整位置如图5-129所示。

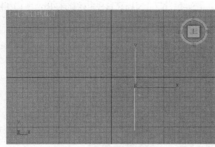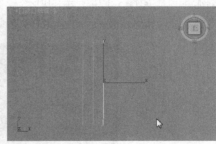

图5-128   图5-129

05 进入 修改命令面板，单击 常规 卷展栏中的 附加多个 按钮，将创建的三条曲线附加在一起，如图5-130所示。

06 再次进入 修改命令面板，单击 常规 卷展栏中的 按钮，在弹出的 "NURBS"工具面板中单击曲面选项组中的U形放样按钮 。将鼠标移动到顶视图中最左侧的曲线上并单击，然后将光标拖动到第2根曲线上并再次单击，依此类推，将光标移动到第3根曲线上并单击，然后再单击鼠标右键，完成操作，如图5-131所示。

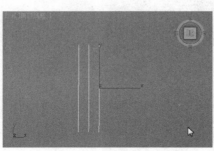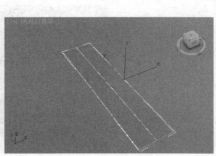

图5-130   图5-131

07 展开 NURBS 曲线 堆栈栏，单击 —— 顶点 选项，进入点编辑模式，在透视图中选择如图5-132所示的两个顶点，然后利用 缩放工具，将节点缩放到如图5-133所示形状。

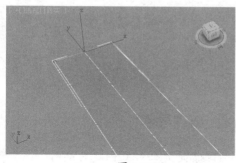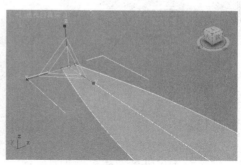

图5-132   图5-133

08 用同样方法，选择另外一个顶点并将其缩放到如图5-134所示形状；选择另外一个顶点并将其缩放到如图5-135所示形状。

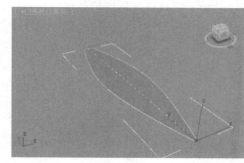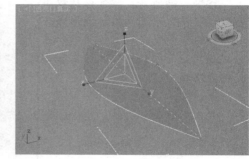

图5-134   图5-135

09 选择如图5-136所示的中间顶点，然后利用移动工具在前视图中将其沿y轴向下移动。

10 进入 修改命令面板，单击 点 卷展栏中 熔合 选项组下的 曲线 按钮，在透视图中单击鼠标左键以添加一个顶点。选中添加的顶点，并利用移动工具在前视图中将其沿y轴向上移动，移动效果如图5-137所示。

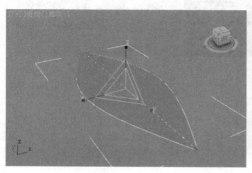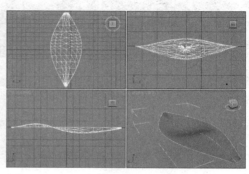

图5-136   图5-137

第 6 章 复合对象的创建与编辑

 学习目标

本章将学习复合对象创建与编辑命令。复合对象是三维造型中使用非常广泛的一种编辑方法，常用的有通过对二维图形的放样创建复杂的三维模型、通过布尔运算的加减来合成三维模型。其他复合命令包括散布、变形、一致、连接、水滴网格、图形合并、地形以及网格化等。复合对象编辑命令在实际应用中极为广泛，因此，应熟练掌握各种命令的使用方法和技巧。

 要点导读

1. 常见复合对象创建与编辑
2. 其他复合对象
3. 动手实践——制作仙人球
4. 动手实践——制作窗帘
5. 动手实践——制作钥匙模型

 精彩效果展示

6.1 常见复合对象创建与编辑

修改对象通常针对一个对象或一个对象群进行修改编辑，合成物体则是将两个或两个以上的对象通过特定的命令结合成新的对象。利用物体的合成过程进行调节和产生动画，可以创建复杂的造型和动画效果。

6.1.1 认识复合对象创建面板

在 ◎（几何体）创建面板中，选择 标准 ▼ 下拉列表框中的 复合对象 选项，即可打开 复合对象 ▼ 创建面板，如图6-1所示。

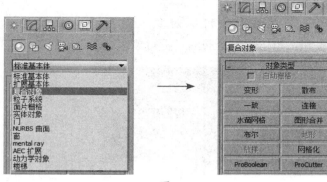

图6-1

选择场景中的编辑对象，然后选择对象类型面板中的编辑命令即可对选择对象进行编辑修改。

常见的复合对象类型有变形、散布、一致、连接、水滴网络、图形合并、布尔、地形、放样和网格化等，本章将重点介绍散布、放样和布尔。

6.1.2 散布

散布是复合对象的一种形式，将所选的源对象散布为阵列，或散布到分布对象的表面。散布能将源对象根据指定的数量和分布方式覆盖到目标对象的表面，如图6-2所示。

图6-2

要创建散布对象，请执行以下操作。

01 创建一个对象作为源对象。

02 创建一个对象作为分布对象。

03 进入复合对象面板，选择源对象，然后在复合对象面板的"对象类型"卷展栏
上单击"散布"。

注意

源对象必须是网格对象或可以转换为网格对象的对象。如果当前所选的对象无效，则
"散布"按钮不可用。

1．"拾取分布对象"卷展栏

该卷展栏用于选择散步的目标对象，其操作方法很简单，直接单击
拾取分布对象 按钮，单击用于分布的目标对象即可，卷展栏如图6-3所示。

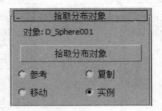

图6-3

■ 对象：显示使用"拾取"按钮选择的分布对象的名称。

■ 拾取分布对象：单击此按钮，然后在场景中单击一个对象，将其指定为分布
对象。

■ 参考/复制/移动/实例：用于指定将分布对象转换为散布对象的方式。它可以作为
参考、副本、实例或移动的对象（如果不保留原始图形）进行转换。

2．"散布对象"卷展栏

该卷展栏用于指定源对象如何进行散布，并可访问构成散布合成物体的源对象
和目标对象，卷展栏如图6-4所示。

图6-4

（1）"分布"选项组

该选项组用于选择分布的方式。

■ **使用分布对象**：选择该选项，将源对象散布到目标对象的表面。

■ **仅使用变换**：选择该选项，将不使用目标对象，通过"变换"卷展栏中的设置来影响源对象的分配。

（2）"对象"选项组

该选项组用于显示参与散步命令的源对象和目标对象的名称，并可对其进行编辑。其操作方法与创建对象时的相应的参数一致，在此不再详细讲述。

（3）"源对象参数"选项组

该选项组用于设置源对象的一些属性，其参数只对源对象产生影响。

■ **重复数**：用于设置源对象分配在目标对象表面的复制数量。

■ **基础比例**：用于设置源对象的缩放比例。

■ **顶点混乱度**：用于设置源对象随机分布在目标对象表面的顶点混乱度，值越大，混乱度就越大。

■ **动画偏移**：用于设置源对象的分布数量时的帧偏移量。

（4）"分布对象参数"选项组

该选项组用于设置源对象在目标对象表面上不同的分布方式，只有使用了目标对象，该选项组才被激活，下面举例说明当重复数为20时不同选项的效果。

■ **垂直**：勾选此选项，每个复制的源对象都保持与其所在的顶点、面或边垂直关系，如图6-5所示。

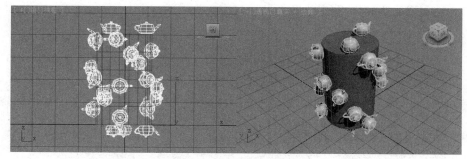

图6-5

■ **仅使用选定面**：此选项可将散步对象分布在目标对象所选择的面上，如图 6-6 所示。

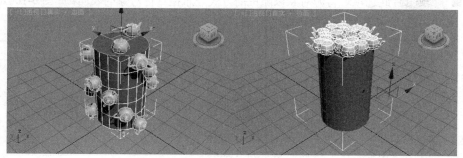

图6-6

■ ◯ 区域：此选项可将源对象分布在目标对象的整个表面区域，如图6-7所示。

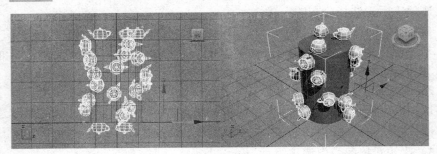

图6-7

■ ◉ 偶校验：此选项将源对象以偶数的方式分布在目标对象上，如图6-8所示。

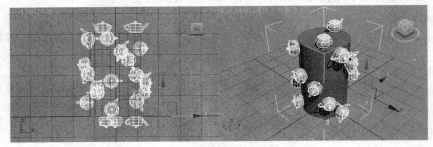

图6-8

■ ◯ 跳过 N 个：此选项可设置面的间隔数，源对象将根据间隔数进行分布。图6-9是参数为5时的分布效果。

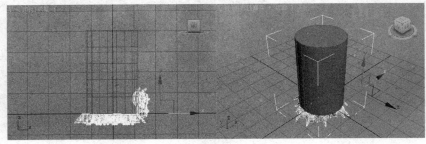

图6-9

■ ◯ 随机面：此选项可将源对象以随机的方式分布在目标对象的表面，如图 6-10 所示。

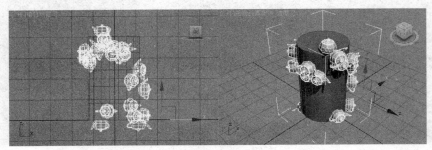

图6-10

■ ⟲ 沿边：此选项可将源对象以随机的方式分布在目标对象的边上，如图6-11所示。

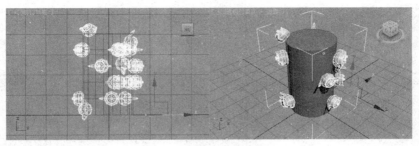

图6-11

■ ⟲ 所有顶点：此选项可将源对象以随机的方式分布在目标对象的所有基点上，其数量与目标对象顶点数相同，如图6-12所示。

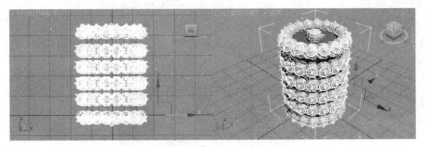

图6-12

■ ⟲ 所有边的中点：此选项可将源对象随机分布到目标对象边的中心，其数量与目标对象边数相同，如图6-13所示。

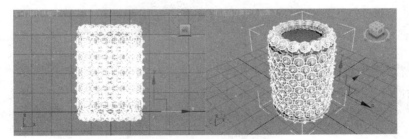

图6-13

■ ⟲ 所有面的中心：此选项可将源对象随机分布到目标对象每个三角面的中心，其数量与目标对象面数相同，如图6-14所示。

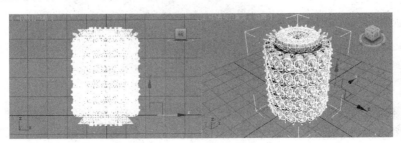

图6-14

■ ⊙ **体积**：此选项可将源对象随机分布到目标对象的体积内部，如图6-15所示。

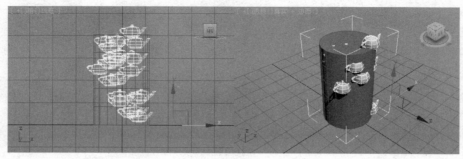

图6-15

■ ⊙ **结果**：此选项将显示分布后的结果。

■ ⊙ **操作对象**：此选项只显示操作原对象即操作对象。

3．"变换"卷展栏

该卷展栏用于设置源对象分布在目标对象表面现象后的变换偏移量，并可调记录为动画，其参数面板如图6-16所示。

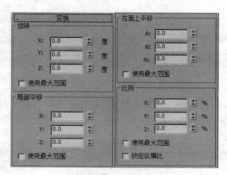

图6-16

4．"显示"卷展栏

该卷展栏中的参数用来控制散步对象的显示情况，卷展栏如图6-17所示。

图6-17

■ ⊙ **代理**：此选项将以简单的方块替代源对象，以此加快视图刷新速度，常用于结构复杂的散步合成对象，如图6-18所示。

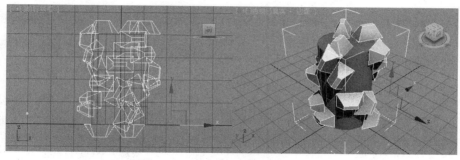

图6-18

■ <kbd>网格</kbd>：此选项显示源对象的原始形态，如图6-19所示。

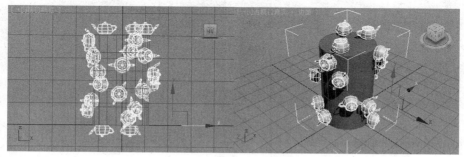

图6-19

■ <kbd>显示</kbd>：用于设置所有源对象在视图中的显示百分比，不会影响渲染结果，系统默认参数为100%。

■ <kbd>隐藏分布对象</kbd>：此选项将会隐藏目标对象，仅显示源对象，该选项影响渲染结果。

■ <kbd>新建</kbd>：用于随机生成新的种子数。

■ <kbd>种子</kbd>：用于设置并显示当前的散步种子数，可以在相同设置下产生不同效果的散步效果。

6.1.3 动手实践——制作仙人球

本例将制作如图6-20所示的仙人球。主要练习二维、三维对象的编辑，实践练习"车削"命令、"散布"命令等的使用方法。

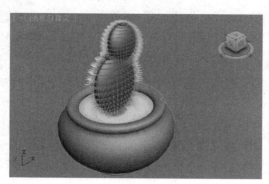

图6-20

![操作步骤]

01 单击 ❀ （创建）命令面板中 ⊕ （二维图形）创建命令面板下的 【 线 】按钮，在前视图中绘制如图6-21所示的曲线，制作花盆剖面线。

02 再单击 ✐ （修改）按钮，进入修改命令面板，选择 修改器列表 ▼ 下拉列表框中的 车削 命令，将剖面曲线进行旋转，设置 【 - 参数 】卷展栏中的 【 分段 】值为30，再单击 Y 按钮与 最小 按钮，旋转后的效果如图6-22所示，这样花盆就做好了。

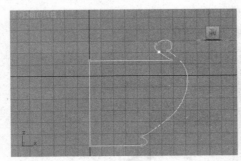

图6-21   图6-22

03 接下来绘制仙人球模型。单击 ❀ （创建）命令面板中的 ◎ （几何体）按钮，进入创建命令面板，并单击 【 球体 】按钮，在顶视图花盆中央创建球体并命名为"仙人球"，结合移动工具，将球体调整到花盆正上方位置，如图6-23所示。

04 再单击工具栏中的 ⬚ （等比缩放）工具按钮，并按住该按钮不放，选择下拉工具列表中的 ⬚ （选择并挤压）工具，分别在顶视图、前视图中将其沿y轴方向进行缩放，仙人球造型最终效果如图6-24所示。

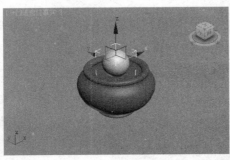
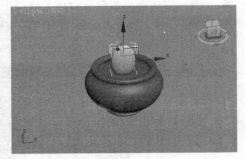

图6-23   图6-24

05 下面制作仙人球上的小刺。单击 ❀ （创建）命令面板中 ◎ （几何体）创建命令面板下的 【 圆锥体 】按钮，在前视图中创建如图6-25所示的模型并命名为"小刺"。

06 确认以上创建的小刺模型处于选择状态，单击工具栏中的 ◡ （旋转）工具按钮，按住Shift键，单击前视图中的小刺模型，在其顶视图中复制两个，并在弹出的"克隆选项"对话框中选择 ⦿ 复制 选项，如图6-26所示，单击 【 确定 】按钮，关闭对话框。

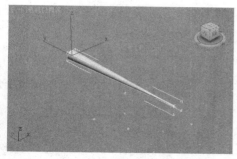

图6-25 　　　　　　　　　　　　　　　　图6-26

07 分别选择复制的小刺模型，在 （修改）面板中的 ▬▬▬ 参数 ▬▬▬ 卷展栏内调整 半径 1:参数与 高度:参数值，使其大小各不相同。结果如图6-27所示。

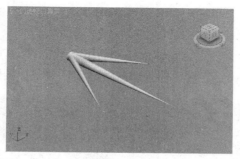

图6-27

08 选择其中一个小刺，选择 （修改）面板下 修改器列表 下拉列表框中的 编辑网格 选项，添加"编辑网格"修改命令，单击 编辑几何体 卷展栏中的 附加 按钮，单击视图中其他的小刺，将其附加为一个整体，结果如图6-28所示。最后，单击 附加 按钮，退出当前命令。

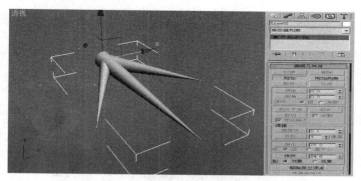

图6-28

09 然后单击 （创建）按钮命令面板中的 （几何体）按钮，选择 标准基本体 下拉列表框中的 复合对象 选项，进入复合对象创建命令面板，确认小刺模型处于选择状态，单击 散布 按钮，再单击 - 拾取分布对象 中的 拾取分布对象 按钮，单击透视图中的仙人球模型，结果如图6-29所示。

10 以上效果我们看到仙人球模型产生了一个与小刺颜色相同的模型，进入 █████▼卷展栏，勾选 ☑ 隐藏分布对象 选项，隐藏分布对像，效果如图6-30所示。

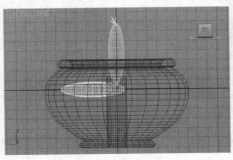
图6-29

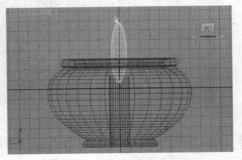
图6-30

11 在 █████散布对象█████ 卷展栏中，选择 ◉ 所有顶点 选项，结果如图6-31所示，小刺布满了仙人球模型。

12 最后赋上材质，并将仙人球再复制一个，并用 ▣ （选择并挤压）工具对仙人球模型大小比例进行调整。这样仙人球就做好了，效果如图6-32所示。

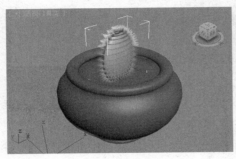
图6-31

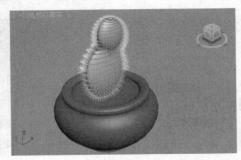
图6-32

6.1.4 放样

放样是指在一条曲线路径上插入各种截面，从而合成新的三维模型，其应用效果如图6-33所示。

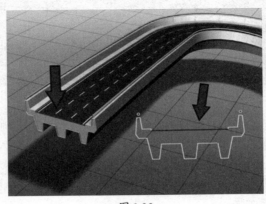
图6-33

创建放样物体必须具备两个条件：放样路径和截面图形。一个放样物体只有一条且唯一的一条放样路径，放样路径的曲线可以是封闭，也可以是开放或交错的。而截面图形可以是一个或多个曲线，曲线可以是封闭或开放或交错的。

场景具有一个或多个图形时启用"放样"。要创建放样对象，首先创建一个或多个图形，然后单击"放样"。单击"获取图形"或"获取路径"，并且在视口中选择图形。

放样系统中提供大量的控制参数，共分为5个卷展栏，下面将逐一进行讲解。

1. "创建方式法"卷展栏

该卷展栏用于提供选择在放样的方式，其参数面板如图6-34所示。

图6-34

■ 获取路径 ：以路径的方式进行放样，选择截面后，单击该按钮在视图中拾取的二维图形将作为放样路径。

■ 获取图形 ：以截面的方式进行放样，选择路径后，单击该按钮在视图中拾取的二维图形将作为放样截面。

2. "曲面参数"卷展栏

该卷展栏用于对放样后的对象进行光滑处理，还可设置材质贴图和输出处理，卷展栏如图6-35所示。

（1）"平滑"选项组

该组参数用来指定放样对象表面的光滑方式，如图6-36所示。

图6-35

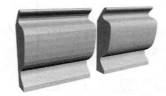

图6-36

（2）"贴图"选项组

该组参数用来控制贴图在路径上的重复次数。

■ □ 应用贴图 ：该选项将指定自身贴图坐标，同时激活其下方的四个参数栏。

■ ☑ 规格化 ：该选项将忽略路径与截面上顶点的间距，直接影响长度方向上截面走向上的贴图，如图6-37所示。

（a）应用前的效果　　　　　　　　（b）应用后的效果

图6-37

（3）"材质"选项组

■ ☑ **生成材质 ID**：该选项将在放样过程中自动创建材质ID号。

■ ☑ **使用图形 ID**：该选项将使用曲线的材质ID号作为放样材质的ID号。

（4）"输出"选项组

该组参数用来控制输出的对象类型。

■ ○ **面片**：该选项将通过放样过程建立输出一个面片物体，如图6-38所示。

■ ◉ **网格**：该选项将通过放样过程建立输出一个网格物体，如图6-39所示。

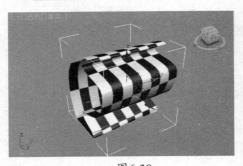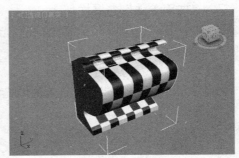

图6-38　　　　　　　　　　　　　图6-39

3．"路径参数"卷展栏

该卷展栏参数用来设置沿放样物体路径上各个截面图形的间隔位置，如图6-40所示。

■ **路径：**：通过输入值确定路径的插入点位置，取决于选定的测量方式，其应用效果如图6-41所示。

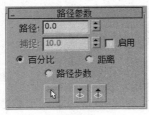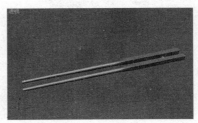

图6-40　　　　　　　　　　图6-41

■ **捕捉：**：设置捕捉路径上截面图形的增量值。

- ☑ **启用**：该选项将激活上面的捕捉设置框。
- ◉ **百分比**：该选项将以百分比的方式来测量路径。
- ○ **距离**：该选项将以实际距离长度的方式来测量路径。
- ○ **路径步数**：该选项将以分段数的方式来测量路径。
- ▲：单击该按钮，可在多重截面放样中选择放样截面，选中的截面在视图中显示为绿色。
- ↥：选择当前截面的前一截面。
- ↧：选择当前截面的后一截面。

4．"蒙皮参数"卷展栏

该卷展栏参数用来控制放样后的对象表面的各种特性，其命令面板如图6-42所示。

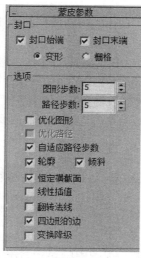

图6-42

（1）"封口"选项组

该组参数用来控制放样物体的两端是否封闭。

勾选☑ **封口始端**或者☑ **封口末端**选项，封闭放样路径的起始/结束处如图6-43和图6-44所示。

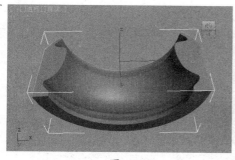

图6-43

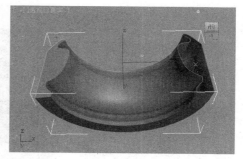

图6-44

- ◉ **变形**：选择此项，建立变形物体而保持端面的点、面数不变。
- ○ **栅格**：选择此项，根据端面顶点创建网格面，渲染效果优于变形。

（2）"选项"选项组

- **图形步数**：设置截面图形的分段数，值越大放样物体外表更光滑。
- **路径步数**：设置路径上的分段数，值越大弯曲处更光滑。
- **☐ 优化图形**：勾选该复选框，将忽略"图形步数"的设置值，对截面图形进行自动优化处理，默认状态是未选中的。
- **☐ 优化路径**：勾选该复选框，对路径进行自动优化处理，将忽略Path Steps的设置值，默认状态是未选中的。
- **☑ 自适应路径步数**：勾选该复选框，自动对路径曲线进行适配处理，忽略路径步幅值，以得到最优的表皮属性。
- **☑ 轮廓**：勾选该复选框，截面图形在放样时会自动校正角度，得到正常的造型。
- **☑ 倾斜**：勾选该复选框，截面图形在放样时自动进行倾斜，使其与切点保持垂直，默认状态是选中的。
- **☑ 恒定横截面**：勾选该复选框，截面图形将在路径上自动放缩以保证整个截面具有统一的尺寸。否则，它将不发生变化而保持原来的尺寸。
- **☐ 线性插值**：勾选该复选框，将在每个截面图形之间使用直线边界制作表皮，否则会用光滑的曲线来制作表皮，没有特殊的要求，一般采用系统默认状态就行了。
- **☐ 翻转法线**：勾选该复选框，将翻转法线。
- **☑ 四边形的边**：勾选该复选框，将相同边数的相邻剖面以方形进行缝合。
- **☐ 变换降级**：勾选该复选框，则在对路径或截面图形进行次级物体变动编辑时放样物体的表皮消失。

（3）"显示"选项组

该组参数用来控制放样造型在视图中的显示情况。

- **☑ 蒙皮**：该选项将在视图中显示放样物体的表皮造型。
- **蒙皮于着色视图**：该选项将忽略表皮设置，显示表皮造型。

5. 【变形】卷展栏

在该卷展栏下可以对放样物体进行适当的变形，其卷展栏参数如图6-45所示。

- **缩放**：将路径上的剖面在x、y坐标上做缩放变形。"缩放变形"对话框如图6-46所示。

图6-45

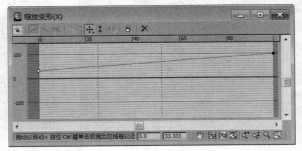

图6-46

- **扭曲**：将路径上的剖面绕z轴方向进行扭曲旋转，其对话框与"缩放变形"

对话框相似，应用效果如图6-47所示。

（a）没有扭曲变形的放样模型　　（b）添加了扭曲变形后的效果

图6-47

■ **倾斜**：将路径上的剖面绕x、y轴方向旋转，其对话框与"缩放变形"对话框相似。应用效果如图6-48所示。

 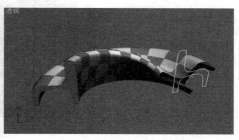

（a）没有倾斜变形的放样模型　　　（b）添加了倾斜变形的放样模型

图6-48

■ **倒角**：在剖面图形局部坐标系下进行倒角变形，其对话框中提供了3种不同的倒角类型供选择，对话框如图6-49所示，应用效果如图6-50所示。

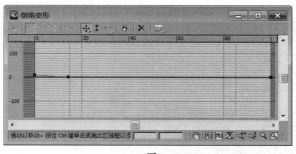 

图6-49　　　　　　　　　　　　　图6-50

■ （法线倒角）：忽略路径曲率创建平行倒角效果。

■ **LIN**（线性适配倒角）：依据路径曲率使用线性样条改变倒角效果。

■ **CUB**（立方适配角）：依据路径曲率使用立方曲线样条改变倒角效果。

■ **拟合**：依据机械制图中的三视图原理，通过两个或三个方向上的轮廓图形，将这些复合对象外边缘进行拟合，利用该工具可以放样生成复杂的对象，其对话框编辑如图6-51所示，如图6-52所示的对话框，就是采用该变形方式编辑而成的效果。

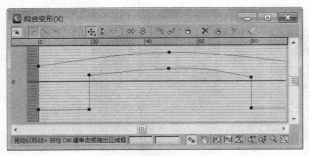

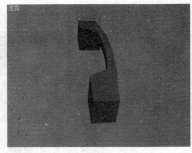

图6-51 · 图6-52

6.1.5 动手实践——制作窗帘

下面制作如图6-53所示的窗帘模型。练习放样命令的使用方法。

图6-53

📷 操作步骤

01 单击 ✿（创建）命令面板中的 ☑（图形）按钮，进入二维图形创建命令面板，单击 [　　线　　] 按钮，在顶视图绘制窗帘截面图形，如图6-54所示。

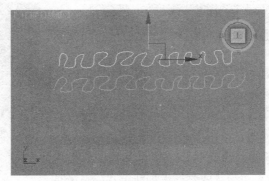

图6-54

02 再单击 [　　线　　] 按钮，在前视图绘制窗帘的一条竖线，作为放样路径，如图6-55所示。确认路径处于选择状态，单击 ✿（创建）命令面板中的 ◯（几何体）按钮，进入几何体创建面板，选择 [标准基本体 ▼] 下拉列表框中的 [复合对象] 选项，进入复合对象创建面板，单击 [　放样　] 按钮，进入放样面板，然后单击 [获取图形] 按钮，单击顶视图中的第一条放样截面Line001，如图

6-56所示。

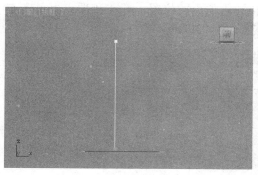
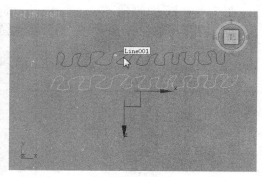

图6-55　　　　　　　　　　　　　　　　　图6-56

03　放样后生成窗帘模型，为了正确显示模型，激活透视图，单击视图控制工具栏中的 ![弧形旋转] （弧形旋转）工具，调整透视图，然后在 - ▢▢▢ 路径参数 ▢▢▢ 卷展栏中设置路径:参数为100，如图6-57所示。

图6-57

04　接下来，在 - ▢▢▢ 路径参数 ▢▢▢ 卷展栏中设置路径:参数为0，再单击 - ▢▢▢ 创建方法 ▢▢▢ 卷展栏中的 获取图形 按钮，单击视图中的第二个截面Line002，如图6-58所示。

图6-58

05　单击 ![修改] （修改）按钮，进入修改命令面板，单击 ▢▢▢ 变形 ▢▢▢ 卷展栏，在展开的面板中单击 缩放 按钮，打开"缩放变形"对话框，单击对话框中的

（插入角点）按钮，在对话框中的红线上单击，插入顶点。再单击"缩放变形"对话框中的 （移动）按钮，调整插入顶点的位置，并在该顶点上单击右键，在弹出的快捷菜单中选择 Bezier-角点 选项，如图6-59所示。

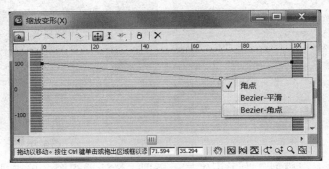

图6-59

06 利用"缩放变形"对话框中的 （移动）按钮，分别拖动顶点左侧和右侧的控制点，调整曲线的形态，使其更加光滑，并调整右侧的顶点，如图6-60所示。

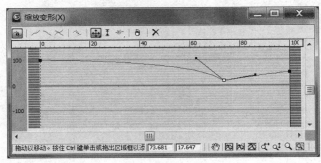

图6-60

07 调整好后，关闭对话框，放样模型如图6-61所示。

08 接下来，单击修改堆栈中 Loft 的"+"号按钮，在展开的次物体选项中选择 图形 选项，进入图形次物体编辑模式，框选整个放样模型，找到放样图形，此时 图形命令 卷展栏中的选项可用，单击 右 按钮，调整模型，结果如图6-62所示。

图6-61

图6-62

09 调整后的模型，长宽比例不协调，接下来进行调整，首先单击修改堆栈中的 图形 选项，退出当前命令，在视图中找到用于放样的竖线路径，在修改命令面板中，单击 ┅ 按钮，在前视图中选择顶部顶点，将其沿y轴向上移动，如图6-63所示。

10 调整后的模型如图6-64所示。

图6-63   图6-64

11 最后再将窗帘模型在前视图中沿x轴向左进行移动复制一个，并在弹出的"克隆选项"对话框中选择 ⊙ 复制 选项，如图6-65所示。

12 单击 确定 按钮，关闭"克隆选项"对话框，确认复制所得的窗帘模型处于选择状态，单击修改面板中 _____ 变形 _____ 卷展栏下的 缩放 按钮，在弹出的"缩放变形"对话框中选择插入的顶点将其删除，并用 ✥ （移动）工具，调整顶点的位置，如图6-66所示。

 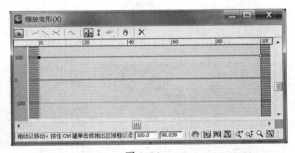

图6-65   图6-66

13 调整后的窗帘上小下大，这样窗帘就做好了，在透视图中的效果如图 6-67 所示。下面制作窗帘缨。

01 单击 ❋ （创建）命令面板中的 ⊕ （图形）按钮，进入二维图形创建命令面板，单击 线 按钮，在前视图绘制窗帘缨的剖面图形，如图6-68所示。

图6-67   图6-68

02 单击 [　线　] 按钮，在前视图绘制窗帘缨的放样路径，如图6-69所示。

03 确认路径为选择状态，单击 ⊙（几何体）创建面板 [复合对象 ▼] 中的 [　放样　] 按钮，进入放样面板，然后单击 [获取图形] 按钮，单击前视图中的创建的窗帘缨截面，如图6-70所示。

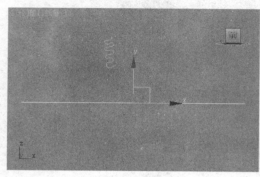

图6-69

图6-70

04 单工具栏中的 ⊙（旋转）按钮，在前视图中调整模型角度，结果如图6-71所示。

下面制作窗帘缨造型。

01 单击 ✎（修改）命令面板的修改堆栈中 [+ Loft] 的"+"号按钮，在展开的次物体选项中选择 [── 图形] 选项，进入图形次物体编辑模式，框选整个放样模型，找到放样图形，单击 [　图形命令　] 卷展栏中的 [　居中　] 按钮，再单击 [── 图形] 选项，退出当前编辑命令，如图6-72所示。

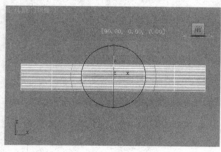

图6-71

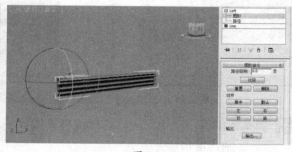

图6-72

02 单击修改命令面板的 [　　变形　　] 卷展栏中的 [　缩放　] 按钮，打开"缩放变形"对话框，单击对话框中的 ✱（插入角点）按钮，在对话框中的红线上单击，插入顶点。再单击"缩放变形"对话框中的 ✚（移动）按钮，调整插入顶点的位置与形态，如图6-73所示。

03 再单击工具栏中的移动工具，调整窗帘缨的位置，结果如图6-74所示，这样窗帘缨就做好了，如图6-74所示，最后赋上材质即可。

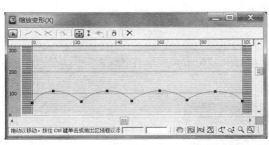

图6-73　　　　　　　　　　　　　　图6-74

6.1.6　布尔

布尔是通过对两个或两个以上的物体进行并集、差集、交集的运算，从而得到新的物体，如图6-75所示。

（a）差集：A-B（左）

（b）B-A（右）

（c）并集（左）

（d）交集（右）

图6-75

提示

　　ProBoolean 对布尔复合对象进行了改进和更新、并且更加全面的实现。通常，建议在组合 3D 对象时使用 ProBoolean 而非布尔。

在布尔运算中，参与运算的对象一个叫对象A，另一个叫对象B，我们把当前选择并执行布尔命令时的对象称为A对象，把 拾取操作对象 B 按钮后，要在视图中拾取的对象称为B对象。

下面重点讲解各参数卷展栏的含义及用法。

1．"拾取布尔"卷展栏

该卷展栏用来拾取布尔运算的对象，如图6-76所示，单击 拾取操作对象 B 按钮，拾取视图窗口中的对象即可完成布尔操作。

图6-76

该卷展栏中的四个选项分别表示拾取操作对象B后，对象B的存在方式。

■ 参考 ：选择该选项，拾取操作对象B后，对象B在视图窗口中以参考的方式被复制一个，复制对象与原对象B之间是参考关系。

■ 移动 ：该选项为系统默认选项，拾取操作对象B后，对象B在视图窗口中被移走。

■ 复制 ：选择该选项，拾取操作对象B后，对象B在视图窗口中被复制一个，且对复制的对象进行修改时，都不会影响布尔运算后的结果。

■ 实例 ：选择该选项，拾取操作对象B后，对象B在视图窗口中被关联复制一个，且复制对象与原对象B之间具有关联性。

2．"参数"卷展栏

该卷展栏用于设置对象进行布尔运算的方式，卷展栏如图6-77所示。

图6-77

（1）"操作对象"选项组

该选项组用来显示所有的运算对象的名称，当选择显示框中的名称时，下面的按钮被激活，可进行相应的操作。

（2）"操作"选项组

该选项组主要用于指定运算的方式，下面以图6-78中的对象为例讲解运算结果，将当前选择的正方体作为对象A，圆锥作为对象B。

■ 并集： 将对象A与对象B进行并集计算，合并成一个新对象，新对象继承对象A物体的名称和颜色，如图6-78所示。

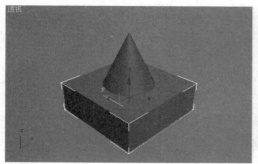

（a）布尔运算前

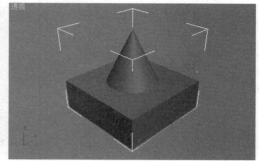

（b）并集布尔运算效果

图6-78

■ 交集：将对象A与对象B进行交集计算，删除不相交的部分，如图6-79所示，相交体成一个新对象，新对象继承对象A的名称和颜色。

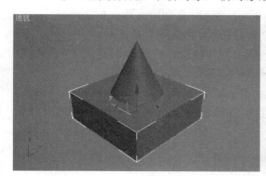

（a）布尔运算前

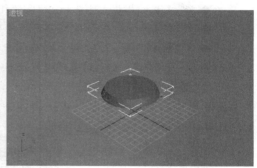

（b）交集布尔运算效果

图6-79

■ 差集(A-B)：将对象A与对象B进行差集计算，A对象为被减集，B对象为减集，即将B物体从A物体中挖掉，如图6-80所示。

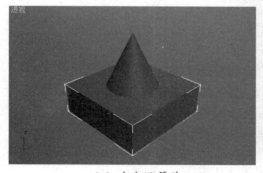

（a）布尔运算前

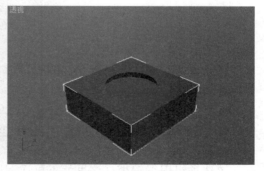

（b）差集A-B布尔运算效果

图6-80

■ 差集(B-A)：将对象A与对象B进行差集计算，对象A为减集，对象B为被减集，即从对象B中把对象A和对象A与对象B相交的部分同时挖去，如图6-81所示。

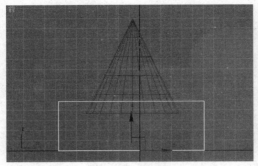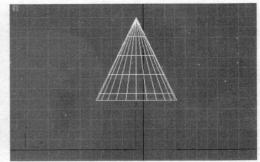

（a）布尔运算前　　　　　　　　　　（b）差集B-A布尔运算效果

图6-81

- 切割：用B物体切除A物体，但不在A物体上添加B物体的任何部分，当选择 切割选项时，下面的切割方式被激活。
  - ◆ 优化：根据A对象和B对象的相交线，将A对象分割成两个独立的面。
  - ◆ 分割：与细化相似，不同的是分割后的A对象是各自独立的。
  - ◆ 移除内部：在A对象的表面删除与B对象相交的部分。
  - ◆ 移除外部：在A对象的表面删除与B对象不相交的部分。

3. "显示/更新"卷展栏

该卷展栏参数用来控制是否在视图中显示运算结果以及每次修改后何时进行重新计算和更新视图，如图6-82所示。

图6-82

（1）"显示"选项组

该组参数用来决定是否在视图中显示布尔运算的结果，包含3个选项。

- 结果：该选项为系统默认选项，显示布尔运算的最终结果。
- 操作对象：选择此项，只显示参与布尔运算的对象，不显示结果。
- 结果 + 隐藏的操作对象：选择此项，将隐藏的操作对象显示为线框方式。

（2）"更新"选项组

该选项组用得较少，这里就不再详细讲述具体用法。

如果对指定了材质的对象执行布尔操作，则 3ds Max 按照以下方式组合材质：

- 如果操作对象A无材质，则继承操作对象B的材质。
- 如果操作对象B无材质，则继承操作对象A的材质。
- 如果两个操作对象均有材质，则最终的材质为对两个操作对象的材质进行组合后的"多维/子对象"材质。

6.1.7 动手实践——制作钥匙模型

本例将制作效果如图6-83所示的钥匙模型。主要练习掌握"倒角"命令、"挤出"修改命令和"布尔运算"的使用方法和技巧。

图6-83

操作步骤

01 单击窗口左上角 图标，新建一个空白场景文件，激活顶视图将其设置为当前视图，按Alt+B，打开"视口背景"对话框，单击该对话框中的 文件... 按钮，打开配套的源文件与素材\第6章\钥匙.jpg文件，勾选"视口背景"对话框中的 匹配位图 和 锁定缩放/平移 选项，如图6-84所示，导入后的效果如图6-85所示。

图6-84

图6-85

02 首先制作钥匙的把柄，单击 （二维）图形创建命令面板中的 矩形 按钮，在顶视图中绘制一个矩形线框，绘制结果和参数设置如图6-86所示。

03 将上一步中绘制的矩形线框转换为可编辑样条线，进入 修改命令面板，单击 选择 卷展栏中的 顶点按钮，进入顶点次物体编辑模式，选择右侧两顶点，单击 几何体 卷展栏中的 圆角 按钮，将选择顶点进行圆角，效果如图6-87所示。

图6-86   图6-87

04 单击 ___选择___ 卷展栏中的 ✐ 线段按钮，进入线段次物体编辑模式，选择如图6-88所示线段并按Delete键将其删除。

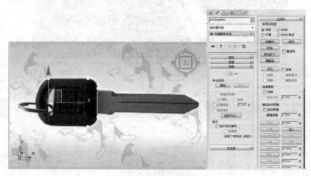

图6-88

05 单击工具栏中的 ▣ 按钮，开启2.5维捕捉模式，单击 ⦿（二维）图形创建命令面板中的 ___弧___ 按钮，捕捉矩形开口两端点创建一条与底图弧度相同的弧线，如图6-89所示。

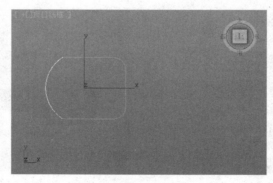

图6-89

提示

      为了在操作中方便观察制作效果，可激活前视图并按下T键，将其转换为顶视图。

06 选择矩形，进入 ⦿ 修改命令面板，单击 ___几何体___ 卷展栏中的 ___附加___ 按钮，将光标移动弧线上并单击将其附加为一个整体，结果如图6-90所示。

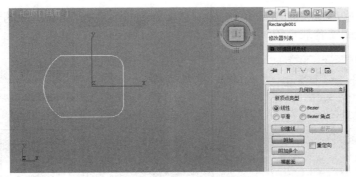

图6-90

07 单击 修改命令面板的 选择 ⌃ 卷展栏中的 顶点按 钮，进入顶点次物体编辑模式，选择弧线与矩形相交的两端点，再单击 几何体 ⌃ 卷展栏中的 焊接 按钮，将所框选的顶点焊接起 来，如图6-91所示，完成单击修改堆栈中 ⊞ 可编辑样条线 前的"+"号按钮，再单击 顶点 次物体选项，退出顶点编辑模式。

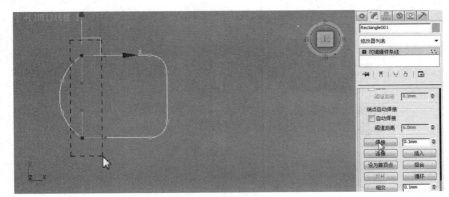

图6-91

08 按住Shift键不放，利用 （均匀缩放）工具将闭合线框进行缩放复制1个，再利 用移动工具以背景图为轮廓调整复制图形的顶点，结果如图6-92所示。

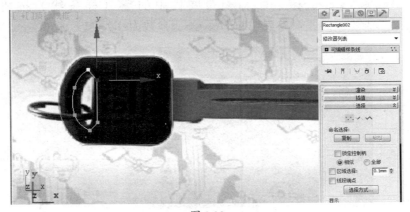

图6-92

09 进入 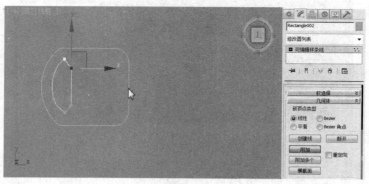 修改命令面板，单击 _____ 几何体 _____ 卷展栏中的 _____ 附加 _____ 按钮，将外侧闭合线框附加为一个整体，如图6-93所示。

图6-93

10 附加后的闭合线框为选择状态，进入 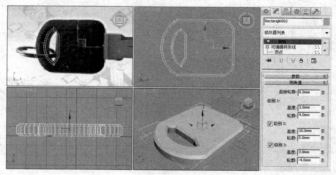 修改命令面板，选择 _____ 修改器列表 _____▼ 下拉列表框中的 倒角 选项，将其进行倒角参数设置，效果与参数设置如图6-94所示。

图6-94

11 单击 ⊙ 二维图形创建命令面板中的 _____ 矩形 _____ 按钮，在如图6-95所示位置创建一个矩形线框，并将其转换为可编辑样条线，在 _____ 修改命令面板中，单击 _____ 选择 _____ 卷展栏中的 ⌄ （样条线）按钮，设置 _____ 几何体 _____ 卷展栏中的 _____ 轮廓 _____ 参数为-3。

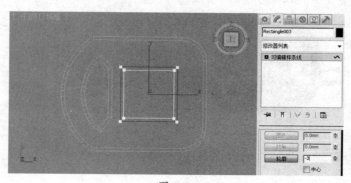

图6-95

12 选择 [修改器列表 ▼] 下拉列表框中的 [挤出] 选项，将矩形框拉出厚度，调整位置和参数设置如图6-96所示。

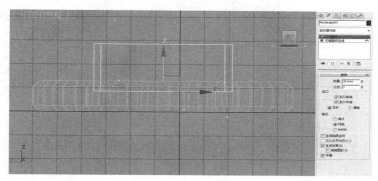

图6-96

13 接下来制作文字，单击 [⊙] 二维图形创建命令面板中的 [文本] 按钮，在顶视图中创建"GM"文字，并将其在顶视图中沿z轴旋转90度，参数与效果如图6-97所示。

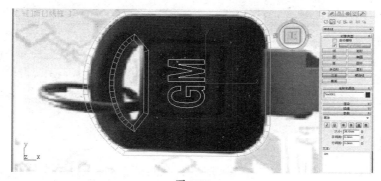

图6-97

14 单击 [⊙] 二维图形创建命令面板中的 [矩形] 按钮，在顶视图中创建矩形，大小与位置如图6-98所示。

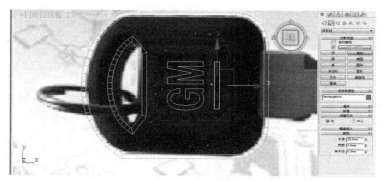

图6-98

15 将以上创建的矩形转换成可编辑样条线，在 [⌒] 修改命令面板中，单击 [几何体] 卷展栏中的 [附加] 按钮，拾取文字将其附加为整体，如

图6-99所示。

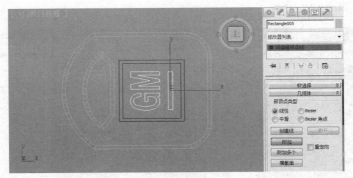

图6-99

16 确认附加体为选择状态，选择 修改器列表 ▼ 下拉列表框中的 挤出 选项，将其拉出厚度并对位置进行调整，参数设置与位置调整如图6-100所示。

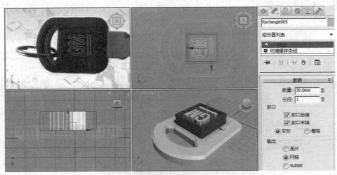

图6-100

17 选择倒角对象，再单击 ◎ 几何体创建命令面板中 复合对象 ▼ 层级下的 布尔 按钮，进入布尔编辑面板，选择 拾取布尔 ❖ 卷展栏中的 ◎复制 选项，再单击 拾取操作对象B 按钮，将光标移动到矩形挤出对象上单击将其进行修剪，单击鼠标右键，退出当前编辑状态，再次执行布尔命令，修改中间的文字，利用 🔲 工具，将矩形与文字调整到背面，用于制作背面的造型，结果如图6-101所示。

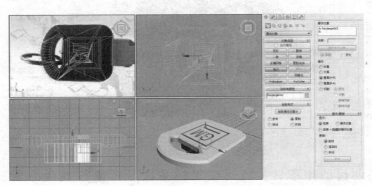

图6-101

18 参照以上操作步骤，下面制作背面的造型，选择倒角对像，单击 布尔 按钮，进入布尔编辑面板，选择 拾取布尔 卷展栏中的 ◉移动 选项，再单击 拾取操作对象B 按钮，将光标移动到矩形挤出对象上单击将其进行修剪，单击鼠标右键，退出当前编辑状态，再次执行布尔命令，修改中间的文字，背面造型就做好了，结果如图6-102所示。

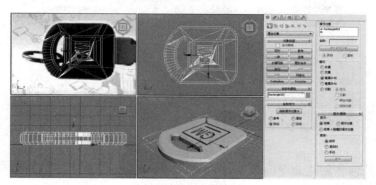

图6-102

19 接下来制作钥匙的锯齿片，单击 ⊕ 二维图形创建命令面板中的 线 按钮，在顶视图中根据背景图片绘制出钥匙的锯齿片轮廓，如图6-103所示。

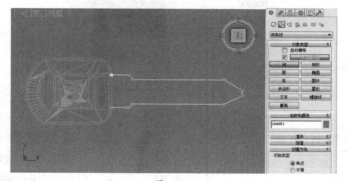

图6-103

20 确认锯齿片轮廓为选择状态，在 ☑ 修改命令面板中，选择 修改器列表 下拉列表框中的 挤出 选项，将其拉出厚度，位置与参数如图6-104所示。

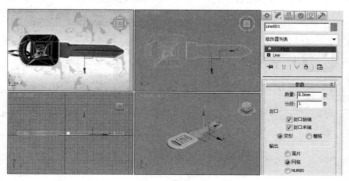

图6-104

21 单击 ⊕ 二维图形创建命令面板中的 [线] 按钮，在左视图中绘制一条如图6-60所示的闭合样条线，并为其添加 **挤出** 修改命令，调整位置和参数设置如图6-105所示。

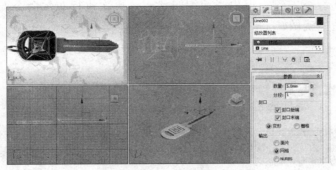

图6-105

22 单击 ◯ 几何体创建命令面板中 [标准基本体 ▼] 下的 [长方体] 按钮，在顶视图中创建一个长方体，位置如图6-106所示。

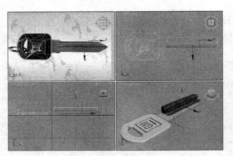

图6-106

23 确认锯齿片轮廓为选择状态，单击 ◯ 几何体创建命令面板中 [复合对象 ▼] 层级下的 [布尔] 按钮，进入布尔编辑面板，选择 [拾取布尔] 卷展栏中的 ◉ 复制 选项，再单击 [拾取操作对象B] 按钮，将光标移动到挤出对象上单击将其进行修剪，单击鼠标右键，退出当前编辑状态，再次执行布尔命令，修改长方体，利用 镜像工具，将挤出体与长方体调整到背面，用于制作背面的造型，结果如图6-107所示。

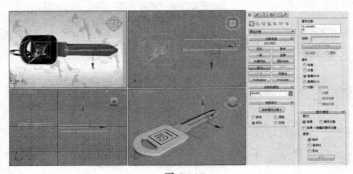

图6-107

24 参照以上布尔运算操作方法，下面制作背面的造型，选择锯齿片轮廓对像，单击 布尔 按钮，进入布尔编辑面板，选择 拾取布尔 卷展栏中的 ◉移动 选项，再单击 拾取操作对象B 按钮，将光标移动到挤出对象上单击将其进行修剪，单击鼠标右键，退出当前编辑状态，再次执行布尔命令，修改长方体，背面造型就做好了，做好的钥匙的最终效果果如图6-108所示。

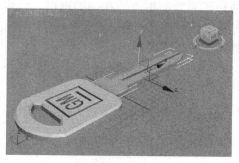

图6-108

6.2 其他复合对象

前面介绍了几种常用的复合对象，下面简要介绍其他几种复合对象的编辑参数。

6.2.1 变形

变形是一种与 2D 动画中的中间动画类似的动画技术。变形主要应用于变形动画的制作。通过多个对象的顶点位置的自动配置，将当前对象变形为目标对象。

"变形"对象可以合并两个或多个对象，方法是插补第一个对象的顶点，使其与另外一个对象的顶点位置相符。如果随时执行这项插补操作，将会生成变形动画，如图6-109所示。

图6-109

原始对象称作种子或基础对象。种子对象变形成的对象称作目标对象。

您可以对一个种子执行变形操作，使其成为多个目标；此时，种子对象的形式会发生连续更改，以符合播放动画时目标对象的形式。

创建变形之前，种子和目标对象必须满足下列条件：

■ 这两个对象必须是网格、面片或多边形对象。

■ 这两个对象必须包含相同的顶点数。

如果不满足上述条件，将无法使用"变形"按钮。

只要目标对象是与种子对象的顶点数相同的网格，就可以将各种对象用作变形目标对象，包括动画对象或其他变形对象。

创建变形时，需要执行下列步骤。

01 为基础对象和目标对象建立模型。

02 选择基本对象。

03 单击"创建"面板下的"复合对象"下的"变形"按钮。

04 添加目标对象。

05 设置动画。

确保要用作种子和目标对象的对象具有相同的顶点数。

提示

创建要用作变形种子和目标对象的"放样"对象时，请确保启用"变形封口"，并禁用"自适应路径步数"和"优化"。"放样"对象中的所有图形都必须具有相同的顶点数。

另外，还应该对要使用"变形"的那些基于图形的其他对象（如使用"挤出"或"旋转"修改器的那些对象）禁用"自适应路径步数"和"优化"。

注意

无论是否继续选择目标对象，单击"变形"时，选定对象将被永久转化为变形对象。恢复原始对象的唯一途径是，撤销"变形"的单击操作。

1. "拾取目标"卷展栏

"拾取目标"卷展栏如图6-110所示。

图6-110

■ 拾取目标 ：单击该按钮，可在视图中拾取作为变形的目标对象。

■ 参考 ：选择此选项，将当前对象以参考复制的形式进行变形合成，合成的新对象与目标对象相同。

■ 复制 ：选择此选项，将当前对象以复制的形式进行变形合成，合成的新对象与目标对象相同。

■ ○ 移动：选择此选项，当前对象将与目标对象变形合成为与目标对象相同的新对象。

■ ⊙ 实例：选择此选项，将当前对象以关联复制的形式进行变形合成，合成的新对象与目标对象相同。

2. "当前对象"卷展栏

"当前对象"卷展栏如图6-111所示。

图6-111

■ 变形目标：在列表框中显示用于变形合成的目标对象和原对象的名称。

■ 创建变形关键点：单击该按钮，可为选定的变形对象创建关键点。

■ 删除变形目标：单击该按钮，用来删除当前所选择的目标对象，并连同其所有的变形关键点也一并删除。

6.2.2 一致

一致是通过把一个物体表面的顶点投影到另一个物体（被包裹对象物体）上，使被投影的物体产生形变而形成合成物体，如图6-112所示。

图6-112

创建一致对象的操作步骤如下。

01 定位两个对象，其中一个为"包裹器"，另一个为"包裹对象"（在此例中，创建一个长方体作为包裹对象，然后创建一个将其完全包裹在内的大球体。该球体即包裹器）。

02 选择包裹器对象（球体），然后单击"复合对象"中的"一致"按钮。

 注意

　　一致中所使用的两个对象必须是网格对象或可以转化为网格对象的对象。如果所选的包裹器对象无效，则"一致"按钮不可用。

03 在"顶点投射方向"组中指定顶点投射的方法（在此例中，使用"沿顶点法线"）。

 注意

　　如果要选择"使用活动视口"，则将激活方向为顶点投射方向的视口。例如，如果在主平面上包裹器位于包裹对象的上方，则将激活"顶"视口。

04 选择"引用"、"复制"、"移动"或"实例"，指定要对包裹对象执行的克隆类型（在此例中，选择"实例化"）。

05 单击"拾取包裹对象"，然后单击顶点要投射到其上的对象（可以按 H 键并使用"拾取对象"对话框选择长方体）。列表窗显示两个对象，通过将包裹器对象一致到包裹对象，从而创建复合对象（在此例中，球体投影到长方体的形状上）。

06 使用各种参数和设置改变顶点投射方向，或调整投射的顶点。

6.2.3　连接

　　连接能将两个或多个表面上有开口的对象进行焊接成为新对象，开口之间将建立封闭、光滑过渡的表面，连接前后的效果如图6-113所示。

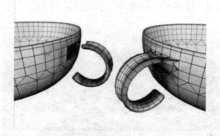

图6-113

　　对于连接物体，材质贴图的坐标指定比较困难，还没有很直接的方法控制中间体的贴图坐标，这需要通过选择面来为它指定多维材质。

 注意

　　连接不适合于 NURBS 对象，因为此种对象会转换为许多单独的网格，而不是一个大的网格。解决方法很简单：在将 NURBS 对象用作连接的一部分之前，对 NURBS 对象应用"焊接"修改器（将其转换为一个网格并合上它的缝）。

对于网格中各个洞之间的桥，连接会尽可能生成最佳的贴图坐标。虽然在某些理想的情况中，如一个圆柱体位于另一个圆柱体之上，可以生成不错的 UVW 贴图插值，但大多数情况下则不行。必须使用 "UVW贴图" 修改器将贴图应用于桥面。

另一方面，顶点颜色也可以平滑地插入。

注意

可以对具有多组洞的对象应用 "连接"。连接将尽其所能匹配两个对象之间的洞。

指定给两个原始对象的贴图坐标也将尽可能保持。根据两组原始贴图坐标和几何体类型的复杂程度与差距的不同，在桥区域中可能会存在不规则内容。

创建连接对象的操作步骤如下。

`01` 创建两个网格对象。

`02` 删除每个对象上的面，在对象要架桥的位置创建洞。确定对象的位置，以使其中一个对象的已删除面的法线指向另一个对象的已删除面的法线（假设已删除面具有法线）。

`03` 选择其中一个对象。选择 "复合对象" 中的 "连接"。

`04` 单击 "拾取操作对象" 按钮，然后选择另一个对象。

`05` 生成连接两个对象中的洞的面。

`06` 使用各种选项调整连接。

"连接" 的参数面板可分成 "拾取操作对象" 卷展栏、"参数" 卷展栏和 "显示/更新" 卷展栏3部分。

1. "拾取操作对象" 卷展栏

该卷展栏用来拾取操作对象，其操作方法与创建其他复合对象时相应的参数一致，在此不再赘述。

2. "参数" 卷展栏

在该卷展栏下可以设置连接对象的参数，其卷展栏参数如图6-114所示。

图6-114

（1）"操作对象" 选项组

该选项组用来显示所有参与连接的物体名称，并对它们进行相关操作，其操作方法与创建其他复合对象时相应的参数一致，在此不再赘述。

（2）"插值"选项组

该组参数用于设置两个物体之间连接桥的属性。

- **分段:**：设置连接桥的片段数。
- **张力:**：设置连接桥的曲率，值越大连接过渡更柔和。

（3）"平滑"选项组

- **□ 桥**：选择此选项，对连接桥表面进行自动光滑处理。
- **□ 末端**：选择此选项，将连接桥与连接对象之间的接缝处进行表面光滑处理。

3．"显示/更新"卷展栏

在该卷展栏下可选择显示方式与更新的方式，其卷展栏参数如图6-115所示。

图6-115

（1）"显示"选项组

该选项组有两个选项可以选择，用于确定是否显示图形操作对象。

- **● 结果**：选择该选项，则显示操作结果，为系统默认选项。
- **○ 操作对象**：选择该选项，则显示操作对象。

（2）"更新"选项组

该选项组有3个选项可以选择，用于确定何时重新计算复合对象的投影。

- **● 始终**：选择该选项，对象将始终更新。
- **○ 渲染时**：选择该选项，仅在渲染场景时才重新计算对象。
- **○ 手动**：选择该选项，激活 **更新** 按钮，手动重新计算。

6.2.4 地形

地形合成命令可通过代表等高线的二维封闭图形来建立地形物体和每条等高线的阶梯高度，并进行过渡连接，如图6-116所示。

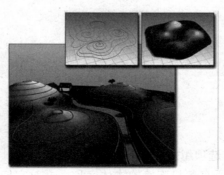

图6-116

要生成地形，请选择用于表示海拔等高线的可编辑样条线，然后单击"地形"，然后 3ds Max 将通过等高线生成网格曲面。您还可以创建地形对象的"梯田"，表示每个层级的轮廓数据都是一个台阶，以便与传统的土地形式研究模型相似。

1．"名称和颜色"卷展栏

显示地形对象的名称。3ds Max 使用所选对象之一的名称来命名地形对象。该卷展栏用来拾取操作对象，其操作方法与创建其他复合对象时相应的参数一致，在此不再赘述。

2．"拾取操作对象"卷展栏

其卷展栏参数如图6-117所示。

图6-117

■ 拾取操作对象：将样条线添加到地形对象中。如果您在生成地形对象之前未选择所有对象，或者如果导入数据中的某些对象不包含在地形对象中，则可能会执行此操作。您也可以使用此选项将当前场景中的现有样条线添加到地形对象中。

■ 参考／复制／移动／实例：单击"拾取操作对象"时，您指定的复制方法将决定使用操作对象的方式。如果使用"移动"方法，则原始的轮廓数据将从场景移到新地形对象的操作对象中。"复制"、"参考"和"实例"会将原始轮廓数据保留在场景中，并创建轮廓数据的副本、参考或实例，以作为地形对象中的操作对象。这类似于布尔的复制方法。

■ 覆盖：用于选择覆盖其内部任何其他操作对象数据的闭合曲线。在"覆盖"操作对象包围的区域内（如计划中所示），将不考虑网格的其他曲线和点，并且"覆盖"操作对象的海拔将取代它们。"覆盖"操作对象显示在操作对象列表中，其名称后面带一个 #。覆盖仅对闭合曲线有效。如果多个覆盖操作对象重叠，则较后的覆盖（操作对象编号较大）将具有更高的优先级。

3．"参数"卷展栏

在该卷展栏下可以对地形对象进行操作和指定不能的形式，其卷展栏参数如图6-118所示。

（1）"操作对象"选项组

该选项组用来显示合成物体中所有的操作对象的名称，并对其作相关的操作，其操作方法与创建其他复合对象时相应的参数一致，在此不再赘述。

图6-118

（2）"外形"选项组

该组参数用来指定地形变换的不同形式，它包括3种形式和两个选项框。

- **分级曲面**：选择此项，将根据等高线建立分级的梯状网格物体，如图6-119所示。
- **分级实体**：选择此项，建立表面分等且具有实体效果的网格地形物体。
- **分层实体**：选择此项，建立分层的阶梯状实体网络地形物体，如图6-120所示。
- **缝合边界**：选择此项，禁止在复合对象边界创建新的三角形。
- **重复三角算法**：选择此项，尖锐的地方将变得平坦。

（3）"显示"选项组

- **地形**：选择此项，只显示等高线上的三角形网格。
- **轮廓**：选择此项，只显示地形物体等高线的框架。
- **二者**：选择此项，同时显示三角形网格和等高线框架。

图6-119

图6-120

（4）"更新"选项组

该选项组用来决定是否在视图中显示计算结果，其操作方法与其他复合对象时相应的参数一致，在此不再赘述。

6.2.5　图形合并

图形合并能将一个网格对象多个几何体图形进行合并，产生切割或合并的效果，其应用效果如图6-121所示。

图6-121

创建"图形合并"对象的下操作步骤如下。

`01` 创建一个网格对象和一个或多个图形。

`02` 在视口中对齐图形，使它们朝网格对象的曲面方向进行投射。

`03` 选择网格对象，然后单击"图形合并"按钮。

`04` 单击"拾取图形"按钮，然后单击图形。

修改网格对象曲面的几何体以嵌入与选定图形匹配的图案。

"图形合并"的参数面板可分成"拾取操作对象"卷展栏、"参数"卷展栏和"显示/更新"卷展栏3部分。

1. "拾取操作对象"卷展栏

该卷展栏用来拾取操作对象，其操作方法与创建其他复合对象时相应的参数一致，在此不再赘述。

2. "参数"卷展栏

在该卷展栏下可以对连接对象的参数进行设置，其卷展栏参数如图6-122所示。

图6-122

（1）"操作对象"选项组

该选项组用来显示合成物体中所有的操作对象的名称，并对其作相关的操作，其操作方法与创建其他复合对象时相应的参数一致，在此不再赘述。

（2）"操作"选项组

该组参数用来决定几何图形将如何应用到网格物体上。

■ 饼切：选择该项，根据二维几何图形切割网格物体上的相应的部分。

■ 合并：选择该项，将几何图形合并到网格物体的表面。

■ 反转：勾选此选项，对"饼切"和"合并"的功能起相反作用。

（3）"输出子网格选择"选项组

该组参数提供了4种选项，决定以哪种次物体级选择形式上传到高级的修改加工中，其中包括点、面、边界三种基本次物体级别。

■ 无：表示输出整个物体。

■ 边：表示输出合并体的边界。

■ 面：表示连同几何图形以面的形式输出。

■ 顶点：表示输出由几何图形边缘所决定的顶点。

3. "显示/更新"卷展栏

前面已讲解过,这里就不再重复讲解了。

6.2.6 水滴网格

水滴网格可以在视图中直接创建合成辅助对象,用于创建制作软体或液态物质效果,常与粒子系统配合使用,其应用效果如图6-123所示。

图6-123

当将几何体或粒子系统与水滴网格合成时,每一个水滴颗粒的位置和大小将根据创建物体的不同分布在每个节点或每个粒子上。其大小由最初所创建的水滴网格对象决定,利用"软选择"可以变化水滴颗粒的大小;对于粒子系统,则由粒子系统中每一个粒子的大小来决定。

注意

您可以对水滴网格对象应用运动模糊,以便提高渲染中的运动效果。对于"粒子流"之外的粒子系统,请使用"图像"运动模糊。对于"粒子流"粒子系统和其他所有类型的对象,包括几何体、形状和辅助对象,请使用"对象"运动模糊。

1. "参数"卷展栏

该卷展栏如图6-124所示。

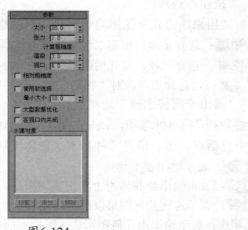

图6-124

- ■ 大小：设置每个水滴的大小。在粒子系统中创建水滴网格，大小由粒子系统来决定。
- ■ 张力：决定网格表面的松紧程度，值越小表面越松散。
- ■ 计算粗糙度：用于设定水滴的粗造度和密度。可以在渲染和视图显示中设置不同的粗糙度。
- ■ □ 相对粗糙度：应用于粗糙效果。
- ■ □ 使用软选择：应用于水滴的大小和布置。
- ■ 最小大小：设置软选择的最小尺寸。
- ■ □ 大型数据优化：当水滴数比较多时，此复选框提供比默认情况下更加高效的显示水滴的方法。一般在粒子系统下应用。
- ■ □ 在视口内关闭：在视图不显示水滴网格，不影响渲染结果。
- ■ 拾取：单击此按钮，可在场景中拾取要加入水滴网格的对象或粒子系统。
- ■ 添加：单击此按钮，在打开的对话框中可选择要加入水滴网格的对象或粒子系统。
- ■ 移除：单击此按钮，可删除水滴网格中的物体或粒子。

2．"粒子流参数"卷展栏

"粒子流参数"卷展栏如图6-125所示。如果已经向水滴网格中添加"粒子流"系统，且只需在发生特定事件时生成变形球，便可使用该卷展栏。可以在该卷展栏中指定事件之前，必须向"参数"卷展栏中的水滴网格中添加"粒子流"系统。

图6-125

- ■ ☑ 所有粒子流事件：勾选此选项，所有的粒子流事件都将产生水滴。
- ■ 粒子流事件：将在列表框中显示应用了水滴网格的粒子系统名称。
- ■ 添加：单击此按钮，可在Particle Flow Events列表中添加事件。
- ■ 移除：单击此按钮，可在Particle Flow Events列表中删除所选中的粒子流事件。

6.2.7　网格化

使用网格化，可以在视图中直接创建网格复合对象，并可以使自己的形状变成任何网格物体。"网格"复合对象以每帧为基准将程序对象转化为网格对象，这样可以应用修改器，如弯曲或UVW贴图。它可用于任何类型的对象，但主要为使用粒子系统而设计。"网格"对于复杂修改器堆栈的低空的实例对象同样有用。

1．"参数"卷展栏

"参数"卷展栏如图6-126所示。

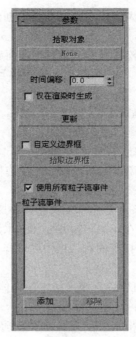

图6-126

■ 拾取对象 ：单击 None 按钮后，在视图中拾取要与网格对象相关联的物体，相关联的对象名称将显示在该按钮上。

■ 时间偏移 ：设置网格物体的粒子系统与原物体粒子系统帧的时间差值。

■ 仅在渲染时生成：选择此项，网格物体粒只应用于渲染，可以加快视图刷新速度。

■ 更新 ：单击此按钮，手动更新对原粒子系统或网格物体时间偏移设置的修改。

■ 自定义边界框：选择此项，网格物体会使用所关联对象的边界盒代替粒子系统中的动态边界盒。

■ 拾取边界框 ：单击此按钮，然后在视图中选取定制的边界框对象。

■ 使用所有粒子流事件：选中该复选框，对所有的粒子流事件都使用"网格"合成方式。

■ 粒子流事件：在列表中显示应用了网格合成方式的粒子流事件名称。

■ 添加 ：单击此按钮，可在列表中添加一个粒子流事件。

■ 移除 ：单击此按钮，可从列表中删除选中的粒子流事件。

2．使用方法

使用"网格"对象的操作步骤如下。

01 添加并设置粒子系统。

02 在"复合对象"的"对象类型"卷展栏中单击"网格化"。

03 在视口中拖动可以添加"网格"对象。网格的大小不适合，但它的方向应该和粒子系统的方向一致。

04 转至"修改"面板，单击"拾取对象"按钮，然后选择粒子系统。网格对象变为该粒子系统的克隆，并在视口中将粒子显示为网格对象，无须考虑粒子系统的视口显示的设置如何。

05 将修改器应用于修改网格对象，然后设置其参数。例如，可能应用"弯曲"修改器并将其角度参数设置为180。

06 播放动画。根据原始的粒子系统和其设置以及应用于网格对象的任何修改器，可能会获得意外的结果。通常发生这种情况是因为当应用于粒子系统时，该修改器的边界框会在每一帧重新计算。例如，将弯曲"超级喷射"粒子系统设置为随时间展开时，如同粒子流发散和分离一样，边界框会变得更长，更厚，可能导致意外的结果。要解决此问题，可以使用其他对象来指定静态的边界框。

07 要使用另一个对象的边界框来限制已修改的"网格"对象，首先要添加并设置此对象。其位置、方向和大小都被用来计算边界框。

08 选择网格化对象，并转至"网格化"的堆栈层。

09 在"参数"卷展栏中，启用"自定义边界框"，单击"拾取边界框"按钮，然后选择边界框对象。

粒子流使用新的，静态的边界框。

提示

可以使用任何对象作为一个边界框，通常使用粒子系统本身最快。移动到需要大小的粒子系统所在的位置的帧，然后拾取它。

本 章 小 结

通过本章对3ds Max中的复合对象的创建与编辑的学习，相信大家已经掌握了复合对象的应用范围以及常用的编辑命令。特别要熟练掌握放样、布尔、散布和变形这几种编辑方法的使用技巧，只有熟悉这些常用的编辑命令才能得心应手地创建三维模型。希望大家多加练习。

过 关 练 习

1．选择题

（1）如图6-127所示左边是两个相互独立的几何体，通过 复合对象 ▼ 创建命令面板下的 的哪种操作选项，可得到右边的修剪效果？____

图6-127

A. ⦿ 交集　　B. ⦿ 差集(A-B)　　C. ⦿ 差集(B-A)　　D. ⦿ 切割

（2）如图6-128所示的放样体是由以下哪两个图形制作的放样截面？____

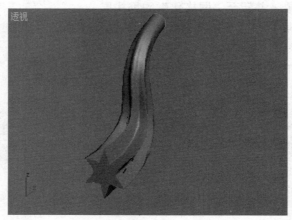

图6-128

A. 矩形　　　　B. 星形　　　　C. 圆　　　　　D. 多边形

（3）执行二维布尔命令的二维图形必须是____。

A. 附加为一个整体的对象

B. 相互独立的对象

C. 具有关联属性的对象

D. 群组对象

（4）执行三维布尔命令的二维图形必须是____。

A. 附加为一个整体的对象

B. 相互独立的对象

C. 具有关联属性的对象

D. 群组对象

2．上机题

本练习将制作如图6-129所示的手镯模型。主要练习使用"放样"命令将二维曲线放样生成手镯模型。

图6-129

操作提示：

01 单击图形创建命令面板中的 圆 按钮，在顶视图中绘制两个大小不同的圆形线框，如图6-130所示。

02 选择小圆形线框，将其转换为可编辑样条线，然后进入顶点编辑模式，将其编辑成结果如图6-131所示的形状。

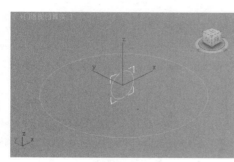

图6-130

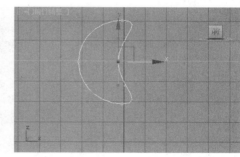

图6-131

03 选择大圆形线框，使用"放样"命令进行放样编辑。单击"创建方法"卷展栏中的 获取图形 按钮，然后将光标移动到小圆形线框上并单击鼠标左键，放样结果如图6-132所示。

04 调整参数。展开"蒙皮参数"卷展栏，调整"图形步数"和"路径步数"的参数，调整后的效果如图6-133所示。

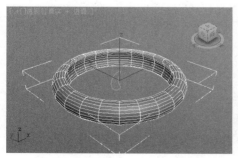

图6-132

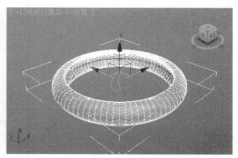

图6-133

05 进一步细化模型。展开"变形"卷展栏，使用 按钮，调整曲线形状，调整后的效果如图6-134所示。

06 使用同样方法，调整"变形"卷展栏中的"倒角"变形器，如图6-135所示。

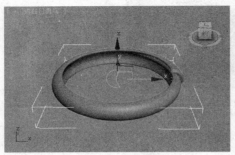
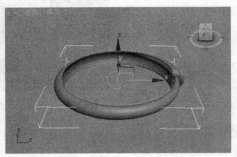

图6-134   图6-135

第 7 章 材质与贴图

学习目标

本章主要讲解"材质编辑器"的使用方法，其具体内容包括熟悉"材质编辑器窗口"、材质的类型、材质参数的设置与基本操作、贴图类型、贴图坐标以及贴图参数设置等相关内容。

要点导读

1. 认识材质编辑器
2. 材质/贴图浏览器
3. 材质的类型
4. 材质的基本操作
5. 贴图类型
6. 贴图坐标
7. 动手实践——制作不锈钢材质
8. 动手实践——制作石材材质
9. 动手实践——制作多维子材质
10. 动手实践——制作镂空贴图

精彩效果展示

7.1 认识材质编辑器

材质是营造空间氛围的重要表现手法，通过3ds Max软件中的"材质编辑器"可以使创建的模型更形象、逼真，从而营造出室内空间真实的色彩与质感（如图7-1所示），可以制作出照片质量的设计作品。

图7-1

"材质编辑器"提供创建和编辑材质以及贴图的功能。

材质将使场景更加具有真实感。材质详细描述对象如何反射或透射灯光。材质属性与灯光属性相辅相成；明暗处理或渲染将两者合并，用于模拟对象在真实世界设置下的情况。

> 可以将材质应用到单个的对象或选择集；一个场景可以包含许多不同的材质。

7.1.1 "材质编辑器"对话框

3ds Max 2012软件中的"材质编辑器"分为"精简材质编辑器"和"板岩材质编辑器"两种。下面分别介绍他们的使用方法和技巧。

打开"材质编辑器"对话框有如下几种方法。

■ 单击主工具栏上的"材质编辑器"按钮，在弹出的下拉按钮中选择"精简材质编辑器"按钮或"板岩材质编辑器"按钮。

■ 单击"渲染"菜单中的"材质编辑器"选项下的"精简材质编辑器"子菜单或者"板岩材质编辑器"子菜单。

■ 按M键，用于显示上次打开的材质编辑器的版本（精简或板岩）。

1. 精简材质编辑器

精简材质编辑器是一个相当小的对话框，如图 7-2 所示，其中包含各种材质的快速预览。如果您要指定已经设计好的材质，那么精简材质编辑器仍是一个实用的界面。

2. 板岩材质编辑器

Slate材质编辑器是一个较大的对话框，如图7-3所示，在其中，材质和贴图显示为可以关联在一起以创建材质树的节点，包括在MetaSL明暗器之外产生的现象。如果您要设计新材质，则板岩材质编辑器尤其有用，它包括搜索工具以帮助您管理具有大量材质的场景。

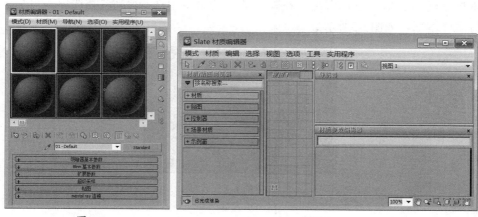

图7-2   图7-3

7.1.2 精简材质编辑器

精简材质编辑器是一个材质编辑器界面，它使用的对话框比板岩材质编辑器小。通常，板岩界面在设计材质时功能更强大，而精简界面在只需应用已设计好的材质时更方便。

"材质编辑器"由顶部的菜单栏、示例窗（球体）、示例窗底部和侧面的工具栏，下部分是6个参数卷展栏，用于控制材质参数，组成如图7-4所示。

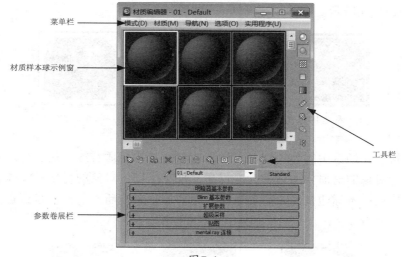

图7-4

1．菜单栏

菜单栏位于材质编辑器的顶部，提供了各种材质编辑命令。

2．样本球示例窗

默认情况下，样本球示例窗显示6个材质样本球，将鼠标指针放在材质样本球之间的分格框上，在鼠标指针变成手形时，按住鼠标左键不放，拖动鼠标可平移材质框显示其他的材质样本球。在样本球示例窗中共有24个材质样本球，在激活的样本球示例窗上单击鼠标右键，在弹出的快捷菜单中选择 6×4 示例窗 选项，可显示24个材质样本球，如图7-5所示。

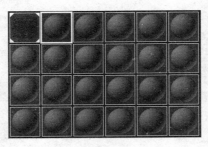

图7-5

> **提示**
>
> 快捷菜单中的 ✓拖动/旋转 命令允许以拖动和旋转的方式调整材质样本球。 重置旋转 命令用于将材质样本球恢复到系统默认状态时的显示角度。 选项... 命令用于打开"选项"对话框。 放大... 命令可将选择的材质样本球以窗口的方式最大化显示。"3×2示例窗"命令选项用于设置示例窗中材质球的显示个数为6个。"5×3示例窗"用于设置示例窗中材质球的显示个数为15个。"6×4示例窗"用于设置示例窗中材质球的显示个数为24个。

材质样本球通常以黑色边框显示，当前被激活的材质具有白色边框。当材质样本球的材质赋给场景对象后，材质样本球以白色边框显示且边框的四角有白色小三角标记，如图7-6所示。

（a）未选择状态　　（b）激活状态　　（c）赋予材质状态

图7-6

根据材质在场景中的使用情况，样本球示例窗的材质有冷、热之分。我们把没有赋予场景对象的材质样本球称为冷材质，把赋予场景对象的材质样本球称为热材质。通过材质样本球边框是否有白色小三角形标记来判断当前材质是否是热或冷材质，如图7-7所示。

（a）热材质　　　（b）热材质　　　（c）冷材质

图7-7

当热材质的材质样本球边框的四个角为▶实心白色三角形标记时，表明用了此材质的场景对象当前处于选择状态。若边框的四个角为▨空心白色三角形标记时，表明用了此材质的场景对象当前不处于选择状态。

3. 工具栏

工具栏位于样本球示例窗右侧和下方，呈横竖两排包围样本球示例窗。这些工具用来管理和更改贴图及材质的按钮和其他控件。其工具栏中的各个按钮功能如表7-1所示。

表7-1 工具栏中的各个按钮功能

按　钮	说　明
⬤	采样类型按钮。用于控制样本球的采样形态，按住该按钮不放可显示圆柱体▯和立方体▣形态，移动光标到需要的形态上可进行切换，如图7-8所示
⬤	背光按钮。用于在材质样本球后面添加辅助光源，以增加一个背光效果，在系统默认情况下，该按钮为◑按下状态即开启背光
▨	背景按钮。用于为材质样本球增加方格背景，对于查看透明材质的透明度很有帮助
▢	采样UV平铺按钮。用来测试贴图重复的效果
▣	视频颜色检查按钮。用于检查材质表面颜色是否超过了视频限制
◈	生成预览按钮。单击该按钮将打开"创建材质预览"对话框，可以实现材质动画的预览效果
⬡	选项按钮。单击该按钮将打开"材质编辑器选项"对话框，用于设置访问材质编辑器的全部选项
◈	按材质选择按钮。可将场景中全部赋予当前材质的对象一同选中
⊞	材质/贴图导航器按钮。单击该按钮将打开"材质/贴图导航"对话框，可通过材质中贴图的层次或复合材质中子材质的层次快速导航
◈	获取材质按钮。单击该按钮将打开"材质/贴图浏览器"对话框，用于获取材质和贴图
◈	将材质放入场景按钮。当场景中存在同名材质时此按钮才可用
◈	将材质指定给选定对象按钮。用于将当前激活的材质样本球的材质指定给场景中选择的物体
✕	重置贴图/材质为默认设置按钮。单击此按钮将当前材质样本球重新设置为默认值
◈	生成材质副本按钮。通过复制自身的材质，生成材质副本
◈	使唯一按钮。"使唯一"可以使贴图实例成为唯一的副本。还可以使一个实例化的子材质成为唯一的独立子材质。其可以为该子材质提供一个新材质名。子材质是多维/子对象材质中的一个材质
◈	放入库按钮。单击此按钮可打开"入库"对话框，将当前材质保存到材质库里
▣	材质ID通道按钮。用于为材质指定特殊效果，按住该按钮不放可显示16个通道
▨	视口中显示明暗处理材质按钮。按下该按钮可以在场景中显示材质的贴图效果
⇈	显示最终结果按钮。按下此按钮会保持显示出最终材质的效果
◈	转到父对象按钮。用于返回上一个材质层级面板
◈	转到下一个同级项按钮。按下此按钮，可以快速切换到另一个相同级别的材质层级中
✎	从对象拾取材质按钮。可将场景物体上所赋的材质重新拾取到材质球上

（a）系统默认球形态　　　（b）圆柱体形态　　　（c）立方体形态

图7-8

提示

双击材质样本球，可以将材质样本球以窗口的方式最大化显示，单击 ⊠ 按钮，则可关闭最大化显示窗口。

工具栏下方的 `01 - Default` 为材质名称栏，可在该栏中输入名称，为当前选择的材质样本球进行重命名，名称栏后面的 `Standard` 按钮是材质类型按钮，该按钮为系统默认的标准材质类型，当打开"材质编辑器"对话框时，就直接显示标准材质相关的编辑面板。

提示

在开始使用材质时，务必为材质指定一个唯一的且有意义的名称。

"材质编辑器"界面还包括多个卷展栏，其内容取决于活动的材质（单击材质的示例窗可使其处于活动状态）。每个卷展栏包含标准控件，如下拉列表、复选框、带有微调器的数值字段和色样。

在很多情况下，控件有一个关联的（通常位于其右侧）贴图快捷按钮：这是一个小的空白的方形按钮，您可以单击它将贴图应用于该控件。如果已经将一个贴图指定给控件，则该按钮显示字母M，如图7-9所示。大写的M表示已指定和启用对应贴图。小写的 m 表示已指定该贴图，但它处于非活动状态（禁用）。用"贴图"卷展栏上的复选框启用和禁用贴图。还可以右键单击贴图的快捷按钮进行剪切、复制清除的操作，如图7-10所示。

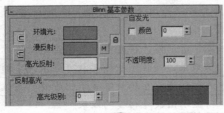 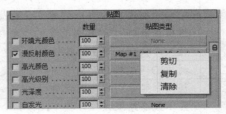

图7-9　　　　　　　　　　　　　　　　　图7-10

7.1.3　精简材质编辑器的基本参数卷展栏

精简材质编辑器的参数卷展栏一般有6个基本卷展栏，用户通过设置这些参数便可制作出许许多多各种不同特性的材质，6个卷展栏分别是"明暗器基本参数"、"Blinn基本参数"、"扩展参数"、"超级采样"、"贴图"和"Mental Ray连接"。材质的主要编辑和修改都是通过材质参数面板来控制的，因此，掌握各种材质的特性与参数设置是非常重要的。

1. "明暗器基本参数"卷展栏

"明暗器基本参数"卷展栏如图7-11所示。3ds Max中的材质就由"各向异性"、"Blinn"、"金属"、"多层"、"Oren-Nayer-Blinn"、"Phong"、"Strauss"和"半透明明暗器"等8种阴影模式组成。

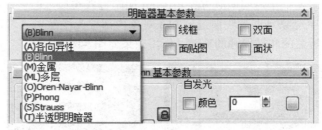

图7-11

- 各向异性：该明暗器类型只有一层高光控制区。主要产生不规则高亮发光点，常用于模拟头发、玻璃与陶瓷材质的高光效果。可创建拉伸并成角的高光，而不是标准的圆形高光，应用效果如图7-12所示。

- Blinn：系统默认的明暗器，是效果图制作过程中使用最频繁的明暗器类型。与 (P)Phong 明暗器具有相同的功能，但它在数学上更精确。这是 Standard 材质的默认明暗器。应用效果如图7-13所示。

- 金属：该明暗器类型专用于制作金属材质，可以反映金属特有的强烈的高光区域。应用效果如图7-14所示。

图7-12　　　　　　　　图7-13　　　　　　　　图7-14

- 多层：该明暗器类型可以用于表现玻璃，以及复杂且高度擦亮的磨沙金属的效果，能生成两个具有独立控制的不同高光。可模拟如覆盖了发亮蜡膜的金属。应用效果如图7-15所示。

- Oren-Nayer-Blinn：是"Blinn"明暗器的改编版，该明暗器类型比"Blinn"明暗器多了 高级漫反射 和 粗糙度 参数，它可为对象提供多孔而非塑料的外观，适用于像皮肤一样的表面。应用效果如图7-16所示。

- Phong：一种经典的明暗方式，它是第一种实现反射高光的方式。适用于塑胶表面。应用效果如图7-17所示。

图7-15 图7-16 图7-17

- Strauss：适用于金属。可用于控制材质呈现金属特性的程度。应用效果如图7-18所示。

- 半透明明暗器：半透明明暗方式与Blinn明暗方式类似，但它还可用于指定半透明。半透明对象允许光线穿过，并在对象内部使光线散射。可以使用半透明来模拟被霜覆盖的和被侵蚀的玻璃。应用效果如图7-19所示。

图7-18 图7-19

认识了8种阴影模式的特点和应用范围后，下面介绍"线框"、"双面"、"面贴图"和"面状"这几个选项的含义，它们是这些阴影模式共同拥有的参数。

- 线框：勾选此选项，将材质用线框的形状来表现物体，对物体所具有的边缘进行渲染，如图7-20所示。

 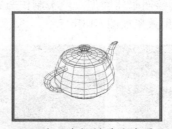

（a）不使用线框材质渲染图 （b）使用线框材质渲染图

图7-20

- 双面：勾选此选项，为对象的两面强制指定材质，常用在表面对象内部材质，如图7-21如示。

（a）未使用双面材质渲染图 （a）使用双面材质渲染图

图7-21

■ □面贴图：勾选该选项，为对象所有的每个多边形面都进行贴图，如图7-22所示。

 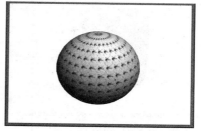

（a）未使用面贴图材质的球体渲染图　（b）使用面贴图材质的球体渲染图

图7-22

■ □面状：勾选此选项，以拼图方式来处理对象的每一个面，形成晶格般的效果，如图7-23所示。

（a）未使用面状的材质球　　　（b）使用面状的材质球

图7-23

2. "Blinn基本参数"卷展栏

该卷展栏主要用于指定物体贴图，设置材质的颜色、反光度、自发光、透明度等基本属性，如图7-24所示。

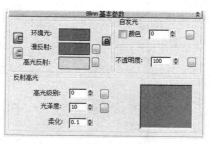

图7-24

■ 环境光：表现物体阴影部分的颜色。

■ 漫反射：表现物体的基本颜色或质感，直接受光线的影响。

■ 高光反射：物体接收光线最明亮的区域。

■ 锁定颜色按钮：用于锁定不同受光区域的颜色。

■ 颜色按钮：可设置当前漫反射颜色的发光强度，勾选该复选框后，可重新设置自发光的颜色。当自发光值为100的时候就不会受光线的影响，从而不能表现阴影效果，如图7-25所示。

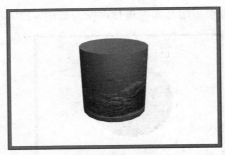

（a）"自发光"=0 　　　　　　　　（b）"自发光"=100

图7-25

■ 不透明度：用于设置材质的不透明度，值越小越透明，常用于表现玻璃、纱质等透明材质，如图7-26所示。

（a）"不透明度"=0 　　　　　　　　（b）"不透明度"=30

图7-26

■ 高光级别：用于控制材质的高光强度。

■ 光泽度：用于控制材质的受光面积大小。

■ 柔化：用于柔化"漫反射"和"高光"在过渡时的粗糙边界。

3．"扩展参数"卷展栏

该卷展栏主要用于设置物体的透明度、反射、线框大小以及透明材质的折射率等，如图7-27所示。

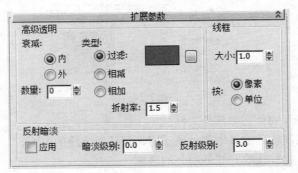

图7-27

■ 衰减：该选项区中的参数主要用于控制透明材质的透明衰减效果。当选择 内选项时，材质质感向由边缘中心衰减，当选择 外选项时，材质质感向由中心向边缘衰减，衰减的程度主要由 数量 参数来控制，如图7-28所示。

（a）"内"数量=0　　（b）"内"数量=50　　（c）"外"数量=50

图7-28

- 类型：该选项区中有 ◉ 过滤、○ 相减 和 ○ 相加 3种透明类型选项，◉ 过滤 为系统默认选项，用于过滤颜色和贴图；○ 相减 选项是从材质本身的颜色中删减过渡颜色，将材质整体暗淡；○ 相加 选项是从材质本身的颜色中增加过渡颜色，将材质整体提亮，如图7-29所示。

（a）"内"，数量=50，　（b）"内"，数量=50，　（c）"内"，数量=50，
"过滤"类型　　　　"相减"类型　　　　"相加"类型

图7-29

- 折射率：参数用于设置材质的折射率。
- 线框：该选项区主要用于设置线框的大小，对应 明暗器基本参数 卷展栏中的 ☑ 线框 渲染模式。其 大小 参数控制线框的大小；◉ 像素 以像素为单位进行线框贴图；○ 单位 按场景远近单位进行线框贴图，如图7-30所示。

（a）"线框"大小为1像素　（b）"线框"大小为3像素　（c）"线框"大小为1单位

图7-30

- 反射暗淡：该选项组用于设置材质在反射后产生阴影的反射值亮度。勾选 ☐ 应用 选项将启用反射模糊；暗淡级别 用于调整物体反射部分的阴暗度和Ambient区域的反射率；反射级别 用于调整明亮部分的反射值，值越高反射效果越好。

4．"超级采样"卷展栏

它是一种外部附加的抗锯齿方式，针对标准材质和光线跟踪材质，如图7-31所示。

- ☑ 使用全局设置：勾选该复选框，不进行超级采样，取消该选项，其他选项被激活，默认设置为启用。
- ☐ 启用局部超级采样器：勾选该复选框，激活局部设置，默认设置为禁用状态。
- ☑ 超级采样贴图：勾选该复选框，使用超级采样，并可在下拉列表框中选择不同的采样方式，默认为"Max 2.5星"。如图7-32所示为超级采样的抗锯齿效果。

219

图7-31　　　　　　　　　　　图7-32

5. "贴图"卷展栏

"贴图"卷展栏用于设置物体的贴图类型，可以使物体表现出丰富的质感和纹理效果，在标准材质类型的"贴图"卷展栏中有12个贴图通道，不对的贴图通道对应了材质不同的属性，如图7-33所示。通过单击贴图通道后面的 None 按钮，可打开如图7-34所示的"材质/贴图浏览器"对话框，可为其指定不同的位图贴图或程序贴图。

在"材质/贴图浏览器"对话框中选择贴图后，其贴图名称和类型将显示在贴图通道后面的 None 按钮上。贴图通道名称前的□环境光颜色复选框，用于禁用或启用贴图效果，当处于☑状态表示启用贴图，且在渲染后可看到贴图效果，当处于□环境光颜色状态表示禁用贴图，且在渲染后看不到贴图效果。

图7-33　　　　　　　　　　　图7-34

下面介绍【贴图】卷展栏各选项含义。

- 环境光颜色：勾选此选项，"环境光"贴图有效，可通过 None 按钮和输入框进行贴图选择和贴图强度的设置。
- 漫反射颜色：勾选此选项，"漫反射"贴图有效，可通过 None 按钮和输入框进行贴图选择和贴图强度的设置。用于表现在物体过渡色上的贴图，如图7-35和图7-36所示。

图7-35　　　　　　　　　　　图7-36

- 高光颜色：勾选此选项，"高光颜色"贴图有效，可通过 None 按钮和输入框进行贴图选择和贴图强度的设置。用于表现高光处的贴图。

■ 高光级别：勾选此选项，"高光反射"贴图有效，可通过 None 按钮和输入框进行贴图选择和贴图强度的设置。用于表现反光处的贴图。

■ 光泽度：勾选此选项，"光泽度"贴图有效，可通过 None 按钮和输入框进行贴图选择和贴图强度的设置。常用于制作反光处的纹理。

■ 自发光：勾选此选项，"自发光"贴图有效，可通过 None 按钮和输入框进行贴图选择和贴图强度的设置。该贴图不受灯光影响。

■ 不透明度贴图：勾选此选项，"不透明度"贴图有效，可通过 None 按钮和输入框进行贴图选择和贴图强度的设置。通常配合黑白贴图作为蒙版使用，如图7-37和图7-38所示。

 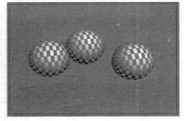

图7-37 图7-38

■ 过滤色：勾选此选项，"过滤色"贴图有效，可通过 None 按钮和输入框进行贴图选择和贴图强度的设置。该贴图一般用于过滤各种专有颜色。

■ 凹凸：勾选此选项，"凹凸"贴图有效，可通过 None 按钮和输入框进行贴图选择和贴图强度的设置。该贴图通道常用于表现对象表面的凹凸效果，值为正数，白色为凸起效果，黑色为凹陷效果，如图7-39和图7-40所示。

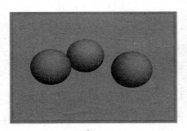 

图7-39 图7-40

■ 反射：勾选此选项，"反射"贴图有效，可通过 None 按钮和输入框进行贴图选择和贴图强度的设置。主要用于指定反射贴图，常用于表现金属、玻璃等效果，如图7-41和图7-42所示。

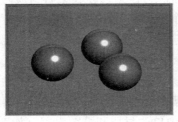 

图7-41 图7-42

■ 折射：勾选此选项，"折射"贴图有效，可通过 None 按钮和输入框进行贴图选择和贴图强度的设置。常用于发现透明物质的折射效果。

■ 置换：勾选此选项，"置换"贴图有效，可通过 None 按钮和输入框进行贴图选择和贴图强度的设置。置换贴图可根据图像改变对象的形态结构。

6．"Mental Ray连接"卷展栏

该卷展栏仅用于使用Mental Ray渲染方式，而对其他渲染方式不起作用，如图7-43所示。

图7-43

■ ☑曲面：勾选该复选框，应用表面的阴影方式。

■ ☑阴影：勾选该复选框，应用阴影的阴影方式。

■ ☑光子：勾选该复选框，应用光子。

■ ☑光子体积：勾选该复选框，应用光子体积，并可为其指定贴图。

■ ☑置换：勾选该复选框，应用置换，并可为其指定贴图。

■ ☑体积：勾选该复选框，应用体积，并可为其指定贴图。

■ ☑环境：勾选该复选框，应用环境，并可为其指定贴图。

■ ☑轮廓：勾选该复选框，应用轮廓，并可为其指定贴图。

■ ☑光贴图：勾选此复选框，应用光照图，并可为其指定贴图。

7.1.4 板岩材质编辑器

板岩材质编辑器是一个材质编辑器界面，它在您设计和编辑材质时使用节点和关联以图形方式显示材质的结构。它是精简材质编辑器的替代项。

通常，板岩界面在设计材质时功能更强大，而精简界面在只需应用已设计好的材质时更方便。

板岩界面是具有多个元素的图形界面。最突出的特点是"材质/贴图浏览器"，可以在其中浏览材质、贴图和基础材质和贴图类型；当前活动视图，可以在其中组合材质和贴图；以及参数编辑器，可以在其中更改材质和贴图设置，如图7-44所示。

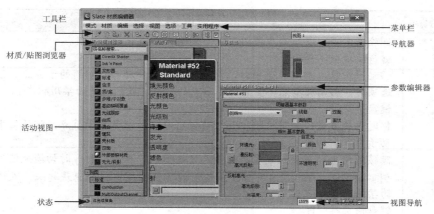

图7-44

此界面的主要可视元素是执行大部分工作的位置。

1. 菜单栏

"板岩材质编辑器"菜单栏中包含带有创建和管理场景中材质的各种选项的菜单。

大部分菜单选项也可以从工具栏或导航按钮中找到，因此这些主题就跟随菜单选项来介绍按钮。

> 要使用用于菜单、工具栏以及导航命令的"板岩材质编辑器"键盘快捷键，必须启用主工具栏 ▶ "键盘快捷键覆盖切换。

2. 工具栏

使用"板岩材质编辑器"工具栏可以快速访问许多命令。该工具栏还包含一个下拉列表，使您可以在命名的视图之间进行选择。工具栏中的各个按钮功能如表7-2所示。

表7-2 工具栏中的各个按钮功能

按 钮	说 明
	选择工具，激活"选择"工具【除非您已选择一种典型导航工具（例如"缩放"或"平移"），否则"选择"始终处于活动状态】。 键盘快捷键：S
	从对象拾取材质，单击此按钮后，3ds Max 会显示滴管光标。单击视口中的一个对象，以在当前"视图"中显示其材质
	将材质放入场景，仅当您拥有的材质副本与应用于对象的材质同名，且已编辑该副本以更改材质的属性时，此选项才可用。选择"将材质放入场景"会更新应用了旧材质的对象
	将材质指定给选定对象，将当前材质指定给当前选择中的所有对象。请参见将材质应用到场景中的对象。 键盘快捷键：A

按　钮	说　明
✕	删除选定项，在活动"视图"中，删除选定的节点或关联。 键盘快捷键：删除
🖳	移动子对象，启用此选项时，移动父节点会移动与之相随的子节点。禁用此选项时，移动父节点不会更改子节点的位置。默认设置为禁用状态。 键盘快捷键：Alt+C。 临时快捷方式：按下 Ctrl+Alt 并拖动将移动节点及其子节点，但不启用"移动子对象"切换
🔲	隐藏未使用的节点示例窗，对于选定的节点，在节点打开时切换未使用的示例窗的显示。在 🖳 启用后，未使用的节点示例窗将会隐藏起来。默认设置为禁用状态。 键盘快捷键：H
▨	在视口中显示贴图，用于在视口中显示贴图的控件是一个弹出按钮
▨	在预览中显示背景，仅当选定了单个材质节点时才启用此按钮。 启用"在预览中显示背景"将向该材质的"预览"窗口添加多颜色的方格背景。如果要查看不透明度和透明度的效果，该图案背景很有帮助
◉▣	材质 ID 通道，此按钮是一个弹出按钮，用于选择"材质 ID"值
🔳	"布局"弹出按钮，使用此弹出按钮可以在活动视图中选择自动布局的方向
🔳	布局子对象，自动布置当前所选节点的子节点。此操作不会更改父节点的位置。 键盘快捷键：C
⋮⊗	材质/贴图浏览器，切换"材质/贴图浏览器"的显示。默认设置为启用。 键盘快捷键：O
▣	参数编辑器，切换参数编辑器的显示。默认设置为启用。 键盘快捷键：P
◔	按材质选择。仅当为场景中使用的材质选择了单个材质节点时，该按钮才处于启用状态。 使用"按材质选择"可以基于"材质编辑器"中的活动材质选择对象。选择此命令将打开"选择对象"对话框，其操作方式与从场景选择类似。所有应用选定材质的对象在列表中高亮显示。 注意：该列表中不显示隐藏的对象，即使已应用材质。但是，在"材质/贴图浏览器"中，可以选择"浏览自：场景"，启用"按对象"，然后从场景中进行浏览。该表在场景中列出所有对象（隐藏的和未隐藏的）和其指定的材质
"命名视图"下拉列表	[视图 1 ▼] 使用此下拉列表可以从命名视图列表中选择活动视图

3. 材质/贴图浏览器

此面板显示了"材质/贴图浏览器"。要编辑材质,可将其从"材质/贴图浏览器"面板拖到视图中。要创建新的材质或贴图,可将其从"材质"组或"贴图"组中拖出。也可以双击"材质/贴图浏览器"条目以将相应材质或贴图添加到活动视图中。

4. 活动视图

在当前活动视图中,可以通过将贴图或控制器与材质组件关联来构造材质树。可以为场景中的材质创建一些视图,并从中选择活动视图。

5. 参数编辑器

在参数编辑器中,可以调整贴图和材质的详细设置。

7.2 材质/贴图浏览器

7.2.1 "材质/贴图浏览器"窗口

"材质/贴图浏览器"窗口如图7-45所示。

（a）"精简材质编辑器"方式下的窗口 （b）"板岩材质编辑器"中的窗口

图7-45

1. 打开"材质/贴图浏览器"窗口的方法

■ "精简材质编辑器"→获取材质 。

■ "板岩材质编辑器"→"材质/贴图浏览器"面板。

■ "渲染"菜单→"材质/贴图浏览器"。

■ "材质编辑器"（任一界面）→"参数"卷展栏→单击贴图按钮。

■ "渲染"菜单→"环境"→"环境和效果"对话框→"环境"面板→"公用参数"卷展栏→"背景"组→"环境贴图"按钮。

2. "材质/浏览器"包含下列控件

（1）"材质/贴图浏览器选项"按钮

单击此按钮,可显示"材质/贴图浏览器选项"菜单。

（2）按名称搜索

在此字段中输入文本可搜索其名称以您键入的字符开头的材质和贴图,如图7-46所示。搜索是不区分大小写的。搜索到的材质和贴图将显示在搜索字段下的列表中。

图7-46

（3）材质/贴图列表

"材质/贴图浏览器"对话框的主要部分是材质和贴图的可滚动列表。此列表分为若干可展开或折叠的组。

多数"材质/贴图浏览器"界面只是按库和组进行组织的材质、贴图和控制器的列表。每个库和组都有一个带有打开/关闭（+/－）图标的标题栏，该图标可用于展开或收缩列表。组可以有子组，子组有自己的标题栏，某些子组可以有更深层的子组。

在浏览器的典型版本中，如果指定的是材质类型，则将只显示材质；如果指定的是贴图，则将只显示贴图。

默认情况下，"材质/贴图浏览器"只显示与当前活动的渲染器兼容的材质和贴图。

（4）"材质"组和"贴图"组

"材质"组和"贴图"组显示可用于创建新的自定义材质和贴图的基础材质和贴图类型。这些类型是"基础"类型：它们可能具有默认值，但实际上是供您进行自定义的模板。

（5）"控制器"组

"控制器"组显示可用于为材质设置动画的动画控制器。

仅当使用"板岩材质编辑器"时，"控制器"组才会显示在"浏览器"面板中。其他情况下使用浏览器时它不会显示；例如，如果使用的是"精简材质编辑器"。

（6）"场景材质"组

"场景材质"组列出用在场景中的材质（有时为贴图）。默认情况下，它始终保持最新，以便显示当前场景状态。

（7）示例窗

示例窗组是由"精简材质编辑器"使用的示例窗的小版本。这是一种"便笺簿"区域，可在该区域使用材质和贴图（包括尚未包含在场景中的材质和贴图）。

7.3 材质的类型

材质将使场景更加具有真实感。材质详细描述对象如何反射或透射灯光。可以将材质指定给单独的对象或者选择集；单独场景也能够包含很多不同材质。不同的材质有不同的用途。

单击"材质/贴图浏览器"窗口中材质卷展栏下的 - 标准 按钮，将展开材质列表，在该列表框中列出了16种材质类型，如图7-47所示，用户可以在这里选择需要的材质的类型。

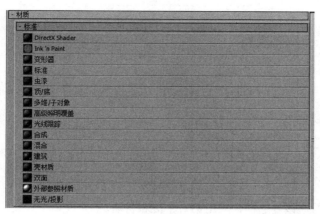

图7-47

每种材质类型都有自己的参数和特性，下面简要介绍几种材质类型的含义和用法。

7.3.1 高级照明覆盖材质

高级照明覆盖：用于微调光能传递或光线跟踪器上的材质效果。此材质不需要对高级照明进行计算，但是有助于增强效果，对应的材质编辑面板如图7-48所示。

图7-48

- 反射比：用于设置反射光线的强弱。
- 颜色渗出：用于控制材质的溢色现象。
- 投射比比例：用于设置透射光线的强弱。
- 亮度比：用于设置自发光对象的亮度比例。
- 间接灯光凹凸比：用于设置在反射光照的区域仿真凹凸贴图。
- 基础材质：可以访问基本材质。

7.3.2 混合材质

混合：用于将两种材质混合使用到对象的一个面上，主要是通过在遮罩通道添加一黑白图片进行混合。对应的材质编辑面板如图7-49所示。

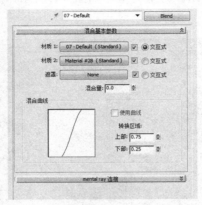

图7-49

- 材质1：勾选该复选框，应用第一个混和材质。
- 材质2：勾选该复选框，应用第一个混和材质。
- 遮罩：勾选该复选框，应用蒙版贴图。
- 交互式——在不同混合物上选择此项，可将其作为主体显示在材质表面。
- 混合量：用于调整两个材质的混合比例，当值为0时，只显示第一种材质；为100时，只显示第二种材质。使用了蒙版该值无效。
- 混合曲线：勾选该复选框，使用曲线控制材质的混合。
- 转换区域：通过更改"上部"和"下部"的数值达到控制混和过渡曲线的目的。

该材质常用于表现绣花窗纱和建筑天花板上嵌有栅格灯具的材质表现，其应用效果如图7-50所示。

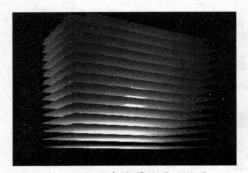
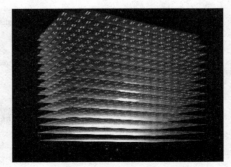

（a）混合没有遮罩贴图的效果　　　　　（b）混合有遮罩贴图的效果

图7-50

7.3.3 顶/底材质

顶/底：将为对象的顶部和底部指定两种不同的材质。对应的材质编辑面板如图7-51所示。

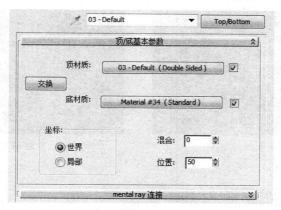

图7-51

- 顶材质：可直接访问物体顶部的子材质。
- 底材质：可直接访问物体底部的子材质。
- 世界：选择此项，以世界坐标系为标准进行混合。
- 局部：选择此项，以局部坐标系为标准进行混合。
- 混合：对顶部底部的边界进行混合。
- 位置：指定物体当中两个材质的边界区位置。

7.3.4 多维/子对象材质

多维/子对象：使用此材质可以采用几何体的子对象级别事先设置对象ID面，再进行多维材质ID设置分配不同的材质，对应的材质编辑面板如图7-52所示。

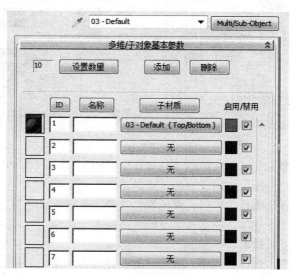

图7-52

- 设置数量：用于设置子材质数量。
- 添加：增加一个子材质。
- 删除：删除当前选中的子材质。

多维材质的应用效果如图7-53所示。

（a）标准材质效果　　　　　　（b）多维材质效果

图7-53

7.3.5　光线跟踪材质

光线跟踪：此材质是高级表面着色材质，能够创建全光线跟踪反射和折射。同时支持雾、颜色密度、半透明、荧光以及其他的特殊效果，对应的材质编辑面板如图7-54所示。

1.　"光线跟踪基本参数"卷展栏

"光线跟踪基本参数"卷展栏如图7-55所示，对光线跟踪的一般设置都在该卷展栏中完成。其基本选项并没有发生变化，"着色"列表提供的5种光影过滤器能得到更加丰富和完美的质感。

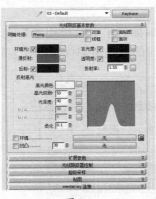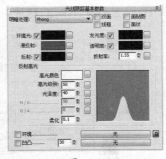

图7-54　　　　　　　　　　图7-55

- 环境光：选择此选项，应用环境色或环境贴图。
- 反射：选择此选项，应用反射颜色或贴图。
- 发光度：选择此选项，应用自身的颜色设置发光颜色或贴图。
- 透明度：选择此选项，应用透明度颜色或贴图。
- 折射率：设置折射率。
- "环境"贴图：选择此选项，应用环境，并可为环境指定贴图。
- "凹凸"贴图：选择此选项，应用凹凸，并可为其贴图。

2.　"扩展参数"卷展栏

"扩展参数"卷展栏主要针对光线跟踪类型材质的特殊效果进行设置，如图7-56所示。

- 附加光：设置对象之间反射的光的颜色。

■ 半透明：设置薄面具有半透明的材质效果。

■ 荧光：设置荧光效果。

■ 荧光偏移：设置荧光的亮度。

■ 透明环境：选择此选项，可为按照折射率的"光线跟踪"物体进行贴图。

3. "光线跟踪器控制"卷展栏

"光线跟踪器控制"卷展栏更多的控制光线跟踪材质的外部参数，主要用于渲染优化，最大化地提高渲染速度，如图7-57所示。

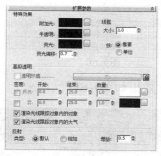

图7-56

图7-57

■ 启用光线跟踪：选择此选项，打开光线跟踪。

■ 启用自反射/折射：选择此选项，对自身也进行反射和折射。

■ 光线跟踪大气：选择此选项，打开大气的光线跟踪效果。

■ 反射/折射材质ID：选择此选项，运用到特效处理中。

■ 光线跟踪反射：选择此选项，对反射进行光线跟踪计算。

■ 光线跟踪折射：选择此选项，对折射进行光线跟踪计算。

■ 凹凸贴图效果：设置反射或折射光线上的凹凸贴图效果。

光线跟踪材质的应用效果如图7-58所示。

（a）没赋材质效果

（b）光线跟踪材质效果

图7-58

7.3.6 其他材质

1. 明暗器材质

DirectX Shader：明暗器材质能够使用DirectX 9（DX9）明暗器对视口中的对象进行着色，该材质类型的编辑面板如图7-59所示。

2. 卡通材质

Ink 'n Paint：卡通材质用于创建卡通效果，该材质类型的编辑面板如图7-60所示。

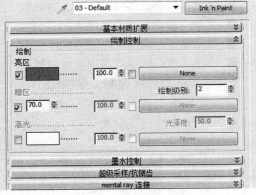

图7-59   图7-60

卡通材质提供带有"墨水"边界的平面着色，效果如图7-61所示。

（a）标准材质效果　　　　　（b）卡通材质效果

图7-61

3. 变形器材质

变形器：使用变形修改器可以使用变形对象在多种材质进行变形。对应的材质编辑面板如图7-62所示。

图7-62

4. 标准材质

标准：是材质编辑器示例窗中系统默认的材质类型，它为表面建模提供了非常直观的方式。对应的材质编辑面板如图7-63所示。

5．虫漆材质

●虫漆：使用加法合成将一种材质叠加到另一种材质上。对应的材质编辑面板如图7-64所示。

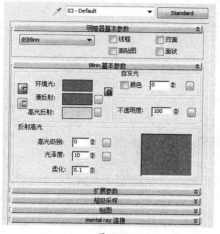

图7-63

图7-64

6．合成材质

●合成：通过添加颜色、相减颜色或者不透胆混合的方法，可以多种材质混合在一起，且最多能合成10种材质，对应的材质编辑面板如图7-65所示。

7．建筑材质

●建筑：此材质能提供物理上精确的材质属性，是从Lights cape软件中移值过来的材质类型。当它与光度学灯光和光能传递一起使用时，能够提供最逼真的效果，同时此材质也能与默认的扫描线渲染器一起使用。对应的材质编辑面板如图7-66所示。

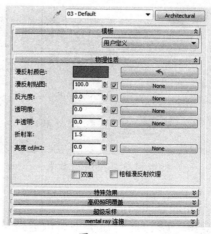

图7-65

图7-66

8．壳材质

●壳材质：用于存储和查看渲染的纹理。对应的材质编辑面板如图7-67所示。

图7-67

- 原始材质：为物体指定的原材质。
- 烘焙材质：使用烘焙贴图时形成的纹理材质。
- 视口：选择在视图中显示原材质或烘焙材质。
- 渲染：选择对原材质或烘焙材质进行渲染。

9. 双面材质

双面：此材质类型可为面对象的外表面和内表面指定两种不同的材质，对应的材质编辑面板如图7-68所示。

图7-68

双面材质的应用效果如图7-69所示。

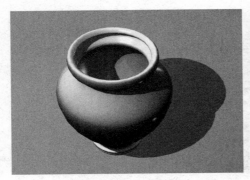
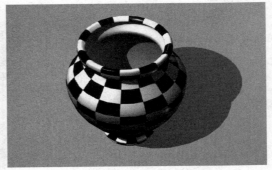

（a）标准材质类型渲染效果　　　　（b）双面材质类型渲染效果

图7-69

10. 外部参照材质

外部参照材质：此材质类型可以通过从外部已赋好材质的Max文件中提取需要的对象材质进行当前材质的制作。对应的材质编辑面板如图7-70所示。

11. 无光/投影材质

无光/投影：用此材质后，灯光的阴影会透过赋予无光材质的对象直接将阴影投射到环境或环境贴图上，且赋予无光材质的对象在场景中不可见。对应的材质编辑面板如图7-71所示。

图7-70

图7-71

无光/投影材质的应用效果如图7-72所示。

（a）标准材质渲染效果

（b）天光材质渲染效果

图7-72

7.4 材质的基本操作

7.4.1 从库中获取材质

从库中获取材质的操作步骤如下：

01 在"材质/贴图浏览器"中，单击"材质/贴图浏览器"下的"选项" ▼ 按钮。

02 在弹出的下拉菜单中选择"打开材质库"选项，如图7-73所示。

图7-73

03 此时，3ds Max打开一个文件对话框，选择要打开的库（MAT文件）。

04 选择库后，该库即会显示在"材质/贴图浏览器"中。

05 最后将您需要的材质从"材质/贴图浏览器"中的库文件条目拖动到活动视图中（或仅双击材质的条目）即可完成从库中获取材质。

7.4.2 从场景中获取材质

从场景中获取材质的操作步骤如下。

01 打开"板岩材质编辑器"。

02 单击"板岩材质编辑器"工具栏上的从对象拾取材质按钮 。

03 在视口中，单击需要获取的材质的对象。

> **提示**
>
> "材质/贴图浏览器"中，"场景材质"组始终包含在场景中使用的所有材质。
>
> 同样，用户也可以打开"精简材质编辑器"，然后单击窗口中的 按钮来从场景中获取材质。

7.4.3 将材质应用到场景中的对象

将材质应用到场景中的对象的操作步骤如下。

01 打开"板岩材质编辑器"。

02 在"板岩材质编辑器"中，从材质节点的输出套接字拖入视口，并将关联放在对象之上，如图7-74所示。

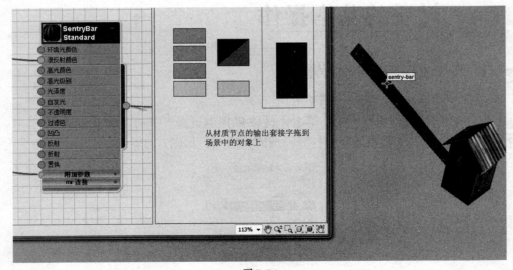

图7-74

在视口中拖动时，鼠标下面的每个对象上都将出现一个工具提示，显示对象的名称。无论是否选定对象，都可以应用材质。松开鼠标即可应用材质。（在视口中不显示关联本身。）

03 如果尚未选定对象，或如果其是场景中选定的唯一对象，则立即应用材质。如果对象是场景中几个选定对象的其中一个，则3ds Max将提示您选择是将材质只应用于单个对象还是应用于所有选定对象（后者是默认选择），如图7-75所示。

图7-75

您还可以通过选择场景对象、在活动视图中选择材质节点，然后在"板岩材质编辑器"工具栏上单击 （将材质指定给选定对象）按钮，向选定对象应用材质。

7.4.4　在库中保存材质

在库中保存材质的操作步骤如下。

01 在"材质/贴图浏览器"中，单击"材质/贴图浏览器"下的"选项" ▼ 按钮。

02 在弹出的下拉菜单中选择"打开材质库"选项。

03 3ds Max 打开文件对话框，选择将用于保存材质的库（MAT 文件）。

04 选择库后，该库即会显示在"材质/贴图浏览器"中。

05 另外，在"材质/贴图浏览器"中，将材质从另外的组（例如"场景材质"）拖动到库文件的条目。该材质也成为库的一部分。

06 在"材质/贴图浏览器"中，右键单击库文件条目并选择"关闭材质库"， 如图7-76所示。如果3ds Max弹出询问您是否要保存对库的更改，如图7-77所示，单击"是"按钮即可。

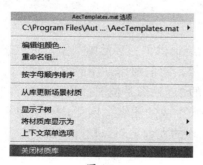

图7-76

图7-77

7.5　贴图类型

材质是用来描述对象如何反射或透射灯光。在材质中，通过添加贴图可以真实地模拟纹理，制作材质的反射、折射和其他效果，如图7-78所示。贴图也可以用来表现环境和投射灯光。而"材质编辑器"是用于创建、改变和应用场景中的材质的对话框。

图7-78

在"材质编辑器"窗口中的"贴图"卷展栏内，可通过单击贴图通道后面的 None 按钮，打开"材质/贴图浏览器"对话框，然后在"贴图"卷展栏下选择相应的选项为通道指定贴图类型，如图7-79所示。

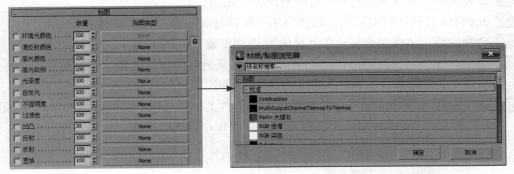

图7-79

在"材质/贴图浏览器"对话框中，系统提供了35种贴图类型，可以将贴图类型分为2D贴图和3D贴图。2D贴图是二维图像，它们通常贴图到几何对象的表面，或用作环境贴图来为场景创建背景。最简单的 2D 贴图是位图；其他种类的 2D 贴图按程序生成。3D 贴图是根据程序以三维方式生成的图案。例如，"大理石"拥有通过指定几何体生成的纹理。如果将指定纹理的大理石对象切除一部分，那么切除部分的纹理与对象其他部分的纹理相一致。

我们还可根据贴图效果将其分为：平面贴图、复合贴图、颜色贴图、三维贴图四大类。下面对这些贴图进行讲解。

7.5.1　平面贴图

1. "位图"贴图

位图贴图即"贴图"卷展栏下的 位图 选项，图像以很多静止图像文件格式之一保存为像素阵列，包括JPG、TIFF静帧图片和AVI、MOV等电影文件，它是最基本的贴图。

加载位图贴图的具体步骤如下。

`01` 在"材质/贴图浏览器"对话框中双击 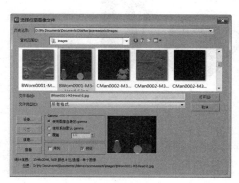位图 选项。

`02` 在弹出的"选择位图图像文件"对话框中选择要加载的位图，如图7-80所示。

`03` 再单击 打开⑥ 按钮即可。位图加载完成后，在材质编辑面板中将显示位图的坐标及其他属性参数面板，如图7-81所示是"位图参数"卷展栏。

图7-80 图7-81

2. "棋盘格"贴图

棋盘格即 棋盘格 选项，该程序贴图能自动形成棋盘形状，可以利用两种颜色或者是图片来制作图案，默认方格贴图是黑白方块图案。

加载棋盘格贴图的具体步骤如下。

`01` 在"材质/贴图浏览器"对话框中双击 棋盘格 选项。

`02` 此时返回材质编辑面板，显示"棋盘格参数"卷展栏，如图7-82所示。

`03` 使用后的效果如图7-83所示，该效果是设置"坐标"卷展栏中的"平铺"参数，其中 U/V 均为5。

图7-82 图7-83

3. Combustion（Combustion软件）

Combustion即 combustion 选项，可使用"绘图"或合成操作符创建材质，并依次对 3ds Max 场景中的对象应用该材质。 combustion 贴图可包括 Combustion 效果，并可为其设置动画。这种贴图不能被mental ray渲染器渲染。

4. "渐变"贴图

渐变贴图即 渐变 选项，该程序贴图能将3种不同的颜色或贴图进行自然连接，形成渐变效果，如表现场景背景等。

239

加载渐变贴图的具体步骤如下。

01 在"材质/贴图浏览器"对话框中双击 渐变 选项。

02 此时返回材质编辑面板，显示"渐变参数"卷展栏，如图7-84所示。

03 设置 颜色 2 位置 参数为0.5， 噪波 的 大小 为50，使用后的效果如图7-85所示。

图7-84   图7-85

5. "渐变坡度"贴图

渐变坡度贴图即 渐变坡度 选项，该程序贴图能将多种不同的色彩进行自然连接，不支持贴图间的渐变。

加载渐变坡度贴图的具体步骤如下。

01 在"材质/贴图浏览器"对话框中双击 渐变坡度 选项。

02 此时返回材质编辑面板，显示"渐变坡度参数"卷展栏，如图7-86所示。

03 使用后的效果如图7-87所示，该效果共有4种颜色进行渐变依次为红、淡红、淡黄、淡绿。

图7-86   图7-87

■ 渐变条：展示正被创建的渐变的可编辑表示。渐变的效果从左（始点）移到右（终点）。 默认情况下，三个▲图标依次是黑/灰/白。双击▲图标，在弹出的"颜色选择器"对话框中可改变颜色。拖动▲图标可以在渐变内调整它的颜色的位置。起始▲图标是不能移动的，但其他▲图标可以占用这些位置，而且仍然可以移动。

6. "漩涡"贴图

漩涡贴图即 漩涡 选项，该程序贴图可将两种颜色或图片混合成漩涡效果，其参数卷展栏如图7-88所示，该贴图常用于表现漩涡的贴图效果，如图7-89所示。

加载漩涡贴图的具体步骤如下。

01 在"材质/贴图浏览器"对话框中双击 漩涡 选项。

02 此时返回材质编辑面板，显示"漩涡参数"卷展栏，再进行参数设置即可。

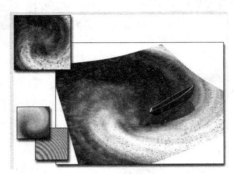

图7-88　　　　　　　　　　　　图7-89

7．"平铺"贴图

平铺贴图即平铺选项，该程序贴图可以不使用图片生成砖墙或房屋盖瓦的图案，其应用效果如图7-90所示。平铺贴图由"标准控制"卷展栏和"高级控制"卷展栏组成，如图7-91所示。

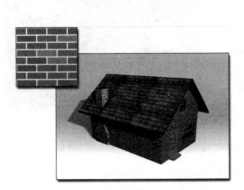

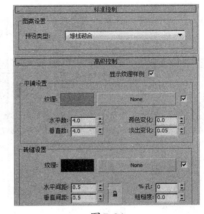

图7-90　　　　　　　　　　　　图7-91

加载平铺贴图的具体步骤如下。

01 在"材质/贴图浏览器"对话框中双击　平铺选项。

02 此时返回材质编辑面板，显示"标准控制"和"高级控制"卷展栏，加载纹理并在图案中使用颜色。

03 设置行和列的平铺数。

04 设置砖缝间距的大小以及其粗糙度。

05 在图案中应用随机变化。

06 通过移动来对齐平铺，以控制堆垛布局。

其中"预设类型"下拉框中可选择预置的各种砖墙类型，如图7-92所示，预设类型效果如图7-93所示，依次为"荷兰式砌合"、"英式砌合"、"堆栈砌合"、"堆栈砌合（Fine）"、"连续砌合（Fine）"。

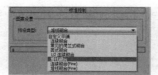

图7-92 　　　　　　　　　　　　　　图7-93

7.5.2　复合贴图

复合贴图能将几种贴图合成新的贴图，复合类型的贴图包括合成贴图、遮罩贴图、混合贴图和RGB倍增贴图。

1. 合成

合成贴图即 ██ 合成 选项，该程序贴图利用Alpha通道来合成贴图，所以被覆盖的贴图必须有Alpha通道，其参数设置大多在"合成层"卷展栏中，如图7-94所示，应用效果如图7-95所示。

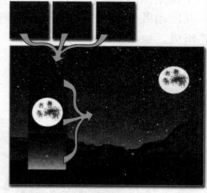

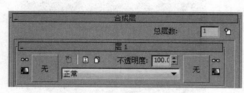

图7-94　　　　　　　　　　　　　　图7-95

2. 遮罩

遮罩贴图即 ▢ 遮罩 选项，该程序贴图使用蒙版贴图，可以透过一个"遮罩"贴图来看到另一个贴图。"遮罩"贴图中的白色区域是不透明的，显示的是原始贴图；其中黑色区域是透明的，显示的是它底层的贴图，其参数设置大多在"遮罩参数"卷展栏中，如图7-96所示，应用效果如图7-97所示。

图7-96　　　　　　　　　　　　　　图7-97

3. 混合

混合贴图即 混合 选项，该程序贴图可以将两种颜色或材质进行混合，并通过数值来调整透明度，或者作为蒙版，其参数设置大多在"混合参数"卷展栏中，如图7-98所示，应用效果如图7-99所示。

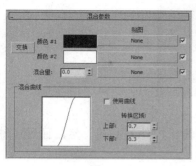

图7-98　　　　　　　　　　　　　图7-99

4. RGB倍增

RGB倍增贴图即 RGB倍增 选项，该程序贴图可通过为两个子贴图增加RGB值来合成新贴图，并使用每个贴图的Alpha通道合成贴图，以此保持每个贴图的饱和度，如果使用不同的图片，就起到混合彼此的RGB颜色值的作用。其参数设置大多在"RGB倍增参数"卷展栏中，如图7-100所示，应用效果如图7-101所示。

图7-100　　　　　　　　　　　　图7-101

7.5.3　色彩贴图

色彩贴图利用材质当中的颜色对贴图的色彩、亮度、饱和度等进行控制调节，避免来回于Photoshop等2D软件与3ds Max软件之间。包括"输出"贴图、"RGB染色"贴图和"顶点颜色"贴图等。

1. 输出

输出贴图即 输出 选项，该程序贴图可以将输出设置应用于没有这些设置的程序贴图，如方格或大理石。其主要的参数卷展栏如图7-102所示。

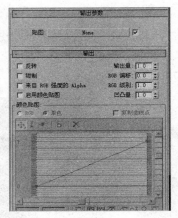

图7-102

输出贴图时在"输出参数"卷展栏选择应用输出控件的贴图。然后通过"输出参数"卷展栏进行色彩调整。

2．RGB染色

RGB染色贴图即 RGB染色 选项，该程序贴图是以RGB颜色为基础，调整图片的颜色，其参数卷展栏如图7-103所示，应用效果如图7-104所示。

图7-103

图7-104

3．顶点颜色

顶点颜色贴图即 顶点颜色 选项，该程序贴图应用于可渲染对象的顶点颜色，必须使用"可编辑面片"控制来指定顶点颜色，使用指定顶点颜色工具将是无效的。顶点颜色 贴图用于 漫反射颜色 贴图通道，参数卷展栏如图7-105所示，应用效果如图7-106所示。

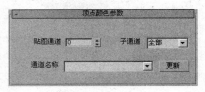

图7-105

图7-106

7.5.4 三维贴图

3D贴图属于三维程序贴图，是由数学算法生成的，通过该类贴图可避免位图的失真或分辨率的降低。

1．细胞

细胞贴图即 细胞 选项，该三维程序贴图用于表现各种视觉效果的细胞图案，包括马赛克平铺、鹅卵石表面和海洋表面。其参数设置大多在"细胞参数"卷展栏中，如图7-107所示，应用效果如图7-108所示。

图7-107

图7-108

2. 凹痕

凹痕贴图即 ▨凹痕 选项，该程序贴图类似于"位图"贴图通道的应用，能够在物体的表面上生成凹痕，主要用来表现柏油路、腐蚀的木头或金属、岩石等材质。其参数设置大多在"凹痕参数"卷展栏中，如图7-109所示，应用效果如图7-110所示。

图7-109

图7-110

3. 衰减

衰减贴图即 ▭衰减 选项，该程序贴图根据物体表面的角度和灯光的位置来表现白色和黑色的过渡，通常把"衰减"贴图用于不透明贴图通道，这样能对物体的不透明程度进行控制，其参数设置大多在"衰减参数"卷展栏中，如图7-111所示，应用效果如图7-112所示。

图7-111

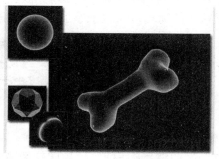

图7-112

4．大理石

大理石贴图即  大理石选项，该程序贴图针对彩色背景生成带有彩色纹理的大理石曲面。将自动生成第三种颜色。其参数设置大多在"大理石参数"卷展栏中，如图7-113所示，应用效果如图7-114所示。

图7-113   图7-114

5．噪波

噪波贴图即 噪波选项，它是3D贴图中最常使用的类型，使用两种颜色随机地修改物体的表面，可以表现水面或云彩等效果，与2D贴图中的"噪波"参数相同，但能够进行更加详细的设置，对应的参数在"噪波参数"卷展栏中进行设置如图7-115所示，应用效果如图7-116所示。

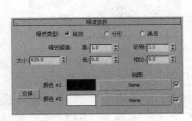

图7-115   图7-116

6．粒子运动模糊

粒子运动模糊贴图即 粒子运动模糊选项，该程序贴图也必须和粒子系统配合使用，根据粒子的运动，为粒子添加运动模糊的效果，其参数卷展栏如图7-117所示。

图7-117

7．烟雾

烟雾贴图即 烟雾选项，该程序贴图通常用于 不透明度贴图通道，可以随机生成的不规则的图案，产生烟雾效果。其参数设置大多在"烟雾参数"卷展栏中，如图7-118所示，应用效果如图7-119所示。

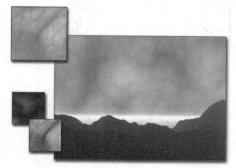

图7-118　　　　　　　　　　　　　图7-119

8．斑点

斑点贴图即 斑点 选项，该程序贴图用于给物体增添斑点或污点的效果，能够表现溅水的效果，但其更多地用于合成贴图，其参数设置大多在"斑点参数"卷展栏中，如图7-120所示，应用效果如图7-121所示。

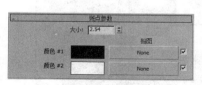

图7-120　　　　　　　　　　　　　图7-121

9．泼溅

泼溅贴图即 泼溅 选项，该贴图可以表现像颜料溅出一样的图案效果，通常用于 漫反射颜色 贴图通道中，其参数设置大多在"泼溅参数"卷展栏中，如图7-122所示，应用效果如图7-123所示。

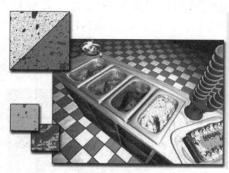

图7-122　　　　　　　　　　　　　图7-123

10．灰泥

灰泥贴图即 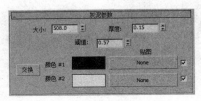灰泥选项，该程序贴图用于表现水泥墙壁或墙纸上的凹陷部分和污垢效果，它通常用于 凹凸 贴图通道，其参数设置大多在"灰泥参数"卷展栏中，如图7-124所示，应用效果如图7-125所示。

图7-124　　　　　　　　　　图7-125

11．波浪

波浪贴图即 波浪选项，该程序贴图可以创建水状外观或水波效果的贴图，用于 漫反射颜色 和 凹凸 贴图通道创建水面效果，也可以配合 不透明度 贴图通道使用，其参数设置大多在"波浪参数"卷展栏中，如图7-126所示，应用效果如图7-127所示。

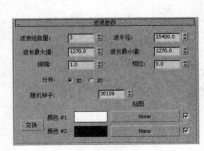

图7-126　　　　　　　　　　图7-127

12．木材

木材贴图即 木材选项，该程序贴图可以产生两种颜色的木材纹理，主要用于 漫反射颜色 和 凹凸 贴图通道，其参数设置大多在"木材参数"卷展栏中，如图7-128所示，应用效果如图7-129所示。

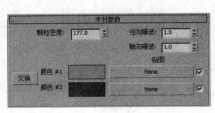

图7-128　　　　　　　　　　图7-129

248

7.5.5 其他贴图

□ 反射和□ 折射贴图通道使用的贴图类型有"平面镜"贴图、"光线跟踪"贴图、"反射/折射"贴图和"薄壁折射"贴图等。

1．平面镜

平面镜贴图即 ■ 平面镜选项，该程序贴图使用一组共面的表面来反射周围环境的物体，它使用在□ 反射贴图通道中，其参数设置大多在"平面镜参数"卷展栏中，如图7-130所示，应用效果如图7-131所示。

图7-130

图7-131

2．光线跟踪

光线跟踪贴图即 ■ 光线跟踪选项，该程序贴图可以进行最精确的反射和折射的计算，但渲染的时间也很长。其参数设置大多在"光线跟踪器参数"卷展栏中，如图7-132所示，应用效果如图7-133所示。

图7-132

图7-133

3．薄壁折射

薄壁折射贴图即 ■ 薄壁折射选项，该程序贴图用于模拟通过一块玻璃观看物体产生的折射效果，它会使折射的物体部分发生偏移。这可能得到一个与"反射/折射"贴图同样的效果，但是"薄壁折射"图耗费较少的时间和内存。其参数设置大多在"薄壁折射参数"卷展栏中，如图7-134所示，应用效果如图7-135所示。

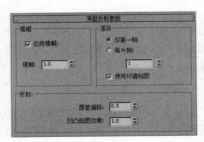

图7-134

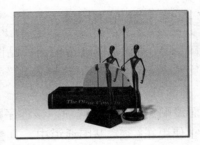

图7-135

7.6 贴图坐标

贴图坐标指定如何在几何体上放置贴图、调整贴图方向以及进行缩放。

贴图坐标通常以 U、V 和 W 指定，其中U是水平维度，V是垂直维度，W 是可选的第三维度，它指示深度。

通常，几何基本体在默认情况下会应用贴图坐标，但曲面对象（如"可编辑多边形"和"可编辑网格"）需要添加贴图坐标。

如果将贴图材质应用到没有贴图坐标的对象上，则渲染器显示一个警告。

3ds Max提供了多种用于生成贴图坐标的方式：

- 创建基本体对象时，请使用"生成贴图坐标"选项：此选项（对于大多数对象而言，在默认情况下此选项处于启用状态）自动提供贴图坐标，投影适用于对象类型的图形。贴图坐标需要额外的内存，因此，如果不需要的话，请禁用此选项。
- 应用"UVW展开"修改器：此功能强大的修改器提供了大量的工具和选项，可用于编辑贴图坐标。
- 应用UVW贴图修改器：您可以从多种类型的投影中选择；通过定位贴图Gizmo，自定义对象上贴图坐标的放置；然后设置贴图坐标变换的动画。

图7-136所示为花瓶上的装饰是通过旋转"UVW 贴图修改器"Gizmo而定位的贴图。

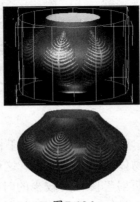

图7-136

在三种情况下，可以应用贴图而不指定贴图坐标：

（1）反射贴图、折射贴图和环境贴图

这些情况使用了环境贴图系统，其中贴图的放置基于渲染视图，并固定到场景中的世界坐标上。

（2）3D 程序贴图（如"噪波"或"大理石"）

这些是程序生成的，基于对象的局部轴。

（3）朝向贴图材质

几何体的每个面是单独进行贴图的。

7.6.1　UVW贴图坐标

一旦给三维物体赋予了贴图，它就包含"UVW 贴图"信息。UVW贴图编辑修改器用来控制物体的UVW贴图坐标，其"参数"卷展栏如图7-137所示，它提供了调整贴图坐标类型、贴图大小、贴图的重复次数、贴图通道设置和贴图的对齐设置等功能。

（a）参数设置面板1　　　　（b）参数设置面板2

图7-137

球体和长方体等基本体对象可生成它们自己的贴图坐标，也包括放样对象和NURBS 曲面，这些对象赋上材质进行渲染就能看到贴图，如果材质显示的是您希望的默认贴图显现方式，则不需要调整贴图。并且可在"坐标"卷展栏中，通过调整坐标参数，设置贴图的平铺、镜像、移动等参数来实现其他效果。

对于扫描、导入或手动构造的多边形或面片模型不具有贴图坐标系，也包括应用了"布尔"操作的对象，它们都可能丢失贴图坐标。这时可以通过给对像添加"UVW贴图"编辑修改命令来为其指定贴图坐标，调整贴图坐标类型、贴图大小、贴图的重复次数、贴图通道设置和贴图的对齐设置等，以便渲染出所需要的贴图效果，控制贴图坐标的参数。

提示

　　从 Autodesk Architectural Desktop 和 Autodesk Revit 导入或链接绘图仍保持由这些产品指定给对象的贴图坐标。

根据贴图投影到对象上的方式以及投影与对象表面交互的方式，贴图分为：
⊙ 平面、○ 柱形、○ 长方体、○ 球形、○ 收缩包裹几大方式。

1．平面贴图方式

平面贴图方式即在"参数"卷展栏中选择 ⊙ 平面选项，此时系统会从对象上的一个平面投影贴图，在某种程度上类似于投影幻灯片。应用效果如图7-138所示。

2．柱形贴图方式

柱形贴图方式即在"参数"卷展栏中选择 ⊙ 柱形选项，此时系统会从圆柱体投影贴图，使用它包裹对象。位图接合处的缝是可见的，除非使用无缝贴图。柱形贴图方式实用于形状为圆柱形的对象。应用效果如图7-139所示。

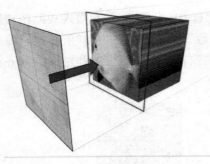

图7-138 图7-139

3．球形贴图方式

球形贴图方式即在"参数"卷展栏中选择 ⊙ 球形选项，此时系统会通过从球体投影贴图来包围对象。在球体顶部和底部，位图边与球体两极交汇处会看到缝和贴图奇点。球形投影用于基本形状为球形的对象。应用效果如图7-140所示。

4．收缩包裹贴图方式

收缩包裹贴图方式即在"参数"卷展栏中选择 ⊙ 收缩包裹选项，它与球形贴图不同之处在于使用球形贴图，但是它会截去贴图的各个角，然后在一个单独极点将它们全部结合在一起，仅创建一个奇点。而收缩包裹贴图用于隐藏贴图奇点。应用效果如图7-141所示。

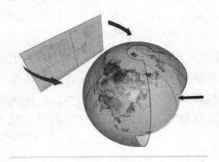

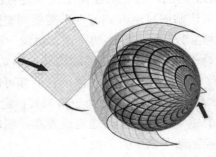

图7-140 图7-141

5．长方体贴图方式

长方体贴图方式即在"参数"卷展栏中选择 ⊙ 长方体选项，此时系统会从长方体的六个侧面投影贴图。每个侧面投影为一个平面贴图，且表面上的效果取决于曲面法线。从其法线几乎与其每个面的法线平行的最接近长方体的表面贴图每个面。应用效果如图7-142所示。

6．面贴图方式

面贴图方式即在"参数"卷展栏中选择 ☉ 面 选项，此时系统会对对象的每个面应用贴图副本。使用完整矩形贴图来贴图共享隐藏边的成对面。使用贴图的矩形部分贴图不带隐藏边的单个面。应用效果如图7-143所示。

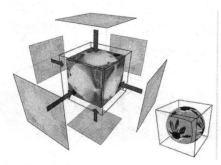
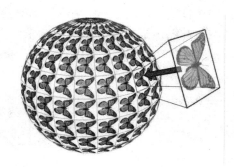

图7-142　　　　　　　　　　　图7-143

7．XYZ 到 UVW贴图方式

XYZ 到 UVW贴图方式即在"参数"卷展栏中选择 ☉ XYZ 到 UVW 选项，此时系统会将 3D 程序坐标贴图到 UVW 坐标。这会将程序纹理贴到表面。如果表面被拉伸，3D 程序贴图也被拉伸。应用效果如图7-144所示。

图7-144

> **提示**
>
> 如果在"材质编辑器"的"坐标"卷展栏中，将贴图的"源"设置为"显式贴图通道"。在材质和"UVW 贴图"修改器中使用相同贴图通道。

7.6.2　应用"UVW贴图"修改器

通过将贴图坐标应用于对象，"UVW贴图"修改器控制在对象曲面上如何显示贴图材质和程序材质。贴图坐标指定如何将位图投影到对象上。UVW坐标系与

XYZ坐标系相似。位图的U和V轴对应于X和Y轴。对应于Z轴的W轴一般仅用于程序贴图。可在"材质编辑器"中将位图坐标系切换到VW或WU，在这些情况下，位图被旋转和投影，以使其与该曲面垂直。

要应用"UVW贴图"修改器，请执行以下操作。

01 将贴图材质指定给对象。

02 在"修改"面板 → "修改器列表"上选择"UVW贴图"。

03 调整贴图参数。

默认情况下，"UVW贴图"修改器在贴图通道1上使用平面贴图。您可以更改贴图类型和贴图通道以满足您的需求。共有七种贴图坐标、九十九个贴图通道、平铺控件和控件可用于在"UVW贴图"修改器中调整贴图 Gizmo 的大小和方向。

提示

如果"UVW贴图"修改器应用于多个对象，"UVW贴图"Gizmo 将由选择定义，且得到的贴图将应用于所有对象。

7.7　动手实践

通过对材质编辑器、材质浏览器、材质类型以及材质的基本操作的学习后，接下来我们通过制作常用材质实例来进一步加深对材质的操作与应用。

7.7.1　制作不锈钢材质

不锈钢材质是制作效果图中最难表现的材质，它与周围环境有着密切的关系，其表现手法也多种多样，最常用的是选择 (M)金属 过滤类型，再通过添加光线跟踪反射贴图来模拟不锈钢的反射效果。下面我们将使用常用的方法来制作如图7-145所示效果的镜面不锈钢花瓶。

图7-145

操作步骤

01 打开配套光盘中的"源文件与素材/第7章/茶壶.max"文件，如图7-146所示。

02 按M键，打开材质编辑器对话框，选择1个没有编辑过的材质样本球命名为"不锈钢"，在 `明暗器基本参数` 卷展栏中的 `(M)金属` ▼ 选项，单击 `漫反射:`后面的颜色按钮，在弹出的"颜色选择器"对话框中设置颜色为浅灰色，`红:`、`绿:`、`蓝:`参数均为180，再设置 `反射高光` 栏中的参数值，材质样本球效果与参数如图7-147所示。

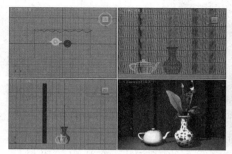
图7-146

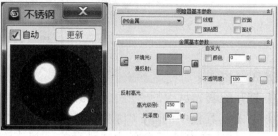
图7-147

03 单击 `贴图` 卷展栏中 □`反射` ………… 后面的 `None` 按钮，在弹出的"材质/贴图浏览器"对话框中双击 `光线跟踪` 选项，赋予反射光线跟踪贴图，单击 (转到父对象) 按钮，返回 `贴图` 卷展栏，结果如图7-148所示。

04 选中视图中的茶壶与花瓶物体，单击 (赋材质) 按钮，将材质赋给它，再按F9键，对摄像机视图进行渲染，结果如图7-149所示，镜面不锈钢材质的茶壶与此同时花瓶就做好了。

图7-148

图7-149

 提示

通过调整 `贴图` 卷展栏内的 ☑`反射` …… 的 `数量` 参数值，可控制不锈钢材质的反射强度，参数越小反射特性就越弱。

7.7.2 制作石材材质

为了表现真实的石材贴图纹理，通常是在"漫反射"贴图通道指定一个石材位图贴图，并在"反射"贴图通道指定光线跟踪程序贴图来表现石材的反射属性，下面将制作如图7-150所示的贴图效果，其中石材大小为800×800。

图7-150

操作步骤

01 打开配套光盘中的"源文件与素材/第7章/客厅.max"文件，如图7-151所示。

02 单击工具栏中的 ▧（材质编辑器）按钮，打开"材质编辑器"对话框，选择第1个材质样本球并命名为"地砖"，单击 漫反射 后面的 ▧ 按钮，在弹出的"材质/贴图浏览器"对话框中双击 ▧ 位图 选项，打开配套光盘中的"源文件与素材/第6章/材质/金花米黄.JPG"文件，如图7-152所示。

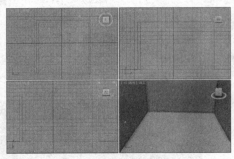

图7-151   图7-152

03 再单击 ▧（转到父对象）按钮，返回顶层材质编辑面板，设置 高光级别: 参数为114、光泽度: 参数为43，材质球与参数面板如图7-153所示。

图7-153

04 单击 贴图 卷展栏内的 ☐反射 ·········· 后面的 None 按钮，在弹出的"材质/贴图浏览器"对话框中双击 光线跟踪 选项，赋予反射光线跟踪贴图，单击 ▧（转到父对象）按钮，返回 贴图 卷展栏，设置☑反射 ·········· 的

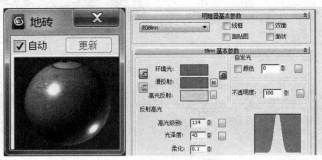

数量 参数为12，结果如图7-154所示。

05 按H键，打开"选择对象"对话框，选择 地面 选项，如图7-155所示，再单击
确定 按钮，选择该对象同时关闭对话框。

图7-154   图7-155

06 单击"材质编辑器"对话框中的 （赋材质）按钮，将材质赋给视图中选择的
地面对象，再单击 （显示贴图材质）按钮，在视图显示贴图效果如图 7-156 所示。

07 以上地面石材纹理过大，有失真现象，下面将通过为地面对象添加贴图坐标修
改命令来制作800×800的纹理效果。确认地面对象为选择状态，单击 （修
改）按钮，进入修改命令面板，选择 修改器列表 ▼ 下拉列表框中的
UVW 贴图 选项，添加贴图坐标命令，设置 长度:和 高度:参数均为800，如图7-157所
示，此时摄像机视图中显示石材贴图纹理。

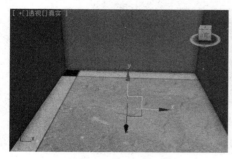

图7-156   图7-157

08 再按 F9 键，对摄像机视图进行渲染，结果如图 7-158 所示，这样地砖贴图就做
好了。

图7-158

7.7.3 制作多维子材质

下面将用多维子材质制作如图7-159所示的烛台材质，练习对象ID面的设置和材质ID设置。

图7-159

操作步骤

01 打开配套光盘中的"源文件与素材/第7章/烛台.max"文件，当前场景文件中的对象没有赋材质，如图7-160所示。

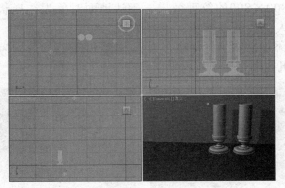

图7-160

02 在赋材质之前，我们先应设置对象的ID号，选择场景中任意一烛台对象，单击 （修改）按钮，进入修改命令面板，我们看到该对象只有 可编辑网格 命令层级，为可编辑网格对象，如图7-161所示，这样我们就可以直接设置对象的ID号了。

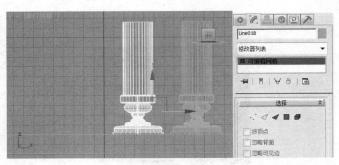

图7-161

提示

当对象不是可编辑网格则无法设置ID号，通常情况需要将其转换，其转换方法有两种：一种是在视图中选择对象后单击右键，选择弹出快捷菜单中的 转换为可编辑网格 选项即可，如图7-162所示。

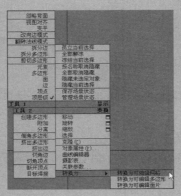

图7-162

第二种方法是在修改命令面板中为当前对象添加 编辑网格 修改命令来设置ID号，不同之处在于第一种方法将对象原始的操作命令全塌陷为一个"可编辑网格"命令，此时再也无法回到最初的命令层级对对象参数进行修改，而后者仅仅是在原始操作命令的基础上增加了一个"编辑网格"命令，此时仍然可回到最初的命令层级中修改对象参数，如图7-163所示的是采用两种不同方法将长方体物体转为可编辑网格的修改堆栈效果。

（a）对象原始命令　　（b）快捷菜单转为可编辑网格　　（c）添加"编辑网格"命令效果

图7-163

03 在修改命令面板中，单击 _____ 选择 _____ 卷展栏中的 ■ （多边形）按钮，在前视图中框选烛台底部造型，如图7-164所示，并在 _____ 曲面属性 _____ 卷展栏中设置 **ID:** 为1。

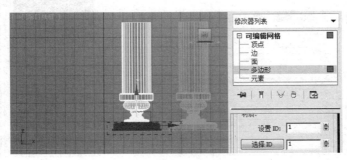

图7-164

04 在前视图中框选如图7-165所示的灯托面，并在 - ▊曲面属性▊ 卷展栏中设置 设置 ID: 为2。

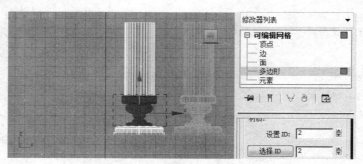

图7-165

05 确定ID2选择面为选择状态，按住Ctrl键，加选烛台顶座，再执行"编辑/反选"命令，反选顶部花朵造型面如图7-166所示，在 - ▊曲面属性▊ 卷展栏中设置 设置 ID: 为3。

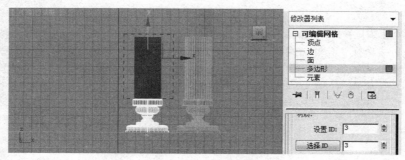

图7-166

06 下面设置材质ID号。按M键，打开"材质编辑器"对话框，选择一个没有用过的材质样本球，单击 Standard 按钮，在弹出的"材质/贴图浏览器"对话框中双击 ▊多维/子对象 选项，如图7-167所示。

07 此时材质类型变成多维材质类型，并在弹出的"替代材质"对话框中单击 确定 按钮，材质编辑面板如图7-168所示。

图7-167

图7-168

08 单击 设置数量 按钮，在弹出的"设置材质数量"对话框中，设置 材质数量 为3，此时子材质由系统默认的10个变为3个，如图7-169所示。

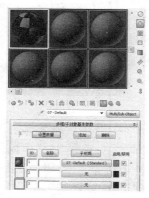

图7-169

提示

多维/子对象基本参数 卷展栏中的 ID 为材质ID， ID 下方的1、2、3分别表示三个材质样本球，且这3个材质样本球中的材质赋给对象时，系统会自动通过材质ID编辑号分配到对象对应的ID编号，即材质 ID 1对应对象中的设置 ID：1；材质 ID 2对应对象中的设置 ID：2；材质 ID 3对应对象中的设置 ID：3。

09 单击 多维/子对象基本参数 卷展栏中的 ID 1后的 07 - Default（Standard） 按钮，进入ID1材质编辑面板，单击 漫反射 后面的颜色按钮，在弹出的"颜色选择器"对话框中，设置颜色为黑色即 红 、绿 、蓝 ：均为0，如图7-170所示。

10 单击 确定(O) 按钮，返回材质编辑面板，设置 反射高光 栏的参数，如图 7-171 所示。

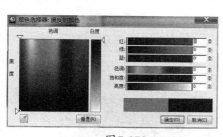

图7-170

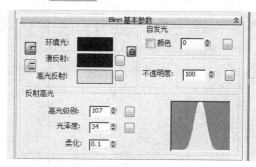

图7-171

11 设置好后，单击材质编辑面板中的 （转到父对象）按钮，返回顶层材质编辑面板，下面设置ID2的材质，单击 ID 2后 无 按钮，在弹出的对话框中双击 标准 选项，进入ID2材质编辑面板，设置明暗器为 (M)金属 ，单击 漫反射 后面的颜色按钮，在弹出的"颜色选择器"对话框中，设置颜色为白色即 红 、绿 、蓝 均为255，如图7-172所示。

12 单击 关闭 按钮，返回材质编辑面板，设置 反射高光 栏的参数，如图7-173所示。

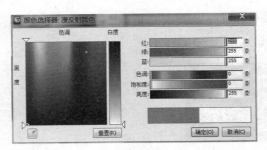

图7-172   图7-173

13 再进入 ▐ 贴图 ▌卷展栏，单击▢ 反射 .... 后面的 None 按钮，在弹出的"材质/贴图浏览器"对话框中双击 ▐ 光线跟踪 选项，赋予反射光线跟踪贴图，单击 ▓ （转到父对象）按钮，返回 ▐ 贴图 ▌卷展栏，设置 ☑ 反射 .... 的 数量 参数为50，结果如图7-174所示。

14 单击材质编辑面板中的 ▓ （转到父对象）按钮，返回顶层材质编辑面板，单击 ID 3后 ▐ 无 ▌按钮，在弹出的对话框中双击 ▐ 标准 选项，进入ID3材质编辑面板，单击 漫反射 后面的颜色按钮，在弹出的"颜色选择器"对话框中，设置颜色为红色即 红 为255、 绿 为0、 蓝 为0，如图7-175所示。

图7-174

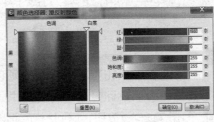

图7-175

15 单击 确定(O) 按钮，返回材质编辑面板，设置 反射高光 栏的参数，并设置 不透明度 为38， 自发光 参数为40，如图7-176所示。

16 单击材质编辑面板中的 ▓ （转到父对象）按钮，返回顶层材质编辑面板，此时材质样本球与材质面板如图7-177所示。

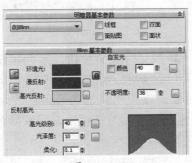

图7-176

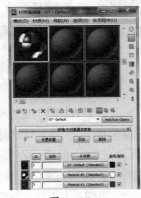

图7-177

17 选择视图中的烛台对象，单击"材质编辑器"对话框中的 🖼 （赋材质）按钮，将多维材质指定给对象，材质自动分配到指定的对象的ID面，在摄像机视图中的效果如图7-178所示。

18 再选择第二个烛台并将制作好的材质赋给它，由于两复制对象之间具有关联性，所以不需要重新设置第二个烛台的 ID 号，赋上材质后的效果如图 7-179 所示。

图7-178   图7-179

7.7.4   制作镂空贴图

在3ds Max场景中，可通过透明贴图方式制作透空贴图材质，如给场景添加人物、植物等，效果如图7-180所示。

图7-180

操作步骤

01 打开配套光盘中的"源文件与素材/第7章/客厅.Max"文件，如图7-181所示。

02 单击创建面板中的二维图形按钮，进入二维图形创建面板，单击 矩形 按钮，在前视图创建一个矩形，用于贴图用，位置与大小如图7-182所示。

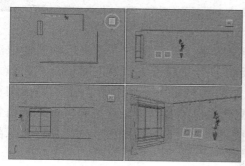
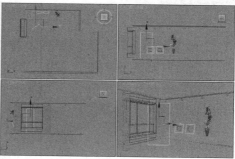

图7-181   图7-182

03 单击修改按钮，进入修改命令面板，选择 `修改器列表` 下拉列表框中的 `挤出` 选项，添加该修改命令，设置 `数量:` 参数为0，如图7-183所示。

图7-183

04 按 M 键，打开"材质编辑器"对话框，选择一个没有编辑过的材质样本球，并命名为"植物"。单击 `漫反射:` 后面的■按钮，在弹出的"材质/贴图浏览器"对话框中双击 `位图` 选项，打开配套光盘中的"源文件与素材/第7章/植物2.jpg"文件，单击■（转到父对象）按钮，此时各参数的设置与材质样本球的效果如图 7-184 所示。

05 选择创建的矩形，单击材质编辑面板中的■（赋材质）按钮，将材质赋给它，并对像机视图进行渲染，效果如图7-185所示。

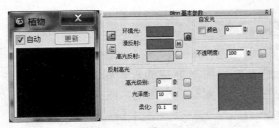

图7-184

图7-185

06 通过以上渲染，可以看到贴图没有镂空效果，下面将在"透明"贴图通道添加一个黑白贴图制作镂空效果。按M键，打开"材质编辑器"对话框，在名为"植物"的材质面板中单击 `不透明度` 后面的■按钮，在弹出的"材质/贴图浏览器"对话框中双击 `位图` 选项，打开配套光盘中的"源文件与素材/第7章/植物1.jpg"文件，单击■（转到父对象）按钮，此时各参数的设置与材质样本球的效果如图7-186所示。

07 此时，摄像机视图中的贴图产生镂空效果，如图7-187所示。

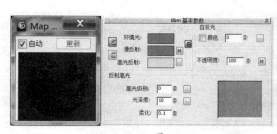

图7-186   图7-187

08 单击工具栏中的 ⟳（旋转）工具，在顶视图中将矩形沿 z 轴旋转一定角度，使
其正对镜头，并对摄像机视图进行渲染，结果如图 7-188 所示，这样镂空材质就
做好了。

图8-188

🛜 提示

制作透明贴图的材质的图片必须是两张图片，一张是实物图片，另一张是黑白图片，黑
色部分完全透明，白色部分保留图案，从而达到需要的透空效果，如图7-189所示。

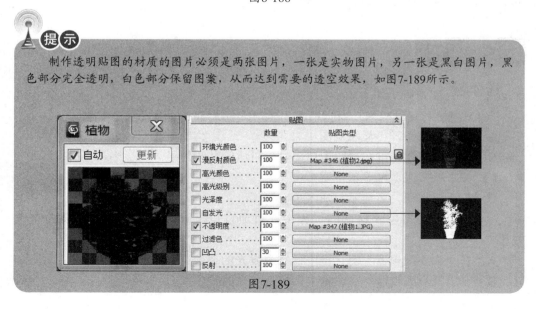

图7-189

提示

　　在创建透空材质时，应将 反射高光 栏中的 高光级别: 参数值设置为0，取消材质的高光设置，否则透明材质的透空区域同时会受到灯光的影响产生高光现象，这样材质没有透空的效果，如图7-190所示。

图7-190

本章小结

　　通过本章对3ds Max中的材质相关知识的学习，相信大家已经掌握了材质的基本操作以及常见材质的编辑与制作方法。在材质的学习中，重点掌握标准材质的创建方法，比如发光材质、双面材质、多维子材质以及透明材质的创建方法等。材质在建筑效果图表现、三维动画和场景中起作非常重要的作用，只有为三维模型和场景创建逼真的材质，才能模拟有生机和活力的真实世界。希望大家通过实战演练来掌握各种材质的制作与表现。

过关练习

1．选择题

　　（1）对"材质编辑器"对话框中的 图标解释正确的选项是＿＿。
　　A．按下该按钮，可显示贴图
　　B．按下该按钮，可在视图窗口中显示材质的贴图效果
　　C．按下该按钮，可显示材质
　　D．按下该按钮，可显示材质颜色
　　（2）在制作自发光材质的过程中，可通过以下哪些操作来制作材质的发光效果？＿＿
　　A．在"材质编辑器"对话框中调整自发光的参数
　　B．在"材质编辑器"对话框中调整自发光的颜色

C．在"材质编辑器"对话框中的 ▢ 自发光 ..... 栏添加位图贴图

D．在"材质编辑器"对话框中的 ▢ 光泽度 ..... 栏添加位图贴图

2．上机题

（1）本例将运用"位图"贴图制作衣柜木纹材质，主要练习在漫反射颜色通道上添加"位图贴图的方法与技巧"，完成后的最终效果如图7-191所示。

图7-191

操作提示：

01 打开配套光盘中的"源文件与素材/第7章/衣柜.max"文件。

02 在材质窗口中设置"Blinn基本参数"卷展栏中"漫反射"的颜色参数，如图7-192所示。

03 设置"漫反射"贴图。单击"贴图"卷展栏中"漫反射颜色"贴图通道右侧的 None 按钮，在弹出的"材质/贴图浏览器"对话框中选择"位图"选项，在弹出的"选择位图图像文件"对话框中找到并打开配套光盘中的"源文件与素材/第7章/木纹.jpg"文件，即可将选择的位图指定给"漫反射颜色"的贴图通道，如图7-193所示。

图7-192

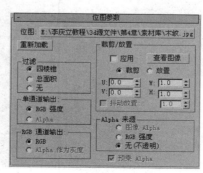

图7-193

04 将设置好的材质赋给"衣柜"对象，渲染透视图效果。

（2）本练习将使用"多维/子对象"类型材质制作花瓶材质，主要练习多维材质的设置方法与物体ID面的设置技巧，完成后的最终效果如图7-194所示。

图7-194

操作提示：

01 打开配套光盘中的"源文件与素材/第7章/酒瓶.max"文件，对酒瓶对象添加"编辑网格"修改命令，单击修改堆栈 ♀ 日 编辑网格 ■ 中的 —— 多边形 ■ 选项，利用 및 和 回 选择工具，选择酒瓶盖面，在"曲面属性"卷展栏设置当前选择面的ID号为1，用于后面制作瓶盖的材质，如图7-195所示。

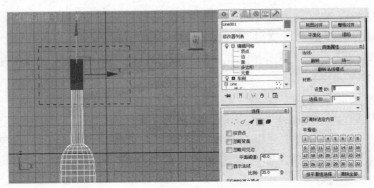

图7-195

02 选择酒瓶身，设置选面的ID号设置为2，用于制作后面酒瓶上的标签材质，如图7-196所示。

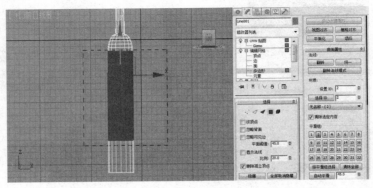

图7-196

03 选择中间面，然后设置 ID 号设置为 3，用于制作后面酒瓶材质，如图 7-197 所示。

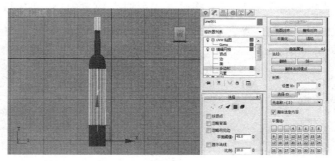

图 7-197

04 接下来制作酒瓶的材质。在材质编辑器中选择一个空白材质样本球，将材质类型设置为"多维/子对象"材质类型，然后再进入"多维/子对象基本参数"卷展栏，设置子材质的数量为3个，如图7-198所示。

05 进入ID号为1的子材质的参数面板，设置"漫反射"的颜色为酒红色，卷展栏中的其他参数设置如图7-199所示。

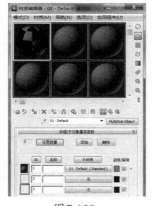

图 7-198   图 7-199

进入ID号为2的子材质的参数面板，并进入"贴图"卷展栏，为"漫反射"的贴图通道添加一个"位图"贴图，制作酒瓶标签，其参数与材质样本球效果如图7-200所示。

进入ID号为3的子材质的参数面板，设置"漫反射"颜色为黑色，制作酒瓶材质，其他参数设置如图7-201所示。

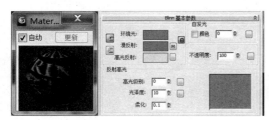

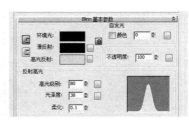

图 7-200   图 7-201

06 为了表现酒瓶表面的反射效果，进入"贴图"卷展栏，为"反射"的贴图通道添加一个"光线跟踪"材质类型并设置"反射"数量为15，如图7-202所示。

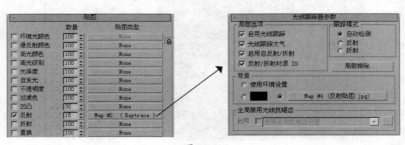

图7-202

07 在视图中选择"酒瓶"模型对象，将制作好的材质赋予给它，系统将自动进行材质ID号配对贴图。

提示

如果在视图中正确显示贴图的材质，我们还需要给对象添加贴图坐标修改命令。

第8章 灯光与摄影机

 学习目标

本章主要讲解灯光和摄影机的创建与编辑方法。具体内容包括3ds Max灯光的创建、灯光参数设置、摄影机的创建、灯光应用实例、摄影机动画等。

 要点导读

1. 认识3ds Max中的灯光类型
2. 灯光参数
3. 动手实践——制作通过窗子的光线
4. 动手实践——制作灯光阴影
5. 摄影机的类型
6. 摄影机的参数设置
7. 摄影机动画

 精彩效果展示

8.1 认识3ds Max中的灯光类型

灯光是创建真实世界视觉感受的最有效手段之一，合适的灯光不仅可以增加场景气氛，还可以表现对象的立体感以及材质的质感，如图8-1所示。

灯光不仅有照明的作用，更重要的是为营造环境气氛与装饰的层次感而服务，特别是在夜幕降临的时候，灯光会营造整个环境空间的节奏氛围，如图 8-2 所示效果。

图8-1   图8-2

灯光为场景几何体提供照明：它们可以从"舞台后面"照亮场景，或设计时多费点时间，也可以在场景本身中显示。标准灯光简单易用。光度学灯光更复杂，但可以提供真实世界照明的精确物理模型。"日光"和"太阳光"系统创建室外照明，该照明是基于日、月、年的位置和时间的模拟太阳光的照明。您可以设置天的时间动画以创建阴影研究。

在3ds Max 2012中，灯光类型分为标准灯光和光学度灯光两大类型。标准灯光简单易用。光度学灯光更复杂，但可以提供真实世界照明的精确物理模型。所有类型在视口中显示为灯光对象。它们共享相同的参数，包括阴影生成器。

在3ds Max 2012中，创建灯光的步骤很简单，具体操作步骤如下。

01 在创建面板上，单击灯光 按钮，如图8-3所示。

02 从 光度学 下拉列表中选择灯光类型选项，如图8-4所示。

图8-3   图8-4

03 在 对象类型 卷展栏中，单击要创建的灯光类型。

04 在要创建灯光的视图中适当的位置单击鼠标左键就可以创建一个灯光，对于有方向的灯光还要拖动鼠标，释放鼠标的位置为灯光的目标点。

05 创建好后，设置创建参数，并根据需要进行调整即可。

提示

灯光具有名称、颜色和"常规参数"卷展栏，更改灯光几何体颜色不会对灯光本身颜色产生影响。灯光创建好后，可以使用对象变换对灯光进行移动、旋转和缩放等操作，以满足场景的需求。

8.1.1 标准灯光

标准灯光是基于计算机的模拟灯光对象，如家用或办公室灯、舞台和电影工作时使用的灯光设备和太阳光本身。不同类型的灯光对象可用不同的方法投射灯光，模拟不同种类的光源。与光度学灯光不同，标准灯光不具有基于物理的强度值。使用标准灯光烘托气氛而非追求逼真效果的夜间场景，如图8-5所示。标准灯光创建命令面板如图8-6所示。

图8-5

图8-6

■ 目标聚光灯 、 自由聚光灯 ：是有方向的光源，类似电筒的光照效果。目标聚光灯有目标点，而自由聚光灯没有目标点，只能够整体地调整，灯光图标如图8-7所示，它们可以准确地控制光束大小，并且聚光灯的光照区域可以是矩形或圆形，当为矩形时可表现电影投影图像效果，如图8-8所示。

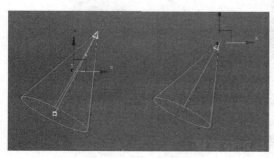
图8-7

图8-8

■ 目标平行光 、 自由平行光 ：是有方向的光源，并且光线互相平行。其光的发射类似于柱状的平行灯光。图标如图8-9所示。它的照射效果如图8-10所示。

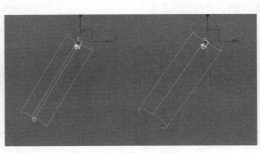

图8-9

图8-10

■ 泛光灯 是将光源以各个方向的方式进行平均照射，与现实生活中的烛光或灯泡的光效果相同。其灯光图标如图8-11所示，它的照射效果如图8-12所示。

图8-11

图8-12

■ 天光 按钮：该灯光能够模拟日照效果，图标如图8-13所示，天光效果如图8-14所示。

图8-13

图8-14

■ mr 区域泛光灯 、 mr 区域聚光灯 ：该灯光是mr渲染器中带的点光源灯。

 注意

标准的天光灯光与光度学日光灯光是截然不同的。天光灯光与光跟踪一起使用。

274

8.1.2 光学度灯光

光学度灯光是可以通过设置灯光的光度学值来模拟现实场景中的灯光效果。用户可以为灯光指定各种分布方式、颜色，还可以导入特定的光度学文件。它的创建命令面板如图8-15所示。

图8-15

注意

光度学灯光使用平方反比衰减、持续、衰减，并依赖于使用实际单位的场景。

- ：目标灯光具有可以用于指向灯光的目标子对象。采用球形分布、聚光灯分布以及 Web 分布的目标灯光的视口示意图，如图8-16所示。

图8-16

注意

当添加目标灯光时，3ds Max 会自动为其指定注视控制器，且灯光目标对象指定为"注视"目标。用户可以使用"运动"面板上的控制器设置将场景中的任何其他对象指定为"注视"目标。

- 自由灯光：用于模拟从一个点向四周发散的光照效果，相对应的图标如图8-15所示。它们各有3种类型的分布方式分别是 等向 ▼ 、 Web ▼ 、 聚光灯 ▼ 。

目标线光源 、 自由线光源：用于模拟从一条线向四周发散光照的效果，如日光灯管，相对应的图标采用球形分布、聚光灯分布以及 Web 分布的自由灯光的视口示意图如图8-17所示。用户可以通过使用变换瞄准它。

图8-17

- ：提供了一种"聚集"内部场景中的现有天空照明的有效方法，无须高度最终聚集或全局照明设置（这会使渲染时间过长）。实际上，门户就是一个区域灯光，从环境中导出其亮度和颜色。

提示

为使 mr Sky 门户正确工作，场景必须包含天光组件。此组件可以是 IES 天光、mr 天光，也可以是天光。

8.2 灯光参数

8.2.1 标准灯光与参数

几乎所有灯光都有"名称和颜色"卷展栏、"常用参数"卷展栏和"强度/颜色/衰减"卷展栏等。下面分别介绍常用灯光的常见参数的使用方法与技巧。

1. "名称和颜色"卷展栏

使用"名称和颜色"卷展栏可以更改灯光的名称和几何体。当使用许多灯光时，有必要更改灯光几何体的颜色。例如，在场景中使用不同类型的灯光，可以使所有的聚光灯变为红色，所有的泛光灯变为蓝色，这样可以很好地区分它们。

更改灯光几何体颜色不会对灯光本身颜色产生影响。可以通过其用于光度学灯光的"强度/颜色/衰减"卷展栏或用于标准灯光的"强度/颜色/衰减"卷展栏设置灯光发射的颜色。

"名称和颜色"卷展栏如图8-18所示。

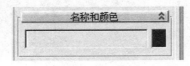

图8-18

- 名称：所选灯光的名称。

注意

当重命名目标类型灯光时，会重命名目标对象以与该灯光相匹配。

- 颜色：灯光几何体的颜色。这不会对灯光发射的颜色产生影响。

更改灯光名称与颜色的操作如下。

01 在场景中创建或选择灯光。

02 在"名称和颜色"卷展栏中，单击名称字段并输入新名称，然后按 Enter 键。该灯光名称已更改。

03 在"名称和颜色"卷展栏中，单击颜色按钮 ，在弹出的"对象颜色"对话框中选择一种需要的颜色。

04 颜色确定后，单击"确定"按钮即可。

提示

> 所有灯光类型（除了"天光"和"IES 天光"）和所有阴影类型都具有"阴影参数"卷展栏。使用该选项可以设置阴影颜色和其他常规阴影属性。

2. "常规参数"卷展栏

"常规参数"卷展栏的参数设置对所有类型的灯光都是通用的。通过该卷展栏可设置灯光的打开和关闭，设置灯光阴影的开启和关闭以及阴影的类型，还可以设置灯光排除或包括的对象以及改变灯光的类型等，其卷展栏如图8-19所示。

此"常规参数"卷展栏专用于标准灯光。这些控件用于启用和禁用灯光，并且排除或包含场景中的对象。

在"修改"面板上，"常规参数"卷展栏如图8-20所示。用于控制灯光的目标对象并将灯光从一种类型更改为另一种类型。

图8-19　　　　　　　　图8-20

（1）"灯光类型"组（"修改"面板）

■ ✓启用：启用和禁用灯光。该项为系统默认的勾选状态，即打开灯光照明。当取消勾选时，灯光图标在视图中以黑颜色显示表示照明被关闭。

■ 灯光类型列表：更改灯光的类型。如果选中标准灯光类型，可以将灯光更改为泛光灯、聚光灯或平行光。如果选中光度学灯光，可以将灯光更改为点光源、线光源或区域灯光。该参数仅用于"修改"面板。

■ 目标：启用该选项后，灯光将成为目标。灯光与其目标之间的距离显示在复选框的右侧。对于自由灯光，可以设置该值。对于目标灯光，可以通过禁用该复选框或移动灯光或灯光的目标对象对其进行更改。

（2）"阴影"组

■ □启用：决定当前灯光是否投影阴影。默认设置为不启用。当勾选该选项，灯光渲染后将产生阴影，如图8-21所示。

（a）没有开启阴影渲染效果　　　　　（b）开启阴影渲染效果

图8-21

- 阴影方法下拉列表：该下拉列表框用于选择灯光阴影的类型，在3ds Max 2012中产生的阴影有5种类型，包括"高级光线跟踪阴影"、"mental ray阴影贴图"、"区域阴影"、"阴影贴图"和"光线跟踪阴影"。不同的阴影类型产生的阴影也有所不同。

　　当启用阴影贴图并且阴影贴图类型为"阴影贴图"时，mental ray 渲染器试图将阴影贴图设置转换为 mental ray 阴影贴图的类似设置。在其他情况下，mental ray 渲染器生成光线跟踪阴影。

- 使用全局设置：启用此选项以使用该灯光投影阴影的全局设置。禁用此选项以启用阴影的单个控件。如果未选择使用全局设置，则必须选择渲染器使用哪种方法来生成特定灯光的阴影。

当启用"使用全局设置"后，切换阴影参数显示全局设置的内容。该数据由此类别的其他每个灯光共享。当禁用"使用全局设置"后，阴影参数将针对特定灯光。

- "排除"按钮：将选定对象排除于灯光效果之外。单击此按钮可以显示"排除/包含"对话框，如图8-22所示。

排除的对象仍在着色视口中被照亮。只有当渲染场景时排除才起作用。

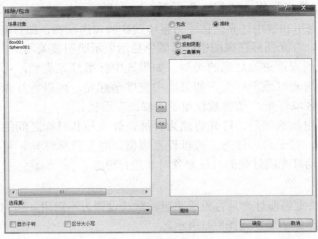

图8-22

3. "强度/颜色/衰减"卷展栏

"强度/颜色/衰减"卷展栏用于设置灯光的颜色、强度以及衰退，即近距衰减和远距衰减，

衰减是灯光的强度将随着距离的加长而减弱的效果。在 3ds Max 中可以明确设置衰减值。该效果与现实世界的灯光不同，它是您获得对灯光淡入或淡出的更直接控制方式。

注意

如果没有衰减，则当它远离光源时，将荒谬地显示一个对象以使其变得更亮。这是因为该对象的大多数面的入射角更接近0度。

"强度/颜色/衰减"卷展栏如图8-23所示。

图8-23

■ 倍增：用来设置灯光的照射强度，一般默认为1，当大于1时，增加亮度，小于1时减小亮度，为负值时发出暗光，使场景变暗，如图8-24所示。

（a）"倍增"值小于1渲染效果　　　（b）"倍增"值等于2渲染效果

图8-24

使用该参数增加强度可以使颜色看起来有"烧坏"的效果。它也可以生成颜色，该颜色不可用于视频中。通常，将"倍增"设置为其默认值 1.0，特殊效果和特殊情况除外。高"倍增"值会冲蚀颜色。例如，如果将聚光灯设置为红色，之后将其"倍增"增加到 10，则在聚光区中的灯光为白色并且只有在衰减区域的灯光为红色，其中并没有应用"倍增"。

负的"倍增"值导致"黑色灯光"。即灯光使对象变暗而不是使对象变亮。

■ 颜色样本框：设置灯光的颜色，单击颜色按钮，弹出"颜色选择器"对话框，如图8-25所示，把颜色设置成红色，渲染透视图，其结果如图8-26所示。

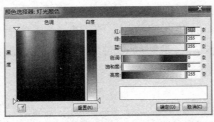
图8-25

图8-26

（1）"衰退"组

"衰退"是使远处灯光强度减小的另一种方法。

■ 类型：选择要使用的衰退类型。有"无"、"倒数"、"平方反比"三种类型可选择。

■ 无（默认设置）：不应用衰退。从其源到无穷大灯光仍然保持全部强度，除非启用远距衰减。

■ 倒数：反向应用反向衰退。公式亮度为 R0/R，其中R0为灯光的径向源（如果不使用衰减），为灯光的"近距结束"值（如果不使用衰减）。R为与R0照明曲面的径向距离。

■ 平方反比：应用平方反比衰退。该公式为 $(R0/R)^2$。实际上这是灯光的"真实"衰退，但在计算机图形中可能很难查找，这是光度学灯光使用的衰退公式。

提示

如果"平方反比"衰退使场景太暗，可以尝试使用"环境"面板来增加"全局照明级别"值。

衰退开始的点取决于是否使用衰减：

■ 如果不使用衰减，则光源处开始衰退。

■ 使用近距衰减，则从近距结束位置开始衰退。

建立开始点之后，衰退遵循其公式到无穷大，或直到灯光本身由"远距结束"距离切除。换句话说，"近距结束"和"远距结束"不成比例，否则影响衰退灯光的明显坡度。

提示

由于随着灯光距离的增加，衰退继续计算越来越暗值，最好设置衰减的"远距结束"以消除不必要的计算。

（2）"近距衰减"组

■ 开始：设置灯光开始淡入的距离。

■ 结束：设置灯光达到其全值的距离。

■ 使用：启用灯光的近距衰减。

■ 显示：在视口中显示近距衰减范围设置。对于聚光灯，衰减范围看起来好像圆锥体的镜头形部分。对于平行光，范围看起来好像圆锥体的圆形部分。对于启用"泛光化"的泛光灯和聚光灯或平行光，范围看起来好像球形。默认情况下，"近距开始"为深蓝色并且"近距结束"为浅蓝色。

注意

当选中一个灯光时，该衰减范围始终可见，因此在取消选择该灯光后清除该复选框才会有明显效果。

（3）"远距衰减"组

设置远距衰减范围可有助于大大缩短渲染时间。

如果场景中存在大量的灯光，则使用"远距衰减"可以限制每个灯光所照场景的比例。例如，如果办公区域存在几排顶上照明，则通过设置"远距衰减"范围，可在处于渲染接待区域而非主办公区域时，保持无须计算灯光照明。再如，楼梯的每个台阶上可能都存在隐藏的灯光，如同剧院所布置的一样。将这些灯光的"远距衰减"值设置为较小的值，可在渲染整个剧院时无须计算它们各自（忽略）的照明。

■ 开始：设置灯光开始淡出的距离。
■ 结束：设置灯光减为0的距离。
■ 使用：启用灯光的远距衰减。
■ 显示：在视口中显示远距衰减范围设置。对于聚光灯，衰减范围看起来好像圆锥体的镜头形部分。对于平行光，范围看起来好像圆锥体的圆形部分。对于启用"泛光化"的泛光灯和聚光灯或平行光，范围看起来好像球形。默认情况下，"远距开始"为浅棕色并且"远距结束"为深棕色。

注意

当选中一个灯光时，该衰减范围始终可见，因此在取消选择该灯光后清除该复选框才会有明显效果。

当对于远距衰减设置"使用"时，在其源处的灯光使用由其颜色和倍增控件指定的值。当从源到"开始"指定的距离处仍然保留该值，然后在"结束"指定的距离处该值减为0。将衰减添加到场景中的效果对比如图8-27所示。

图8-27

4．"聚光灯参数"卷展栏

当创建或选择目标聚光灯或自由聚光灯时，将显示"聚光灯参数"卷展栏，如图8-28所示。

图8-28

■ ☐ 显示光锥：显示光线照明范围的形状。

注意

当选中一个灯光时，该圆锥体始终可见，因此当取消选择该灯光后清除该复选框才有明显效果。

■ ☐ 泛光化：可将聚光灯作为泛光灯来用。它向四周投射光线，仍将投影和阴影限制在散光区范围以内，如图8-29所示。

（a）没有勾选"泛光化"复选框的效果　　　（b）勾选"泛光化"复选框后的效果

图8-29

■ 聚光区/光束/衰减区/区域：用于设置聚光区与衰减区的光束范围，即调整灯光圆锥体的角度。聚光区值以度为单位进行测量。默认设置为 43.0。调整灯光衰减区的角度。衰减区值以度为单位进行测量。默认设置为 45.0。当两者参数为25、27很接近时，聚光灯的光照效果如图8-30所示，当光聚光区参数为20，衰减区参数为40，两者之间存在倍数关系时，效果如图8-31所示。

图8-30　　　　　　　　　　　　　图8-31

■ ◉ 圆 / ○ 矩形：用于设置光束的形状，系统默认选项为 ◉ 圆 选项，当选择

 矩形选项时，聚光灯的光束为矩形，可在纵横比栏中设置参数，面板参数如图8-32所示，应用效果如图8-33所示。

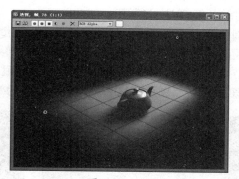

图8-32　　　　　　　　图8-33

- 纵横比：设置矩形光束的纵横比。使用"位图适配"按钮可以使纵横比匹配特定的位图。默认设置为1.0。
- 位图拟合：如果灯光的投影纵横比为矩形，应设置纵横比以匹配特定的位图。当灯光用作投影灯时，该选项非常有用。

5．"平行光参数"卷展栏

当创建或选择目标平行光或自由平行光时，显示"平行光参数"卷展栏，如图8-34所示。

 提示

"平行光参数"卷展栏与"聚光灯参数"卷展栏的各项参数相同，这里就不再介绍了。

6．"高级效果"卷展栏

"高级效果"卷展栏提供影响灯光和影响曲面方式的控件，也包括很多微调和投影灯的设置，如图8-35所示。

可以通过选择要投射灯光的贴图，使灯光对象成为一个投影，如图8-36所示。投影的贴图可以是静止的图像或动画。

图8-34　　　　　图8-35　　　　　图8-36

如果场景中包含动画位图（包括材质、投影灯、环境等），则每个帧将一次重新加载一个动画文件。如果场景使用多个动画，或者如果动画是大文件，则这样做

283

将降低渲染性。

在"高级效果"卷展栏中设置怎样影响对象的表面和灯光如何投射贴图。它有两个选项组 影响曲面 和 投影贴图 ，如图8-35所示。

- 对比度 ：设置最亮区域和最暗区的对比度，取值范围是0～100，调整曲面的漫反射区域和环境光区域之间的对比度。普通对比度设置为0。增加该值即可增加特殊效果的对比度：例如，外部空间刺眼的光。默认设置是0.0。图8-37所示是值为0的效果图，图8-38所示是值为100的效果图。

图8-37   图8-38

- 柔化漫反射边 ：该参数用于设置灯光边缘的淡化情况，值越小则越淡化，默认值为50。图8-39所示是值为0时的效果图，图8-40所示是值为100时的效果。

图8-39   图8-40

- ☑ 漫反射 ：启用此选项后，灯光将影响对象曲面的漫反射属性。禁用此选项后，灯光在漫反射曲面上没有效果。默认设置为启用。
- ☑ 高光反射 ：启用此选项后，灯光将影响对象曲面的高光属性。禁用此选项后，灯光在高光属性上没有效果。默认设置为启用。例如，通过使用"漫反射"和"高光反射"复选框，可以拥有一个灯光颜色对象的反射高光，而其漫反射区域没有颜色，然后拥有第二种灯光颜色的曲面漫反射部分，而不创建反射高光。
- ☐ 仅环境光 ：启用此选项后，灯光仅影响照明的环境光组件。这样使您可以对场景中的环境光照明进行更详细的控制。启用"仅环境光"后，"对比度"、"柔化漫反射边缘"、"漫反射"和"高光反射"不可用。默认设置为禁用状态。在视口中"仅环境光"的效果不可见。仅当渲染场景时才显示，如图8-41所示。
- ☐ 贴图 ：该按钮用于加载贴图。在投影图像里加一张贴图后，渲染透视图的效果如图8-42所示（A：仅影响高光反射； B：仅影响漫反射；C：仅影响环境光）。

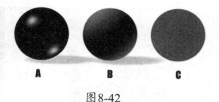

图8-41   图8-42

7. "阴影参数"卷展栏

所有灯光类型（除了"天光"和"ES 天光"）和所有阴影类型都具有"阴影参数"卷展栏。使用该选项可以设置阴影颜色和其他常规阴影属性。图8-43所示为由太阳光投影的桥阴影。

"阴影参数"卷展栏用于设置灯光的阴影密度、颜色或添加阴影贴图等，可以模拟现实生活中任何特殊阴影的效果，其卷展栏如图8-43所示，下面介绍其中参数的意义。

图8-43

（1）"对象阴影"选项组

- **颜色**：单击后面的颜色样本框，将打开"颜色选择器"对话框，如图8-44所示，通过该对话框可设置阴影的颜色，系统默认为黑色。当设置阴影颜色为红色时，效果如图8-45所示。

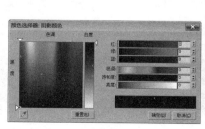

图8-44   图8-45

- **密度**：设置灯光阴影的密度，其参数为默认值1时阴影变暗，参数小于1时阴影变亮，如图8-46所示。强度可以有负值，使用该值可以帮助模拟反射灯光的效果。白色阴影颜色和负"密度"渲染黑色阴影的质量没有黑色阴影颜色和正"密度"渲染的质量好。

（a）密度=1时的阴影效果　　　　　　（b）密度=0.5时的阴影效果

图8-46

■ ☑ 贴图：将贴图指定给阴影。贴图颜色与阴影颜色混合起来。默认设置为"否"。贴图前的复选框用来打开或关闭该阴影贴图。当打开并指定贴图后，默认设置为禁用状态。图8-47所示为方格贴图用于更改钢琴投影的阴影。

■ ☐ 灯光影响阴影颜色：启用此选项后，将灯光颜色与阴影颜色（如果阴影已设置贴图）混合起来。默认设置为禁用状态。

（2）"大气阴影"选项组

使用这些控件可以让大气效果投射阴影，图8-48所示是城市中云彩投射的彩色阴影效果。

图8-47　　　　　　　　　　　图8-48

■ ☐ 启用：启用此选项后，大气效果如灯光穿过他们一样投射阴影。默认设置为禁用状态。

🔔 注意

　　此控件与法线"对象阴影"的启用切换无关。灯光可以投影大气阴影，但不能投影法线阴影，反之亦然。它可以投影两种阴影，或两种阴影都不投影。

■ 不透明度：设置大气阴影的透明度。其参数越低阴影越透明，反之则阴影越清晰。

■ 颜色量：该参数专门针对由物体阴影与大气阴影相混合生成的阴影区域，设置其两者之间阴影颜色的混合度。

8. "阴影贴图参数"卷展栏

当在 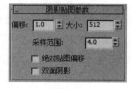 卷展栏中选择 阴影贴图 ▼ 阴影类型后，将出现 阴影贴图参数 卷展栏，如图 8-49 所示。该卷展栏中的参数主要用来控制投射阴影的质量。扫描线渲染器和 mental ray 渲染器均支持"阴影贴图"阴影。

- **偏移**：设置贴图阴影与投射阴影对象之间的偏离距离。
- **大小**：设置阴影贴图的尺寸，其单位为像素。
- **采样范围**：设置灯光阴影贴图的模糊程度。
- **□绝对贴图偏移**：勾选该复选框时，依据场景中的所有对象设置其阴影贴图的偏移范围；未勾选时，只在场景中相对于对象偏移。
- **□双面阴影**：启用此选项后，计算阴影时背面将不被忽略。从内部看到的对象不由外部的灯光照亮。禁用此选项后，忽略背面，这样可使外部灯光照明室内对象。默认设置为启用。如果未选定"双面阴影"，则切片球体内的面并不投影阴影，如图8-50所示。注意：mental ray 渲染器会忽略此设置，并始终呈现双面阴影

图8-49   图8-50

 注意

将光度学灯光与阴影贴图一起使用时，将为整个灯光球体创建半球形阴影贴图。要捕捉复杂场景中的足够细节，贴图的分辨率必须非常高。要想获得光度学灯光的最佳效果，请使用光线跟踪阴影，而不要使用阴影贴图。

9. "光线跟踪阴影参数"卷展栏

当在常规参数卷展栏中选择 光线跟踪阴影 ▼ 阴影类型后，将出现 光线跟踪阴影参数 卷展栏，如图8-51所示，该卷展栏用于设置光线跟踪阴影的部分参数。

- **光线偏移**：设置阴影与投射阴影对象之间的偏离距离。
- **□双面阴影**：勾选该复选框，在计算阴影时同时考虑背面阴影，此时物体内部不被灯光照亮，会耗费更多渲染时间。
- **最大四元树深度**：设置光线跟踪的最大深度值。

10. "高级光线跟踪阴影参数"卷展栏

高级光线跟踪阴影与光线跟踪阴影相似，但是它对阴影具有较强的控制能力，在"优化"卷展栏中可使用其他控件。高级光线跟踪阴影由区域灯光投影，效果如图8-52所示。

mental ray 渲染器不支持"高级光线跟踪"阴影。当它遇到具有此阴影类型的灯光时，会改为生成光线跟踪阴影，并为该效果显示警告。

当在常规参数卷展栏中选择 阴影类型后，将出现  卷展栏，如图8-53所示，其提供了更多设置光线跟踪阴影的参数。

图8-51　　　　　　　　图8-52　　　　　　　　图8-53

- ■ 双过程抗锯齿 ：在该下拉列表框中可选择产生阴影的光线跟踪类型。3ds Max 2012提供了 简单 、 单过程抗锯齿 和 双过程抗锯齿 3种类型。 简单 即以简单光线投射到表面； 单过程抗锯齿 即以单过程抗锯齿； 双过程抗锯齿 即以两束实行了反走样光线投射到表面。
- ■ 双面阴影 ：勾选该复选框，在计算阴影时同时考虑背面阴影，此时物体内部不被灯光照亮，会耗费更多渲染时间。如图8-54所示是选择"双面阴影"前后的效果。

（a）未勾选"双面阴影"复选框的效果　　（b）勾选"双面阴影"复选框后的效果

图8-54

- ■ 阴影完整性：设置从光源点投射到表面的光线数量。
- ■ 阴影质量：设置从光源点投射到表面的第二束光线数量。
- ■ 阴影扩散：设置反走样边缘的模糊半径。
- ■ 阴影偏移：设置发射光线的对象到产生阴影的点之间的最小距离。
- ■ 抖动量：设置光线位置的随机参数。

11. "区域阴影"卷展栏

"区域阴影"生成器可以应用于任何灯光类型来实现区域阴影的效果。为了创建区域阴影，用户需要指定创建"虚设"区域阴影的虚拟灯光的尺寸。

> 区域阴影可以花费相当数量的时间进行渲染。如果要创建快速测试（或草图）渲染，可以使用"渲染设置"对话框的"公用参数"卷展栏中的"区域/线光源视作点光源"切换选项，以便加快渲染速度。该切换处于启用状态时，处理阴影就好像灯光对象是点源一样。

区域阴影创建柔化边缘，当距离在对象和阴影之间增加时，该柔化边缘更明显，如图8-55所示（A：半影（软区域）；B：阴影）。

当在常规参数卷展栏中选择 区域阴影 ▼ 类型后，将出现 - 区域阴影 卷展栏，如图8-56所示。该卷展栏可设置区域阴影的参数。

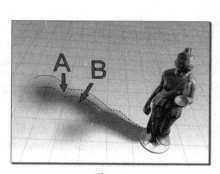

图 8-55

图 8-56

■ 长方形灯光 ▼：在该下拉列表框可选择区域阴影的产生方式。3ds Max 2012提供了 简单 、 长方形灯光 、 圆形灯光 、 长方体形灯光 和 球形灯光 共5个选项。简单 即以简单光线投射到表面。长方形灯光 即以矩形的方式将光线投射到表面；圆形灯光 即以圆角的方式将光线投射到表面；长方体形灯光 即以立方体的方式将光线投射到表面；球形灯光 即以球体的方式投射到表面。

■ 双面阴影：勾选该复选框，在计算阴影的同时考虑背面阴影，此时物体内部未被灯光照亮，会耗费更多渲染时间。

■ 阴影完整性：设置从光源点投射到表面的光线数量。

■ 阴影质量：设置从光源点投射到半阴影区域内的光线数量。

■ 采样扩散：设置反走样边缘的模糊半径。

■ 阴影偏移：设置发射光线的对象到产生阴影的点之间的最小距离。

■ 抖动量：设置光线位置的随机参数。

■ 区域灯光尺寸 选项组：用于设置计算区域阴影的虚拟光源尺寸，不影响实际的光源大小。

mental ray 渲染器不支持"区域"阴影。当它遇到具有此阴影类型的灯光时，会改为生成光线跟踪阴影，并为该效果显示警告。当mental ray渲染器不使用"区域"阴影类型时，它可以生成区域阴影：使用设置为灯光图形而非"点"的光度学灯光。

注意

使用区域灯光时，尽力使灯光的属性与"区域阴影"卷展栏的"区域灯光尺寸"组的属性相匹配。

12. "大气和效果"卷展栏

使用"大气和效果"卷展栏可以指定、删除、设置大气的参数和与灯光相关的渲染效果。此卷展栏仅出现在"修改"面板上，它不在创建时间内出现。

添加与大气或灯光对象效果相关的大气或效果。此卷展栏是"环境和效果"对话框上的"环境"面板或"效果"面板快捷键。

"大气和效果"卷展栏如图8-57所示，该卷展栏可添加、删除以及设置大气效果。

■ **添加**：单击该按钮，打开"添加大气或效果"对话框，可在该对话框中添加**体积光**和**镜头效果**，如图8-58所示。

图8-57　　　　　　　　　　图8-58

■ **删除**：删除列表框中所选定的大气效果。

■ **设置**：选择添加的"体积光"或"镜头效果"选项，再单击该按钮，将打开"环境和数量"对话框，在列表框中可以对添加的"体积光"或"镜头效果"进行参数设置，如图8-59所示。

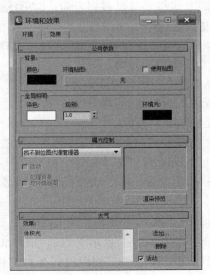

图8-59

13. "mental间接照明"卷展栏

"mental 间接照明"卷展栏提供了使用mental ray渲染器照明行为的控件。该卷展栏上的设置对使用默认扫描线渲染器或高级照明（光跟踪器或光能传递解决方案）进行的渲染没有影响。这些设置控制生成间接照明时的灯光行为，即焦散和全局照明。

提示

> 此卷展栏不出现在"创建"面板上。默认情况下，每个灯光使用位于"渲染设置"对话框→"间接照明"面板→"焦散和全局照明"卷展栏的"灯光属性"组中的全局设置。这样在场景中可以更加方便地一次性地调整所有灯光。如果需要调整指定的灯光，可以使用能量和光子的倍增控件。通常，很少需要禁用"使用全局设置"和指定间接照明用的局部灯光设置。

"mental 间接照明"卷展栏如图8-60所示。

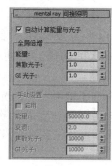

图8-60

■ 自动计算能量与光子：启用此选项后，灯光使用间接照明的全局灯光设置，而不使用局部设置。默认设置为启用。当此切换处于启用状态时，只有"全局倍增"组的控件可用。

（1）"全局倍增"组

■ 能量：增强全局"能量"值以增加或减少此特定灯光的能量。默认设置为1.0。

■ 焦散光子：增强全局"焦散光子"值以增加或减少用此特定灯光生成焦散的光子数量。默认设置为1.0。

■ GI 光子：增强全局"gi 光子"值以增加或减少用此特定灯光生成全局照明的光子数量。默认设置为1.0。

（2）"手动设置"组

当"自动计算能量与光子"处于禁用状态时，"全局倍增"组不可用，如图8-61所示。而用于间接照明的手动设置可用。

图8-61

- **启用**：当启用此选项后，灯光可以生成间接照明效果。默认设置为禁用状态。
- **过滤色**：单击可以显示颜色选择器并选择过滤光能的颜色。默认设置为白色。
- **能量**：设置光能。能量，或称为"通量"，是间接照明中使用的光线数量。每个光子携带部分光能。该值与灯光的颜色和"倍增"决定的光强度相互独立，因此可以使用"能量"值对间接照明效果进行微调，而不会更改灯光在场景中的其他效果（例如提供漫反射照明）。默认设置为50000.0。
- **衰退**：当光子移离光源时，指定光子能量衰退的方式。范围=0.0 ～ 100.0。默认值=2.0（平方反比；通过物理方式校正衰减区）。 此值作为指数应用于 (r) 在光源与间接照明点之间的距离，根据公式1/r[decay]计算该照明点的能量，并且调整 GI 解决方案。最常用的值为：
  - ◆ 0.0（不衰退）能量不衰退，光子可以为整个场景提供等量的间接照明。
  - ◆ 1.0（反值）能量以线性衰退的方式适当衰退到灯光的距离。即，光子的能量是 1/r，其中 r 为离开光源的距离。
  - ◆ 2.0（平方反比）能量以平方反比速率衰减。即光子的能量与离开光源的距离 (r) 的平方成反比 (1/r2)。

    在现实世界中，灯光以平方反比速率衰退，只有在为灯光的能量提供真实值时，才能模拟产生真实的结果。其他"衰退"值可以帮助调节间接照明，而无须考虑物理的准确性。
- **焦散光子**：此设置用于焦散的灯光所发射的光子数量。这是用于焦散的光子贴图中使用的光子数量。增加此值可以增加焦散的精度，但同时增加内存消耗和渲染时间。减小此值可以减少内存消耗和渲染时间，用于预览焦散效果时非常有用。默认设置为 10000。
- **GI 光子**：此设置用于全局照明的灯光所发射的光子数量。这是用于全局照明的光子贴图中使用的光子数量。增加此值可以增加全局照明的精度，但同时增加内存消耗和渲染时间。减小此值可以减少内存消耗和渲染时间，用于预览全局照明效果时非常有用。默认设置为 10000

14． "mental间接照明"卷展栏

使用"mental ray 灯光明暗器"卷展栏可以将mental ray明暗器添加到灯光中。当使用mental ray渲染器进行渲染时，灯光明暗器可以改变或调整灯光的效果。

注意

此卷展栏不出现在"创建"面板上；只出现在"修改"面板上，如图8-62所示。

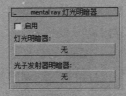

图8-62

- **启用**：启用此选项后，渲染使用指定给此灯光的灯光明暗器。禁用此选项后，

明暗器对渲染没有任何影响。默认设置为禁用状态。
- 灯光明暗器：单击该按钮可以显示材质/贴图浏览器，并选择一个灯光明暗器。一旦您选定了一个明暗器，其名称将出现在按钮上。聚光灯、点光源、无线光、环境光/反射阻光等是3ds Max提供的灯光明暗器。
- 光子发射器明暗器：单击该按钮可以显示材质/贴图浏览器，并选择一个明暗器。一旦您选定了一个明暗器，其名称将出现在按钮上。

 注意

3ds Max未提供任何光子发射器明暗器。该选项用于那些能够通过其他明暗器库访问光贴图明暗器或自定义明暗器代码的用户。

8.2.2 光度学灯光参数

光度学灯光的参数面板与标准灯光基本相同，相者之间有很多相同的卷展栏，这里主要介绍光度学灯光的特定参数卷展栏。

1．"模板"卷展栏

通过"模板"卷展栏，您可以在各种预设的灯光类型中进行选择，如图 8-63 所示。

图8-63

通常，在为新场景（而不是使用现有的 3ds Max 场景）创建灯光时，建议您执行以下操作之一：
- 从模型列表中选择灯光。
- 从照明灯具生产商的网站下载灯光说明。请参阅Web分布（光度学灯光）。
- 使用模型自带的灯光，此类模型是在AutoCAD、Revit 以及其他提供光度学灯光的应用程序中创建的。
- 选择模板：使用此下拉列表，可以选择您要使用的灯光类型。

当选择模板时，将更新灯光参数以使用该灯光的值，并且列表之上的文本区域会显示灯光的说明。如果标题选择的是类别而非灯光类型，则文本区域会提示您选择实际的灯光。

2．"强度/颜色/衰减"卷展栏

通过"强度/颜色/衰减"卷展栏，您可以设置灯光的颜色和强度，如图 8-64所示。此外，您还可以选择设置衰减极限。

图8-64

（1）"颜色"组

■ 灯光：挑选公用灯规，以近似灯光的光谱特征。更新开尔文参数旁边的色样，以反映您选择的灯光。以下选项用于使用"灯光"下拉列表指定颜色时（HID表示高强度放电）：

注意

默认选择 D65 Illuminant（基准白色）类似于西欧或北欧地区的正午太阳。"D65"是由 Comission Internationale de l'Éclairage (CIE)（国际照明委员会）定义的白色值。

图8-65所示为不同灯光类型下前景灯光的效果。

  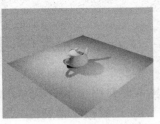

（a）D50 Illuminant（基准白色）　（b）荧光（冷色调白色）　　（c）HID 高压钠灯

图8-65

■ 开尔文：通过调整色温微调器设置灯光的颜色。色温以开尔文度数显示。相应的颜色在温度微调器旁边的色样中可见。

■ 过滤颜色：使用颜色过滤器模拟置于光源上的过滤色的效果。例如，红色过滤器置于白色光源上就会投影红色灯光。单击色样设置过滤器颜色以显示颜色选择器。默认设置为白色（RGB=255,255,255; HSV=0,0,255）。如图8-66所示为发出深绿色过滤色的前景灯光。

图8-66

（2）"强度"组

这些控件在物理数量的基础上指定光度学灯光的强度或亮度。

使用下面其中一种单位设置光源的强度：

■ lm（流明）：测量整个灯光（光通量）的输出功率。100W的通用灯炮约有 1750 lm 的光通量。

■ cd（坎德拉）：用于测量灯光的最大发光强度，通常沿着瞄准发射。100 W的通用灯炮的发光强度约为 139 cd。

■ lx (lux)：测量由灯光引起的照度，该灯光以一定距离照射在曲面上，并面向光源的方向。勒克斯是国际场景单位，等于 1 流明/平方米。照度的美国标准单位是尺烛光（fc），等于 1 流明/平方英尺。要从 footcandles 转换为 lux，请乘以 10.76。例如，要将指定 35 fc 的照度，请将照度设置为 376.6 lx。 要指定灯光的照度，需设置左侧的 lx 值，然后在第二个值字段中输入所测量照度的距离。

（3）"暗淡"组

■ 结果强度：用于显示暗淡所产生的强度，并使用与"强度"组相同的单位。

■ 暗淡百分比：启用该切换后，该值会指定用于降低灯光强度的"倍增"。如果值为 100%，则灯光具有最大强度。百分比较低时，灯光较暗，图8-67所示为对比效果。

■ 光线暗淡时白炽灯颜色会切换：启用此选项之后，灯光可在暗淡时通过产生更多黄色来模拟白炽灯，如图8-68所示为启用颜色偏移后暗淡的前景灯光的效果。

（a）前景中的白炽灯光　　（b）衰减至 10% 的前景灯光

图8-67　　　　　　　　　　　　　　　　　图8-68

（4）"远距衰减"组

可以设置光度学灯光的衰减范围。严格来讲，这并不能解释真实世界的灯光原理，但设置衰减范围可有助于在很大程度上缩短渲染时间。应用于前景灯光的"远距衰减"效果如图8-69所示。

图8-69

提示

　　如果场景中存在大量的灯光，则使用"远距衰减"可以限制每个灯光所照场景的比例。例如，如果办公区域存在几排顶上照明，则通过设置"远距衰减"范围，可在处于渲染接待区域而非主办公区域时，保持无须计算灯光照明。再如，楼梯的每个台阶上可能都存在隐藏的灯光，如同剧院所布置的一样。将这些灯光的"远距衰减"值设置为较小的值，可在渲染整个剧院时无须计算它们各自（忽略）的照明。远距衰减只适用于mental ray 渲染器。

- 使用：启用灯光的远距衰减。
- 显示：在视口中显示远距衰减范围设置。对于聚光灯分布，衰减范围看起来好像圆锥体的镜头形部分。这些范围在其他的分布中呈球体状。默认情况下，"远距开始"为浅棕色并且"远距结束"为深棕色。

注意

当选中一个灯光时，该衰减范围始终可见，因此在取消选择该灯光后清除该复选框才会有明显效果。

- 开始：设置灯光开始淡出的距离。
- 结束：设置灯光减为 0 的距离。

3. "图形/区域阴影"卷展栏

通过"图形/区域阴影"卷展栏，您可以选择用于生成阴影的灯光图形。其卷展栏如图8-70所示。

图8-70

（1）"从（图形）发射光线"选项组

- 下拉列表：使用该列表，可选择阴影生成的图形。当选择非点的图形时，维度控件和阴影采样控件将分别显示在"发射灯光"组和"渲染"组。

注意

这些控制只适用于mental ray 渲染器。扫描线渲染器不计算光度学区域阴影（尽管对于扫描线渲染器可以使用区域阴影取得类似效果）。而且，扫描线渲染器不会将光度学区域灯光呈现为自供照明，或在渲染中显示其形状。

（2）"渲染"选项组

- 灯光图形在渲染中可见：启用此选项后，如果灯光对象位于视野内，灯光图形在渲染中会显示为自供照明（发光）的图形。关闭此选项后，将无法渲染灯光图形，而只能渲染它投影的灯光。默认设置为禁用状态。
- 阴影采样：设置区域灯光的整体阴影质量。如果渲染的图像呈颗粒状，请增加此值。如果渲染需要耗费太长的时间，请减少该值。默认设置为32。

将点选为阴影图形时，界面中不会出现此设置。

8.3　动手实践——制作通过窗子的光线

下面将制作如图8-71所示的阳光效果，具体操作步骤如下：

图8-71

操作步骤

01　打开配套光盘中的"源文件与素材/第8章/客厅阳光.max"文件，如图8-72所示。

02　单击灯光创建命令面板中的 标准 ▼ 类型的 目标平行光 按钮，在顶视图中创建目标平行光Direct01，再利用工具栏中的移动工具，调整灯光的位置与角度，如图8-73所示。

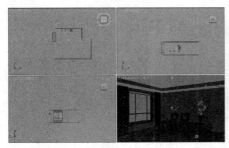

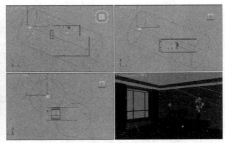

图8-72　　　　　　　　　　　　　　　　　图8-73

03　进入修改命令面板，设置 ☑ 启用 阴影类型为 阴影贴图 选项，单击 排除… 按钮，在弹出的对话框中选择 玻璃 选项，单击 》 按钮，如图8-74所示，进行照明排除。在参数面板中设置 倍增 参数为2.5，同时进入 平行光参数 卷展栏设置聚光区与衰减区参数，设置如图8-75所示。

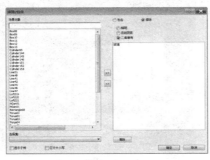

图8-74　　　　　　　　　　　图8-75

04 激活像机视图，按F9键，渲染效果如图8-76所示。

图8-76

05 通过以上渲染效果，可以看到阳光角度与亮度都不错，只是没有阳光的光路效果，下面将通过给灯光添加大气效果来表现光路。确认目标平行光处于选择状态，进入 - 天气和效果 卷展栏，单击 添加 按钮，在弹出的"添加大气或效果"对话框中选择 体积光 选项，如图8-77所示，并单击 确定 按钮，将体积光添加到 - 大气和效果 卷展栏中，如图8-78所示。

图8-77

图8-78

06 在 - 天气和效果 卷展栏中选择刚添加的 体积光 选项，单击 设置 按钮，在弹出的"环境和效果"对话框中设置参数，如图8-79所示，最后对摄像机视图进行渲染，效果如图8-80所示。这样日光效果就做好了。

图8-79

图8-80

8.4 动手实践——制作灯光阴影

下面将制作如图8-81所示的灯光阴影，以表现玻璃材质的透明质感。

图8-81

操作步骤

01 打开配套光盘中的"源文件与素材/第8章/阴影.max"文件，如图8-82所示。

02 以上场景中只创建了两盏泛光灯用于辅助照明。下面创建一盏主光灯源，单击灯光创建命令面板中的 标准 类型的 目标聚光灯 按钮，在顶视图中创建目标聚光灯，再利用工具栏中的移动工具，在前视图中调整灯光的位置与角度，如图8-83所示。

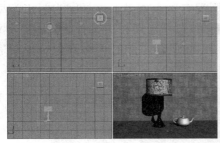

图8-82

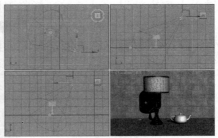

图8-83

03 激活像机视图，按F9键进行渲染，效果如图8-84所示，我们看到场景对象没有阴影，这是因为没有开启阴影的原因，参数面板如图8-85所示。

图8-84

图8-85

04 确认创建的聚光灯处于选择状态，单击修改按钮进入命令面板，勾选 阴影 选项组中的 ☑ 启用 选项，启用系统默认的 阴影贴图 阴影类型，并进入 聚光灯参数 参数卷展栏，设置 衰减区/区域 参数为80，设置 阴影参数 卷展栏中的 密度 为0.5，参数如图8-86所示。并按F9键，对摄像机视图进行渲染，效果如图8-87所示。

图8-86

图8-87

> 📶 **提示**
>
> 阴影参数 卷展栏中的 颜色 用于调整阴影的颜色，密度 参数值用于控制阴影的密度，系统默认的参数为1.0，参数越小阴影密度就越大，阴影的颜色越淡。

05 通过以上渲染效果，可以看到灯罩阴影没有透空效果，这是因为阴影类型不正确。确认聚光灯处于选择状态，在 常规参数 卷展栏中选择 阴影贴图 下拉列表框中的 光线跟踪阴影 阴影类型选项，如图8-88所示，此时再对摄像机视图进行渲染，效果如图8-89所示。

图8-88

图8-89

8.5 摄影机的类型

摄影机设置场景的帧，提供可控制的观察点。您可以设置摄影机移动的动画。

摄影机可以模拟真实世界图片的某些方面，如景深和运动模糊。

3ds Max 2012提供了目标和自由两种摄影机。

目标摄影机查看目标对象周围的区域。创建目标摄影机时，看到一个两部分的图标，该图标表示摄影机和其目标（一个白色框），如图8-90所示。摄影机和摄影机目标可以分别设置动画，以便当摄影机不沿路径移动时，容易使用摄影机。通过摄影机渲染之后的效果如图8-91所示。

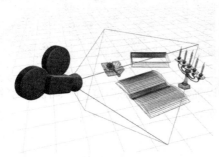

图8-90   图8-91

自由摄影机在摄影机指向的方向查看区域。创建自由摄影机时，看到一个图标，该图标表示摄影机和其视野。摄影机图标与目标摄影机图标看起来相同，但是不存在要设置动画的单独的目标图标。当摄影机的位置沿一个路径被设置动画时，更容易使用自由摄影机。

8.5.1 目标摄影机

目标摄影机由两部分组成，摄影机和摄影机目标点，而摄影机表示观察点。创建目标摄影机的步骤如下。

01 打开配套光盘中的"源文件与素材/第8章/摄像机.max"文件，如图8-92所示。

02 单击视图控制区的 （缩放）工具按钮，将顶视图缩小，留出创建像机的位置，然后在创建命令面板中单击 摄影机按钮，进入像机创建面板，单击 **目标** 按钮，在顶视图中拖一个目标摄影机，并单击视图控制区的 工具按钮，结果如图8-93所示。

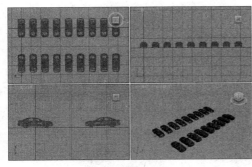

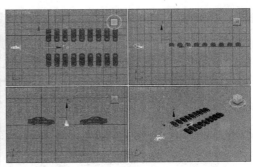

图8-92   图8-93

03 激活透视图，按下 C 键，将透视图转换成 Camera 像机视图，如图8-94 所示。单击工

具栏中的移动工具，在各个视图中对摄影机进行调整，直到满意为止，如图 8-95
所示。

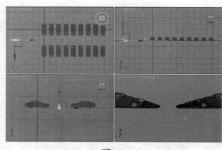 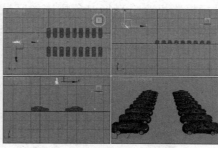

图8-94   图8-95

创建一个摄影机之后，可以更改视口以显示摄影机的观察点。当摄影机视口处
于活动状态时，导航按钮更改为摄影机导航按钮。可以将"修改"面板与摄影机视
口结合使用来更改摄影机的设置。

当使用摄影机视口的导航控件时，可以只使用Shift键约束移动、平移和旋转运
动为垂直或水平。可以移动选定的摄影机，以便其视图与"透视"、"聚光灯"或
其他"摄影机"视图的视图相匹配。

8.5.2 自由摄影机

所谓自由摄影机就是说该摄影机能够被拉伸、倾斜以及自由移动等特点，与目
标摄影机最明显的区别是没有摄影机目标点。

3ds Max 中包含法线对齐功能，该特性能使摄影机同一个对象的法线对齐，这
是唯一真正快速地使一个自由摄影机对齐对象的方法。可使用"移动"或"旋转"
变换把摄影机对准对象，更为方便的是使用 Camera 视图控制按钮对摄影机进行变
换操作。

创建自由摄影机的步骤如下。

01 新建一个场景，在场景中创建一个茶壶，如图8-96所示。

02 单击创建命令面板中的 📷 摄影机按钮，打开摄影机创建面板，单击   自由
按钮。

03 在顶视图中单击即创建好一个自由摄影机，并单击工具栏中的移动工具，在前
视图调整像机的位置，如图8-97所示。

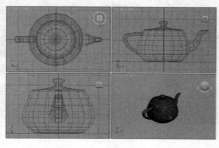

图8-96   图8-97

04 激活透视图，按C键，把透视图转换成Camera视图，如图8-98所示。

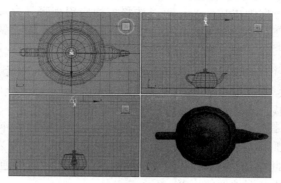

图8-98

自由摄影机不具有目标。目标摄影机具有目标子对象。

8.6 摄影机的参数设置

在场景中创建摄影机后，必须通过对摄影机的相关参数进行适当的调整才可能达到满意的视度效果。选中摄影机并单击 ✐ 按钮进入修改命令面板，摄影机的修改卷展栏如图8-99所示。

（a）"参数"卷展栏

（b）参数设置面板

（c）"景深参数"卷展栏

图8-99

1. "参数"卷展栏

基本参数卷展栏中有4个选项组，分别为 备用镜头 、 环境范围 、 剪切平面 和 多过程效果 。

■ 镜头 ：以毫米为单位设置摄影机的焦距。系统默认为43.456毫米。使用"镜头"微调器来指定焦距值，而不是指定在"备用镜头"组框中按钮上的预设"备用"值。更改"渲染设置"对话框上的"光圈宽度"值也会更改镜头微调器字段的值。这样并不通过摄影机更改视图，但将更改"镜头"值和 FOV 值之间的关系，也将更改摄影机锥形光线的纵横比。

- ↔ （FOV 方向弹出按钮）：可以选择怎样应用视野（FOV）值用于控制摄影
机的拍摄范围，系统默认为40°，用户可以利用↔、↕、↗三个按钮分别对水
平、垂直、对角三种方式来调整摄影机的视角。
  - ◆ ↔水平（默认设置）：水平应用视野。这是设置和测量 FOV 的标准方法。
  - ◆ ↕垂直：垂直应用视野。
  - ◆ ↗对角线：在对角线上应用视野，从视口的一角到另一角。
- 视野：决定摄影机查看区域的宽度（视野）。当"视野方向"为水平（默认设
置）时，视野参数直接设置摄影机的地平线的弧形，以度为单位进行测量。可
以设置"视野方向"来垂直或沿对角线测量 FOV；也可以通过使用 FOV 按钮在
摄影机视口中交互地调整视野。
- 正交投影：勾选该复选框时，将去掉摄影机的透视效果，启用此选项后，摄影
机视图看起来就像"用户"视图。禁用此选项后，摄影机视图好像标准的透视
视图。当"正交投影"有效时，视口导航按钮的行为如同平常操作一样，"透
视"除外。"透视"功能仍然移动摄影机并且更改 FOV，但"正交投影"取消
执行这两个操作，以便禁用"正交投影"后可以看到所做的更改。 如果使用正
交摄影机，则不能使用大气渲染选项。
- 备用镜头：该选项组中包括九种不同焦距的镜头的预设置，不同库存镜头则效果
不同。
- 显示圆锥体：显示摄影机视野定义的锥形光线（实际上是一个四棱锥）。锥形
光线出现在其他视口但是不出现在摄影机视口中。
- 显示地平线：显示地平线。在摄影机视口中的地平线层级显示一条深灰色的线条。
- 环境范围：该选项组用来控制大气效果，其中近点范围是指决定场景从哪个范围
开始有大气效果，远点范围是指大气作用的最大范围。显示复选框用于在视图
中是否可以看到环境的设置。
- 剪切平面：该选项组用于设置渲染对象的范围，近点剪切和远点剪切是根据到摄
影机的距离决定远近裁减平面。手动剪切复选框决定是否可以在视图中看到剪
切平面。
- 多过程效果：该选项组可以多次对同一帧进行渲染，勾选有效复选框，使用者可
以通过预览或渲染的方式看到添加的效果。勾选每次渲染效果复选框，表示每
次合成效果有变化都会进行渲染。

📡 提示

    景深和运动模糊效果相互排斥。由于它们基于多个渲染通道，将它们同时应用于同一个
摄影机会使速度慢得惊人。如果想在同一个场景中同时应用景深和运动模糊，则使用多通道
景深（使用这些摄影机参数）并将其与对象运动模糊组合使用。

- 目标距离：用于设置摄影机到目标点的距离参数值。

2."景深参数"卷展栏

    景深参数卷展栏中有4个选项组，分别为焦点深度、采样、过程混合和
扫描线渲染器参数参数，如图8-100所示。

图8-100

- **焦点深度**：该选项组用来控制摄影机的聚焦距离，如果勾选了"使用目标距离"复选框，则是使用摄影机本身的目标距离，不需要手动调节。如果不使用此复选框，则可以手工输入距离。当焦距的值设置较小时，有强烈的景深效果；当焦距设置的值较大，将只模糊场景中的远景部分。
- **采样**：该选项组决定图像的最终输出质量。
- **过程混合**：当渲染多遍摄影机效果时，渲染器将轻微抖动每遍渲染的结果，以混合每遍的渲染。
- **扫描线渲染器参数**：该选项组的参数可以使用户取消多遍渲染的过滤和反走样。

8.7 摄影机动画

当"设置关键点或自动关键点"按钮处于启用状态时，通过在不同的关键帧中变换或更改其创建参数设置摄影机的动画。3ds Max 在关键帧之间插补摄影机变换和参数值，就像其用于对象几何体一样。

通常，在场景中移动摄影机时，最好使用自由摄影机，而在固定摄影机位置时，则使用目标摄影机。

8.7.1 沿路径移动摄影机

使摄影机跟随路径是创建建筑穿行、过山车等的常用方式。

- 如果摄影机必须倾斜或接近垂直方向（像在过山车上一样），则应使用自由摄影机。将路径约束直接指定给摄影机对象。沿路径移动摄影机，可以通过添加平移或旋转变换调整摄影机的视点。这相当于手动上胶卷的摄影机。
- 对于目标摄影机，将摄影机和其目标链接到虚拟对象，然后将路径约束指定给虚拟对象。这与安装在三轴架的推位摄影机相当。例如，在分离摄影机和其目标方面很好管理。

8.7.2 跟随移动对象

可以使用注视约束让摄影机自动跟随移动对象。

- 注视约束使对象替换摄影机目标。

如果摄影机是目标摄影机，则可以忽略以前的目标。

如果摄影机是自由摄影机，则理所当然成为目标摄影机。当注视约束指定起作用时，自由摄影机无法沿着局部 x 和 y 轴旋转，并且由于向上量约束，所以无法垂直注视。

■ 一种替代方法是将摄影机目标链接到对象。

8.7.3 摄影机平移动画

按照下面的步骤可以很轻松地设置任何摄影机的平移动画。

01 选择摄影机。

02 激活摄影机视口。

03 启用 自动关键点 （自动关键点），并将时间滑块移动到任何帧。

04 启用视口导航工具中的 （平移），然后拖动鼠标平移摄影机。

8.7.4 摄影机环游动画

按照下面的步骤可以很轻松地设置任何摄影机的环游动画。

01 选择摄影机。

02 激活摄影机视口。

03 启用 自动关键点 （自动关键点），并将时间滑块移动到任何帧。

04 启用视口导航工具中的 （环绕），然后拖动鼠标环绕摄影机。

05 目标摄影机沿着其目标旋转，而自由摄影机沿着其目标距离旋转。

8.7.5 摄影机缩放动画

通过更改镜头的焦距使用缩放朝向或背离摄影机主旨进行移动。它与推位不同，是物理移动，但使焦距保持不变。可以通过设置摄影机FOV参数值的动画进行缩放。

本 章 小 结

通过本章对3ds Max的灯光和摄影机的创建与编辑方法的学习，相信大家已掌握了基本灯光和摄影机的使用和调整，可以为场景创建简单的灯光效果。要想为三维场景和动画制作特殊的灯光效果，还须通过大量实例的练习，才能掌握各种特殊光线的制作与表现。

过 关 练 习

1. 选择题

（1）采用3ds Max 2012自带的光能传递渲染场景时，场景中的灯光布置必须是___。

A. 按灯光的实际分布位置与数量进行布置

B．按场景的照明效果进行布置

C．可任意布置灯光

D．采用主光与辅助光的方式布置

（2）给光度学灯光添加光域网.ies文件的前提是＿＿＿。

A．灯光分布方式必须是 Web

B．灯光分布方式必须是 等向

C．灯光分布方式必须是 聚光灯

D．灯光分布方式可为任意类型

（3）如图8-101所示的图标是＿＿＿。

A．像机图标   B．灯光图标

C．目标像机图标   D．自由像机图标

图8-101

（4）下面哪些灯光属于光度学灯光类型？＿＿＿

A．目标点光源 、 目标线光源 、 目标面光源

B．IES 太阳光 、 IES 天光

C．自由点光源 、 自由线光源 、 自由面光源

D．目标聚光灯 、 目标平行光 、 天光

（5）在3ds Max 2012中系统提供了以下哪两种高级照明方式？＿＿＿

A．"光跟踪器"方式   B．"光能传递"方式

C．mental ray 渲染器   D．Lightscape 渲染器

2．上机题

本练习将制作灯光阴影，如图8-102所示。主要练习玻璃物体阴影的表现。

图8-102

操作提示：

01 打开配套光盘中的"源文件与素材/第8章/阴影光.max"文件，当前的场面景已经布置好灯光。单击工具栏中的 🫖 （快速渲染）按钮，渲染像机视图，效果如图8-103所示。

图8-103

02 选中主光源目标聚光灯，为灯光设置阴影类型为 光线跟踪阴影 类型，如图 8-104 所示。

03 渲染像机视图，此时可看到场景中的物体产生了非常清晰的阴影，玻璃果盘也产生了阴影，效果与系统默认阴影参数如图8-105所示。

图8-104

图8-105

04 设置阴影的颜色为土黄色即 红:为90、绿:为55、蓝:为0，设置 密度 参数为0.5。此时再对摄像机视图进行渲染，可看到场景中物体的阴影有了颜色变化，阴影也变得更加透明了，效果如图8-106所示。

图8-106

05 不同的阴影类型，阴影各不相同，区域阴影类型阴影随着灯光衰减范围阴影逐渐变淡且变得更模糊，如图8-107所示；阴影贴图所产生的阴影边界比较柔和且具有模糊效果，如图8-108所示。

图8-107

图8-108

第 9 章 渲染与环境

 学习目标

本章主要讲解渲染与环境，具体内容包括多种渲染器的认识、3ds Max 2012的渲染方式、渲染参数设置、3ds Max 2012的渲染器、高级照明、环境设置基本参数、曝光控制、大气效果、大气装置以及效果设置等。

 要点导读

1. 渲染与渲染器
2. 渲染场景
3. 环境设置
4. 效果设置
5. 动手实践——使用光能传递渲染室内效果图
6. 动手实践——山中云雾
7. 动手实践——火焰文字特效

 精彩效果展示

9.1 渲染与渲染器

在3ds Max中，渲染是将色彩以及材质、物体阴影、照明效果等加入到几何体的属性中，从而可以使用所设置的灯光、所应用的材质及环境设置（如背景和大气）为场景的几何体着色。使用"渲染场景"对话框以创建渲染并将其保存文件到电脑中，同时渲染效果也直接显示在屏幕的渲染帧窗口中。

渲染是生成图像的过程，3ds Max使用扫描线、光线追踪和光能传递结合的渲染器。随着软件的升级和更新，出现了很多第三方开发的渲染器或渲染软件，例如VRay、Mental Ray、FinalRender和Brazil等第三方开发的渲染器，这些渲染器为3ds Max提供了强大的渲染功能。还有专门的渲染软件——Lightscape。下面简要介绍这些渲染器的独自特点。

9.1.1 认识渲染器

3ds Max 的渲染器有很多，除了自带的扫描线渲染器和Mental Ray以外，还有很多渲染器，它们的功能也各有特色。目前世界上最强的渲染器有Renderman和Mental Ray两个，下面来分别介绍！

1. Renderman渲染器

Renderman是一个计算机图像渲染体系，准确地说是一套基于著名的REYES渲染引擎开发的计算机图像渲染规范，所有符合这个规范的渲染器都称为Renderman兼容渲染器。

Renderman兼容渲染器具有高超的渲染质量和渲染速度而被广泛应用在高端运动图像的生产制作过程中，在当今的动画电影和影视特效等高端领域，Renderman兼容渲染器是必不可少的一个渲染解决方案（另一个高端解决方案是著名的Mental Ray渲染器），世界上许多著名制作公司如ILM和SONY等都使用它作为作为渲染的最终解决方案。

2. FinalRender渲染器

FinalRender渲染器是德国的Cebas公司于2001年中旬发布的，其渲染质量和渲染速度都不错，并被广泛用于商业领域，它不仅可以提供体积光、光能传递等效果，还支持卡通渲染、次表面散射等新技术，如好莱坞著名的电影大作《蜘蛛侠》中的某些场景就采用了该渲染器进行处理，如图9-1所示，目前使用FinalRender渲染器的用户也逐渐增多。

图9-1

3. VRay渲染器

VRay渲染器是Chaosgroup公司开发的，是一个用于渲染的插件，它不仅支持全局照明，而且还集成了焦散、景深、运动模糊、烘焙贴图等专业功能，如图9-2所示。

图9-2

VRay渲染器支持3ds Max的灯光、材质和阴影，同时也有自带的VRay灯光、材质和阴影。该渲染器也被广泛应用于建筑效果图、电影、游戏等方面。

4. Brazil渲染器

Brazil渲染器是SplutterFish公司于2001年发布的，它支持光线跟踪、全局光照、焦散等技术，其渲染效果也是非常优秀的，如图9-3所示。

图9-3

Brazil渲染器惊人的渲染质量是以极慢的渲染速度为代价的，往往渲染一张静帧效果图需要多达24小时以上，因此该渲染器很少用于影视、游戏等场景的渲染。

9.1.2　渲染器优劣对比

大家看到这么多渲染器后，有点茫然。下面我们对这几个渲染器做一个简单的比较说明（在这里我们假设以VRay为标准和其他渲染器进行比较说明）：

1. VRay与Mental Ray相比

VRay渲染器：现在它的气势如日中天，如果你是做效果图的，别犹豫就选它了，VRay在单帧效果图的质量上比较好，主要体现在它的GI方面要比Mental Ray的GI细腻一些。但在影视动画高端，就有点力不从心了，VRay是一种靠牺牲画面质量得到渲染速度的渲染器，这和动画发生了冲突，平时你做效果图没感觉，如果做动画，渲染2K的素材，你的滤波器采样必须开到每像素4~16，从这个采样来看，VRay比Mental Ray慢了很多。而且VRay在动画方面的质量也不如Mental Ray，主要表现：第一，Vray不支持体积焦散；第二，VRay阴影在动画中容易闪动；第三，VRay的材质没有Mental Ray全面。

2. VRay与FinalRender相比

FinalRender渲染器与VRay相比功能要全得多，但速度和GI质量都要比VRay的差一些。这也正是FinalRender不能被设计师广泛应用的主要原因。

3. VRay与Brazil r/s相比

Brazil r/s（巴西渲染器）是非常棒的渲染器，质量非常好，GI要比VRay慢一点，但在景深、运动模糊、材质方面要比VRay强很多，不过它很难破解，而且他的专业教程也很少，所以在中国很少人用到它。

提示

通过对这些渲染器的对比，得出结论为：做效果图使用VRay渲染器，做影视动画使用Mental Ray渲染器和Brazil r/s（巴西渲染器）

9.2　渲染场景

3ds Max 2012在主工具栏上提供了专门用于渲染操作的按钮，下面分别介绍这些按钮的含义。

- 渲染设置按钮：单击该按钮可打开"渲染设置"对话框。
- 渲染帧窗口按钮：单击该按钮，"渲染帧窗口"会显示渲染输出。
- 渲染产品按钮：使用当前产品级渲染设置渲染场景，而无须打开"渲染设置"对话框。
- 渲染迭代按钮：可从主工具栏上的渲染弹出按钮中启用，可在迭代模式下渲染场景，而无须打开"渲染设置"对话框。

9.2.1　渲染设置

单击工具栏中的 按钮，可打开"渲染设置"对话框，如图9-4所示。该对话框中的 公用 选项面板用于设置渲染参数，它包含适用于任何渲染的控件（不必考虑所选择的渲染器）及用于选择渲染器的控件，分别由 公用参数 、电子邮件通知 、 脚本 和 指定渲染器 等组成。

图9-4

1. "公用参数"卷展栏

这是渲染器共有的标签面板，用来控制渲染的基本参数，比如渲染的是静态还是动态图像。该卷展栏的参数如图9-5所示。

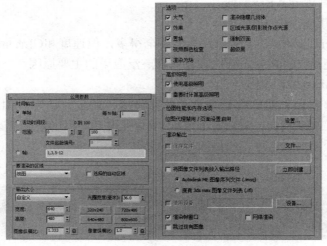

图9-5

（1）"时间输出"选项组

该选项组能定义渲染动画的输出帧。

■ **单帧**：渲染当前的帧。

■ **活动时间段**：通过时间滑块指定渲染帧的范围。

■ **范围**：通过指定开始帧和结束帧，设置帧的渲染范围。

■ **帧**：设置渲染部分不连续的帧，帧与帧之间用逗号或短横隔开。

■ **每 N 帧**：当选择"活动时间段"选项时，该参数可能设置其渲染范围内每帧之间的间隔渲染帧数。

■ **文件起始编号**：从当前的帧数增加或减去数字作为每个图像文件的结尾参考数字。

（2）"输出大小"选项组

该选项组定义渲染图像或动画的分辨率。可以在下拉列表中选取预先设置的分辨率，也可以自定义图像的分辨率，这些设置将影响渲染图像的纵横比。

■ **光圈宽度(毫米)**：是定义摄像机镜头和视图区域之间关系的一项设置，在弹出的"光圈宽度"列表中列出的分辨率在不改变视图的同时修改镜头值。

■ **宽度** / **高度**：设置渲染图像的尺寸。

■ 预设的分辨率按钮：系统提供了四个分辨率按钮 **320x240**、**720x486**、**640x480** 和 **800x600**，单击其中任何一个按钮都将把渲染图像的尺寸改变成按钮指定的大小。在按钮上单击鼠标右键，在出现的"配置预设"对话框中，用于设置渲染图像的尺寸。

■ **图像纵横比**：设置渲染图像的长宽比。

■ **像素纵横比**：设置图像自身的像素长宽比。

（3）"选项"选项组

此选项组中包含9个复选框，用来激活或关闭不同的渲染选项。

■ **大气**：勾选该复选框，在场景渲染时会对"环境和效果"对话框中建立的大气效果进行渲染。

- ▪ ☐ 渲染隐藏几何体：选择此复选框，将渲染场景中的所有物体，包括隐藏物体。
- ▪ ☑ 效果：勾选该复选框，渲染已创建的全部渲染效果。
- ▪ ☐ 区域光源/阴影视作点光源：勾选该复选框，将所有区域光或影都当作发光点来渲染，但是进行了光能传递的场景将不会被影响。
- ▪ ☑ 置换：勾选该复选框，渲染场景时会对应用置换贴图并引起偏移的表面进行渲染。
- ▪ ☐ 强制双面：勾选该复选框，可使每个面的双面被渲染。
- ▪ ☐ 视频颜色检查：勾选该复选框，可以检查不可靠的颜色，使这些不可靠颜色显示时不失真。
- ▪ ☐ 超级黑：勾选该复选框，背景图像都被渲染成纯黑色。
- ▪ ☐ 渲染为场：勾选该复选框，视频动画包括使用每根奇数扫描线场和使用每根偶数扫描线场。

（4）"高级照明"选项组

此选项组用来设置渲染时使用的高级光照属性。

- ▪ ☑ 使用高级照明：勾选该复选框，渲染时将使用光影追踪器或光能传递。
- ▪ ☐ 需要时计算高级照明：用于设置是否需要重复进行高级照明的光线分布计算。

（5）"渲染输出"选项组

此选项组可以设置渲染输出文件的位置。

- ▪ 文件... ：单击该按钮，可指定渲染图像或动画的保存文件类型及位置。指定好后，面板中的 ☑ 保存文件 为勾选状态。
- ▪ 设备... ：单击该按钮可选择已连接的视频输出设备，进行直接输出。
- ▪ ☑ 渲染帧窗口：勾选该复选框，在渲染帧窗口中才显示渲染的图像。
- ▪ ☐ 网络渲染：勾选该复选框，可以利用网络中的多台计算机同时进行渲染。
- ▪ ☐ 跳过现有图像：勾选该复选框，将使3ds Max忽略保存在文件夹中已经存在的帧，不对其渲染。

2. "电子邮件通知"卷展栏

电子邮件通知 卷展栏是用来在网络渲染时发送邮件通知的。卷展栏如图9-6所示。

图9-6

- ▪ ☐ 启用通知：勾选该复选框，则渲染器在事件发生时发送邮件通知，其"类型"选项组中的各选项可用。

（1）"类别"选项组

- ▪ ☐ 通知进度(P)：选择此复选框，则在渲染进程时发送邮件进行通知。
- ▪ ☑ 通知故障(F)：选择此复选框，则在渲染失败时发送邮件进行通知。
- ▪ ☐ 通知完成(C)：选择此复选框，则在渲染结束时发送邮件。

（2）"电子邮件选项"选项组

- ▪ 发件人：设置启动渲染工作用户即发件人的电子邮件地址。

- ■ 收件人：设置需要了解渲染状态的用户即收件人的电子邮件地址。
- ■ SMTP 服务器：设置邮件服务器的IP地址。

3．"指定渲染器"卷展栏

指定渲染器 卷展栏显示了产品级:、材质编辑器:和ActiveShade:以及当前使用的渲染器，在默认情况下为"默认扫描线"渲染器，如图 9-7 所示，单击产品级: 后面的 按钮，将打开"选择渲染器"对话框，通过该对话框可指定渲染器，如图 9-8 所示。

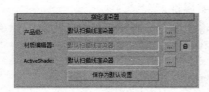

图9-7

图9-8

4．"高级照明"面板

在渲染器为默认扫描线渲染器时，可为默认扫描线渲染器选择一个"高级照明"选项，如图9-9所示。

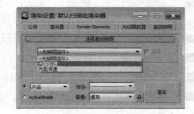

图9-9

在选择高级照明选项之前，"高级照明"面板将显示"选择高级照明"卷展栏。单击 <无照明插件> 列表框，可展开高级照明选项，默认设置为"无照明插件"选项。

- ■ 光跟踪器：可为明亮场景（比如室外场景）提供柔和边缘的阴影和映色。它通常与天光结合使用。与光能传递不同，"光跟踪器"并不试图创建物理上精确的模型，而是可以方便地对其进行设置。应用效果如图9-10所示。

（a）天光与聚光灯照明的角色　　（b）天光照明的室外场景

图9-10

■ 光能传递：光能传递是一种渲染技术，它可以真实地模拟灯光在环境中相互作用的方式。光能传递提供场景中灯光的物理性质的精确建模。应用效果如图9-11所示。

（a）未使用光能传递渲染的场景　　　　（b）使用光能传递渲染的同一场景

图9-11

■ ☑ 活动：选择高级照明选项时，使用"活动"可在渲染场景时切换是否使用高级照明。默认值为启用。

5. "光线跟踪器"面板

这里主要介绍了"光线跟踪器全局参数"卷展栏，该卷展栏具有针对光线跟踪材质、贴图和阴影的全局设置，如图9-12所示。这些参数将全局控制光线跟踪器。它们不仅影响场景中所有光线跟踪材质和光线跟踪贴图，也影响高级光线跟踪阴影和区域阴影的生成。

图9-12

 注意

这些控件只调整扫描线渲染器的光线跟踪设置。这些控件的设置不影响Mental Ray 渲染器，它们具有自己的光线跟踪控件。

（1）"光线深度控制"选项组

光线深度，也称作递归深度，可以控制渲染器允许光线在其被视为丢失或捕获之前反弹的次数。图9-13为不同深度值的效果。

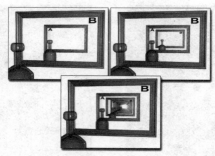

左上方：光线深度为0　右上方：值为2的光线深度　中下方：非常高的光线深度值

图9-13

■ 最大深度：设置最大递归深度。增加该值会潜在地提高场景的真实感，但却增加渲染时间。可以降低该值以便缩短渲染时间。范围为0～100。默认设置是9。

■ 截止阈值：为自适应光线级别设置一个中止阈值。如果光线对于最终像素颜色的作用降低到中止阈值以下，则终止该光线。默认值：0.05（最终像素颜色的5%）。这能明显加速渲染时间。

■ 最大深度时使用的颜色：通常，当光线达到最大深度时，将被渲染为与背景环境一样的颜色。通过选择颜色或设置可选环境贴图，可以覆盖返回到最大深度的颜色。这使"丢失"的光线在场景中不可见。

提示

　　如果对复杂的对象，特别是玻璃，进行渲染时遇到困难，请将最大递归颜色指定为像洋红一样明显的颜色，并将背景颜色指定为具有对比性的颜色，如青色。许多光线可能在最大递归或者刚刚被发射到世界中时丢失，完全没有击中应该撞击的目标。尝试再次渲染场景。假如这就是问题所在，请尝试减少"最大深度"值。

（2）"全局光线抗锯齿器"选项组

该组中控件可以设置光线跟踪贴图和材质的全局抗锯齿，9-14所示为有无抗锯齿效果对比。

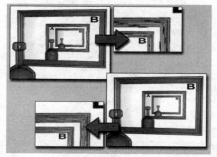

上图：没有抗锯齿　下图：反射的"抗锯齿"

图9-14

提示

对于"光线跟踪"材质，启用"超级采样"（在"光线跟踪基本参数"卷展栏中）通常会提供适当的抗锯齿。当要模糊反射或折射时，请使用一个光线跟踪抗锯齿器（"快速自适应"或"多分辨率自适应"）。

- ■ 启用：启用此选项之后将使用抗锯齿。默认设置为禁用状态。
- ■ 下拉列表：选择要使用的抗锯齿设置。具有两个选项：
  - ◆ 快速自适应抗锯齿器：使用"快速自适应抗锯齿器"，不必考虑全局设置。单击...以打开"快速自适应抗锯齿器"对话框。
  - ◆ 多分辨率自适应抗锯齿器：使用"多分辨率自适应抗锯齿器"，不必考虑全局设置。单击...以打开"多分辨率自适应抗锯齿器"对话框。

（3）"全局光线跟踪引擎选项"选项组

这些选项相当于"扩展参数"卷展栏和"光线跟踪器控制"卷展栏上的局部选项。它们的设置影响场景中所有的光线跟踪材质和光线跟踪贴图，除非设置局部覆盖。

- ■ 启用光线跟踪：启用或禁用光线跟踪器。默认设置为启用。即使禁用光线跟踪，光线跟踪材质和光线跟踪贴图仍然反射和折射环境，包括用于场景的环境贴图和指定给光线跟踪材质的环境贴图。
- ■ 光线跟踪大气：启用或禁用大气效果的光线跟踪。大气效果包括火、雾、体积光等等。默认设置为启用。
- ■ 启用自反射/折射：启用或禁用自反射/折射。默认设置为启用。

对象可以自行反射吗？例如，茶壶的壶体反射茶壶的手柄，但是球体永远不能反射自己。如果不需要这种效果，则可以通过禁用此切换缩短渲染时间。

提示

如果拥有像玻璃这样的透明对象，并且已启用自反射/折射，则不必使对象成为2面。退出折射对象时，光线跟踪器会看到背面。

- ■ 反射/折射材质—ID：启用该选项之后，材质将反射启用或禁用渲染器的G缓冲区中指定给材质ID的效果。默认设置为启用。

默认情况下，光线跟踪材质和光线跟踪贴图反射指定给某个材质ID的效果，因此G缓冲区的效果不会丢失。例如，如果光线跟踪的对象反射使用Video Post"光晕"过滤器（镜头效果光晕）制作的带有光晕的灯，则也将反射光晕。

- ■ 渲染光线跟踪对象内的对象：切换光线跟踪对象内的对象的渲染。默认设置为启用。
- ■ 渲染光线跟踪对象内的大气：切换光线跟踪对象内的大气效果的渲染。大气效果包括火、雾、体积光等。默认设置为启用。
- ■ 启用颜色密度/雾效果：切换颜色密度和雾功能。
- ■ 加速控制：打开"光线跟踪参数"对话框。
- ■ 排除：打开"光线跟踪排除/包含"对话框，您可以从中排除光线跟踪中的对象。

■ "显示进程"对话框 启用此选项后,渲染显示带进度栏的窗口,进度栏标题为"光线跟踪引擎设置"。默认设置为启用。

■ 显示消息:启用此选项后,出现"光线跟踪消息"窗口,显示来自光线跟踪引擎的状态和进度消息。默认设置为禁用状态。

9.2.2 3ds Max 2012的渲染器

在3ds Max中,有产品级渲染和ActiveShade渲染两种不同类型的渲染方式。默认情况下,产品级渲染处于活动状态,通常用于进行最终的渲染。

ActiveShade渲染使用默认的扫描线渲染器来创建预览渲染,从而帮助您查看更改照明或材质的效果;渲染将随着场景的变化而交互更新。通常,使用ActiveShade渲染的效果不如使用产品级渲染的精确。

产品级渲染的另外一个优势是可以使用不同的渲染器,如Mental Ray渲染器或VUE文件渲染器。

要在产品级渲染和ActiveShade渲染之间进行选择,使用"指定渲染器"卷展栏。在"渲染设置"对话框的 渲染器 选项面板包含用于当前激活渲染器的主要控件。其他面板是否可用,取决于哪个渲染器处于当前激活状态。

3ds Max 2012提供了默认扫描线渲染器、Mental Ray渲染器、iray 渲染器、Quicksilver 硬件渲染器和VUE文件渲染器等几种常见的渲染器,下面分别介绍。

1. 默认扫描线渲染器

默认扫描线渲染器是一种多功能渲染器,可以将场景渲染为从上到下生成的一系列扫描线。图9-15所示是使用扫描线渲染器渲染的效果图。

图9-15

在 指定渲染器 卷展栏中的产品级: 为系统默认的扫描线渲染器,其对应的 渲染器 选项面板如图9-16所示。

图9-16

提示

　　采用扫描线渲染器渲染场景时，对灯光的类型、布置光源的位置和材质的类型没有严格的要求，但场景常常需要设置辅助灯光才能渲染出很好的效果，如图9-17是采用扫描线渲染器渲染制作的建筑外观效果图。

图9-17

2．Mental Ray渲染器

　　Mental Ray是一个专业的3D渲染引擎，它可以生成令人难以置信的高质量真实感图像。现在你可以在3D Studio的高性能网络渲染中直接控制Mental Ray 。它在电影领域得到了广泛的应用和认可，被认为是市场上最高级的三维渲染解决方案之一。BBS的著名全动画科教节目《与恐龙同行》就是用Mental Ray渲染的，逼真地实现了那些神话般的远古生物。近几年推出的几部特效大片，《绿巨人》、《终结者》、《黑客帝国》等都可以看到他的影子。

　　它可以生成灯光效果的物理校正模拟，包括光线跟踪反射和折射、焦散和全局照明。图9-18所示是使用mental ray渲染器渲染的一个场景。由mental ray渲染器进行的渲染，表示经过马提尼酒杯的折射所投影的焦散。也可以在摇酒器的反射上看到焦散。

图9-18

　　在　指定渲染器　卷展栏中的**产品级：**为mental ray渲染器时，其对应的　渲染器　选项面板如图9-19所示。

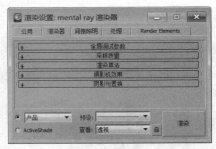

图9-19

当使用mental ray渲染器对场景进行渲染时,标准灯光和光度学灯光都可以使用。

(1)使用 mental ray 渲染器生成运动模糊

要使用mental ray渲染器渲染运动模糊,则必须启用"渲染设置"对话框→"渲染器"面板→"渲染算法"卷展栏上的光线跟踪(光线跟踪参数)。图9-20所示为设置了动画的轮子加速并向前滚动时,运动模糊添加到该轮子的渲染效果。

图9-20

(2)使用mental ray渲染器设置景深

要使用 mental ray 渲染景深效果,必须启用"渲染设置"对话框→"渲染器"面板→"渲染算法"卷展栏上的光线跟踪(光线跟踪切换)。还必须启用摄影机的景深:在摄影机的"多重过滤效果"组中,选择"景深(mental ray)"作为景深的类型(如果选择扫描线渲染器的景深选项,则渲染效果可能位于焦点之外)。图9-21所示是景深效果对比图。下面左图是不使用景深渲染的场景,所有苹果都同等聚焦。右图是使用景深控制焦点的相同场景,中间的苹果比其他两个更清晰。

图9-21

322

3. iray 渲染器

iray 渲染器通过追踪灯光路径创建物理精确的渲染。与其他渲染器相比，它几乎不需要进行设置。iray 渲染器的主要处理方法是基于时间的：您可以指定要渲染的时间长度、要计算的迭代次数，或者您只需启动渲染一段不确定的时间后，在对结果外观满意时将渲染停止。

在 指定渲染器 卷展栏中的 产品级： 为iray渲染器时，其对应的 渲染器 选项面板如图9-22所示。

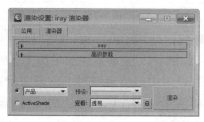

图9-22

与其他渲染器的结果相比，iray 渲染器的前几次迭代渲染看上去颗粒更多一些。颗粒越不明显，渲染的遍数就越多。iray 渲染器特别擅长渲染反射，包括光泽反射；它也擅长渲染在其他渲染器中无法精确渲染的自发光对象和图形。

4. VUE文件渲染器

在 指定渲染器 卷展栏中的 产品级： 为VUE文件渲染器时，其对应的 渲染器 选项面板如图9-23所示。

图9-23

5. Quicksilver 硬件渲染器

Quicksilver硬件渲染器使用图形硬件生成渲染。Quicksilver硬件渲染器的一个优点是它的速度，图9-24所示是Quicksilver 渲染后的效果。默认设置提供快速渲染。

图9-24

在 指定渲染器 卷展栏中的 产品级： 为Quicksilver 硬件渲染器，其对应的 渲染器 选项面板如图9-25所示。

图9-25

Quicksilver 硬件渲染器同时使用 CPU（中央处理器）和图形处理器（GPU）加速渲染。这有点像是在 3ds Max 内具有游戏引擎的渲染器。CPU 的主要作用是转换场景数据进行渲染；包括为使用中的特定图形卡编译明暗器。因此，渲染第一帧要花费一段时间，直到明暗器编译完成。这在每个明暗器上只发生一次：越频繁使用 Quicksilver 渲染器，其速度将越快。

9.2.3　渲染静态图像

要渲染静态图像，请执行以下操作。

01　激活要进行渲染的视口。

02　单击工具栏中的"渲染设置" 按钮，打开"渲染设置"对话框。

03　进入"公用参数"卷展栏，在"时间输出"组中选择"单个"选项。

04　在"输出大小"组中，设置其他渲染参数或使用默认参数。

05　单击该对话框底端的"渲染"按钮。默认情况下，渲染输出会显示在"渲染帧窗口"。

注意

要在不使用对话框的情况下渲染视图，请单击渲染产品按钮 。

9.2.4　渲染动画

要渲染动画，请执行以下操作。

01　激活要进行渲染的视口。

02　单击工具栏中的"渲染设置" 按钮，打开"渲染设置"对话框。

03　进入"公用参数"卷展栏，在"时间输出"组中选择时间范围。

04　在"输出大小"组中，设置其他渲染参数或使用默认参数。

05　在"渲染输出"组中，单击"文件"按钮，在"渲染输出文件"对话框中，指定动画文件的位置、名称和类型，然后单击"保存"按钮。通常将显示一个对话框，用于配置所选文件格式的选项。更改设置或接受默认值，然后单击"确定"继续执行操作。将启用"保存文件"复选框。

06　单击该对话框底端的"渲染"按钮。

注意

如果已设置一个时间范围，但是未指定保存到的文件，则只将动画渲染到该窗口。这可能是一个耗费时间的错误操作，因此将就此发出一条警告。

提示

一旦采用这种方式渲染动画，无须使用对话框，您就可以通过单击 ⬛ （"渲染产品"）或按F9键再次渲染该动画。

9.2.5　在渲染动画时添加运动模糊

要在渲染动画时添加运动模糊，请执行以下操作。

01 单击工具栏中的"渲染设置" ⬛ 按钮，打开"渲染设置"对话框。

02 在"公用"卷展栏中指定渲染器为"默认扫描线渲染器"。

03 在"默认扫描线渲染器"卷展栏中，启用"对象运动模糊"选项组或"图像运动模糊"选项组中的"应用"，如图9-26所示。

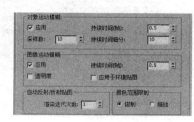

图9-26

- 在"对象运动模糊"选项组中可设置"持续时间"、"持续时间细分"和"采样数"。
- 增大"持续时间"来扩大运动模糊的效果。减小该值以使模糊变得更微弱。
- 如果"采样数"小于"持续时间细分"，则随机选择使用的切片，这使模糊产生颗粒状的外观。如果"采样数"等于"持续时间细分"，则模糊是平滑的。最平滑的模糊结果来自于这两个参数大于或等于的情况，但是，请注意这将使渲染减慢三到四个因子。
- 在"图像运动模糊"选项组中调整"持续时间"和"应用于环境贴图"。
- 增大"持续时间"来扩大条纹。减小该值以使条纹变得更微弱。

04 启用"应用于环境贴图"来使摄影机环游移动以模糊环境贴图。这些选项只用于球体、柱形或收缩包裹环境中。

05 设置其他渲染参数，然后单击"渲染"按钮。

9.2.6　为光跟踪器设置场景

要为光跟踪器设置场景，请执行以下操作（以下是常用的使用情况）。

01 为室外场景创建几何体。

02 添加天光来对其进行照明。也可以使用一个或多个聚光灯。如果使用基于物理的 IES 太阳光或 IES 天光，则有必要使用曝光控制。

03 选择"渲染"→"高级照明"→"光跟踪器"。这将打开"渲染设置"对话框中的"高级照明"面板并激活"光跟踪器"。

04 调整"光跟踪器"参数，激活要渲染的视口，然后激活"公用"面板。

05 调整渲染设置，然后单击该对话框底部的"渲染"按钮即可使用柔和边缘的阴影和映色渲染场景。

9.2.7 动手实践——使用光能传递渲染室内效果图

下面将采用光能传递渲染方式，渲染如图9-27所示的室内效果图，具体操作步骤如下。

图9-27

操作步骤

01 打开配套光盘中的"源文件与素材/第9章/书房.max"文件，如图9-28所示。

02 以上空间的材质和灯光都已设置好，按9键，在弹出的"渲染场景"对话框中的 高级照明 选项面板中选择 光能传递 选项，设置 初始质量: 参数为85%，即光能传递运算完成时将得到能量分配85%的精确光能传递结果。设置 优化迭代次数(所有对象): 参数为3，这样可整体提高场景中物体光能传递的品质。并设置 间接灯光过滤 参数为3，如图9-29所示。

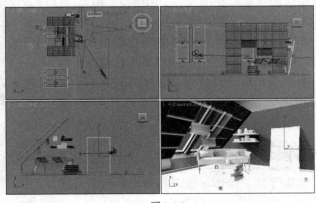

图9-28

图9-29

提示

系统默认 初始质量:参数为85%，也就是当光能传递运算完成时将得到所分配的85%的能量。优化迭代次数(所有对象):参数用于精细化全部物体，系统默认参数为0。一般情况下设置参数为3或4就可达到很好的光能传递品质。

03 单击对话框中的 设置... 按钮，弹出"环境和效果"对话框，设置背景颜色为白色，再选择 曝光控制 卷展栏中的 对数曝光控制 ▼选项，进入 对数曝光控制参数 卷展栏，设置 物理比例:参数为150000，并勾选 ☑ 室外日光 选项，其他参数设置如图9-30所示。

图9-30

 提示

对数曝光控制参数 卷展栏中的各选项含义如下：
（1）亮度：设置渲染场景的颜色亮度。
（2）对比度：设置渲染场景的颜色对比度。
（3）中间色调：设置渲染场景的中间色调值。
（4）物理比例：设置曝光控制的物理缩放比例。
（5）☐ 颜色修正：勾选该复选框，使用颜色校正功能以颜色样本框中选择颜色为准对灯光颜色进行调节。
（6）☐ 降低暗区饱和度级别：勾选该复选框，降低渲染场景颜色饱和度。
（7）☐ 仅影响间接照明：在使用标准灯光时，勾选该复选框将仅影响间接照明。
（8）☐ 室外日光：勾选该复选框，则转换光线颜色使其适合于室外场景。

04 设置好"环境和效果"对话框中的参数后，再进入"渲染场景"对话框中的 高级照明 选项面板，展开 光能传递网格参数 卷展栏，设置 最大网格大小参数为200，如图9-31所示，再单击 光能传递处理参数 卷展栏中的 开始 按钮，开始进行光能传递运算。

提示

全部重置和 重置 按钮用于返回光能传递前的状态， 停止 按钮用于停止正在进行的光能传递求解操作。

05 当光能传递运算完成后，场景中的物体全部按设置的网格大小进行细分，此时的网格效果如图9-32所示。

06 按F9键，对像机视图进行快速渲染，其效果如图9-33所示。

图9-31

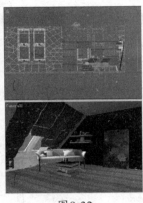
图9-32

图9-33

07 通过以上渲染很明显，画面效果整体比较暗，按下8键，在打开的"环境和效果"对话框中设置 亮度 参数为90，对曝光参数进行调整，再单击 渲染预览 按钮，在对话框中预览修改后的效果，结果如图9-34所示。整个画面比以前明亮了。

08 最后，在"渲染场景"对话框中的 公用 选项面板，设置 公用参数 卷展栏中的 宽度 为2400， 高度 为1500，并单击 渲染 按钮渲染像机视图，结果如图9-35所示。

09 再单击渲染窗口中的 🖫（保存）按钮，在弹出的对话框中将当前渲染效果命名为"书房"，以"TIFF"文件格式保存，如图9-36所示。

图9-34

图9-35

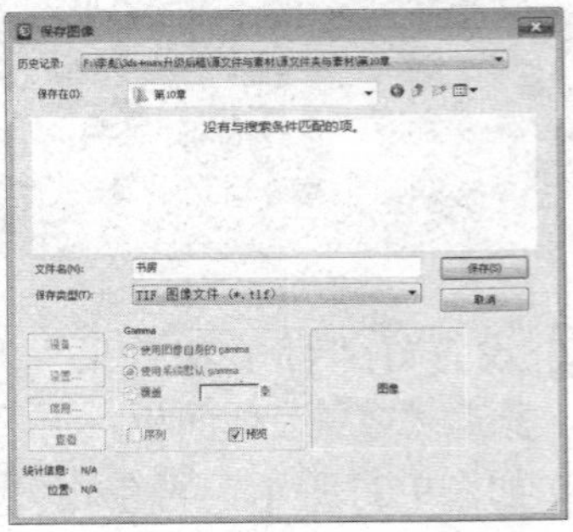

图9-36

提示

当选择"TIFF"文件格式保存渲染效果时，系统会弹出如图9-37所示的提示对话框，提示用户选择选项进行保存。若要存储通道则可选择 ☑ 存储 Alpha 通道 选项再进行保存。

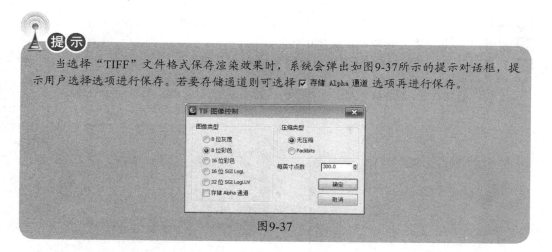

图9-37

9.3　环境设置

环境设置参数面板用于设置背景颜色、贴图和设置背景颜色动画，还可以在场景中使用大气插件制作火焰、雾、体积雾和体积光等效果。执行菜单栏"渲染/环境"命令或按下8键，就会弹出"环境和效果"对话框，如图9-38所示，在 环境 选项面板中共有三个卷展栏：公用参数 、曝光控制 和 大气，通过设置三个卷展栏的参数可制作不同的环境效果。

图9-38

9.3.1　设置背景颜色

利用"环境"面板可指定和调整环境，例如场景背景颜色和大气效果。它还提供了曝光控制。

要设置背景颜色，请执行以下操作。

01 选择"渲染"→"环境",打开"环境和效果"对话框。

02 展开"公用参数"卷展栏,如图9-39所示。

03 在"公用参数"卷展栏下的"背景"组中单击色样,打开"颜色选择器"对话框,如图9-40所示,通过设置颜色可改变背景的颜色,在系统默认情况下背景颜色为黑色。

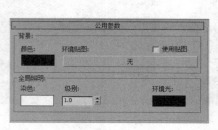

图9-39 　　　　　　　　　　　　　　　　图9-40

04 选择设置的颜色。渲染器即可使用此颜色作为背景色。

9.3.2　设置环境贴图

要设置环境贴图,请执行以下操作。

01 选择"渲染"→"环境"(或按 8 键),打开"环境和效果"对话框。

02 在"环境"面板的"背景"组中,执行下列操作之一即可打开"材质/贴图浏览器"窗口,如图9-41所示。

■ 单击"环境贴图"按钮。将弹出"材质/贴图浏览器"窗口。从列表中选择贴图类型。

■ 将贴图拖动到"环境贴图"按钮上。从材质编辑器的一个示例窗中显示的贴图,在材质编辑器或从投影光等使用任何已指定的贴图按钮,均可以执行此操作。

03 在"材质/贴图浏览器"窗口的"标准"卷展栏中双击"位图"选项,在弹出的"选择位图图像文件"对话框中选择一张位图即可,如图9-42所示。

图9-41 　　　　　　　　　　　　　　　　图9-42

04 在"环境"面板的"背景"组中,勾选 使用贴图 该选项。最后选择"渲染"→"渲染"(或按Shift+Q),弹出渲染窗口,如图9-43所示。

图9-43

在设置贴图后，可以通过禁用"使用贴图"来测试渲染有没有贴图背景的场景。您设置了环境贴图，但是要指定贴图或调整贴图参数，需要使用"材质编辑器"。

提示

在指定环境贴图后，可以将其设置为在活动视口或所有视口中显示：按 Alt+B 以打开"视口背景"对话框，启用"使用环境背景"和"显示背景"，在"应用源并显示于"组中，选择"所有视图"或"仅活动视图"，然后单击"确定"按钮。

9.3.3 曝光控制

"曝光控制"参数卷展栏用于调整渲染的输出级别和颜色范围的插件组件，就像调整胶片曝光一样。如果渲染使用光能传递，曝光控制尤其有用。卷展栏如图9-44所示。

- **找不到位图代理管理器**：该下拉列表框用于选择曝光控制类型。
- **✓ 活动**：勾选该选项，在渲染中使用该曝光控制。禁用时，不使用该曝光控制。
- **处理背景与环境贴图**：勾选该选项，场景背景贴图和场景环境贴图受曝光控制的影响。禁用时，则不受曝光控制的影响。
- **渲染预览**：单击该按钮可以渲染预览缩略图。

在3ds Max 2012中提供了四种曝光控制类型：**对数曝光控制**、**伪彩色曝光控制**、**线性曝光控制** 和 **自动曝光控制**，单击 **找不到位图代理管理器** 下拉列表框即可根据需要选择曝光控制类型，如图9-45所示。

   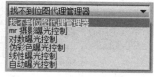

图9-44   图9-45

- **对数曝光控制**：使用亮度、对比度以及日光下的室外场景，将物理值映射为 RGB 值。"对数曝光控制"比较适合动态范围很高的场景。
- **伪彩色曝光控制**：实际上是一个照明分析工具。它可以将亮度映射为显示转换的值的亮度的伪彩色。
- **线性曝光控制**：从渲染中采样，并且使用场景的平均亮度将物理值映射为 RGB

值。线性曝光控制最适合动态范围很低的场景。

■ 自动曝光控制：从渲染图像中采样，并且生成一个直方图，以便在渲染的整个动态范围提供良好的颜色分离。自动曝光控制可以增强某些照明效果，否则，这些照明效果会过于暗淡而看不清。

9.3.4 大气效果

大气是创建照明效果的插件组件，例如火焰、雾、体积雾和体积光。

在场景中使用大气插件，通过设置 天气 参数卷展栏中的参数，可制作火焰、雾、体积雾和体积光等效果。卷展栏如图9-46所示。

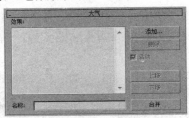

图9-46

■ 效果：显示已添加的效果队列。在渲染期间，效果在场景中按线性顺序计算。根据所选的效果，"环境"对话框添加适合效果参数的卷展栏。

■ 名称：该列表用于给效果自定义名称。

■ 添加...：单击该按钮将打开"添加大气效果"对话框，如图9-47所示，该对话框显示了所有当前安装的大气效果。选择效果，然后单击 确定 按钮，可将效果指定到列表中，如图9-48所示。

图9-47

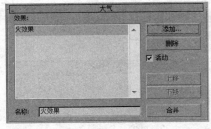

图9-48

■ 删除：单击该按钮，将所选大气效果从列表中删除。

■ ☑ 活动——为列表中的各个效果设置启用/禁用状态。这种方法可以方便地将复杂的大气功能列表中的各种效果孤立。

■ 上移：单击该按钮，将所选项在列表中上移，更改大气效果的应用顺序。

■ 下移：单击该按钮，将所选项在列表中下移，更改大气效果的应用顺序。

■ 合并：单击该按钮，合并其他 3ds Max 场景文件中的效果。

9.3.5　大气装置

在为场景增加"火效果"和"体积雾"大气特效前，需要选择"大气装置框"，用于决定大气特效被定位在何处。因为火焰没有具体的形状，所以不能单纯地应用建模去模拟火焰，而是用容器来限定火焰的范围。体积雾是一种拥有一定作用范围的雾，它和火焰一样需要一个Gizmo作为容器。

要创建大气装置框，单击 ✳ （创建）面板中的 🔳 （辅助对象）按钮，进入辅助对象创建面板，选择 标准 ▼ 下拉列表框中的 大气装置 选项，就可以通过大气创建面板创建大气装置框，创建面板如图9-49所示。

大气装置框有3种不同的形状态，分别是：长方体 Gizmo 、球体 Gizmo 和圆柱体 Gizmo ，其创建效果如图9-50所示。

图9-49

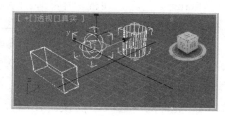
图9-50

9.3.6　火焰环境效果

使用"火焰"可以生成动画的火焰、烟雾和爆炸效果。可能的火焰效果用法包括篝火、火炬、火球、烟云和星云。图9-51所示为添加火焰环境效果。

图9-51

可以向场景中添加任意数目的火焰效果。效果的顺序很重要，因为列表底部附近的效果其层次置于在列表顶部附近的效果的前面。

要创建火焰效果，请执行以下操作。

01 创建一个或多个大气装置对象，在场景中定位火焰效果。

02 在"环境"面板中定义一个或多个火焰大气效果。

03 为火焰效果指定大气装置对象。完成后的效果如图9-52所示。

图9-52

9.3.7　创建篝火效果

要创建篝火，请执行以下操作。

01 在"创建"面板中单击"辅助对象"，然后从子类别列表中选择大气装置。

02 单击"球体Gizmo"，在顶视口中拖动光标，定义大约为20个单位的装置半径。在"球体Gizmo参数"中启用"半球"复选框。

03 单击"非均匀缩放"，在"警告"对话框中单击"是"（此警告不适用于大气Gizmo），并且仅沿着局部 Z 轴将装置放大 250%。然后可以绕装置底部建立木柴、灰烬和石头模型。

04 打开球体 Gizmo 的"修改"面板。在"大气"卷展栏上，单击"添加"按钮，然后从"添加大气效果"对话框中选择"火效果"。

05 在"大气和效果"卷展栏下的"大气"列表中高亮显示火效果。

06 在"形状"和"特性"下设置以下参数：
- 火焰类型 = 火舌
- 拉伸 = 0.8
- 火焰大小 = 18.0
- 火焰强度 = 30.0

07 启用 `自动关键点`，前进到动画结尾。

08 在"动态"下设置以下参数：
- 相位 = 300.0
- 漂移 = 200.0

图9-53所示是包含火焰的示例模型。

图9-53

提示

火焰效果在场景中不发光。如果要模拟火焰效果的发光，必须同时创建灯光。

每个效果都有自己的参数。在"大气"卷展栏的"效果"列表中选择火焰效果时，其参数将显示在"火效果参数"卷展栏中，如图9-54所示。

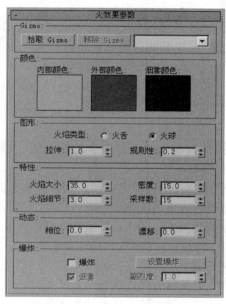

图9-54

必须为火焰效果指定大气装置，才能渲染火焰效果。使用 Gizmo 区域中的按钮可以管理装置对象的列表。

1. "Gizmo"选项组

图9-55所示为场景中火焰的 Gizmo。

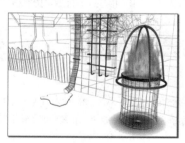

图9-55

- 拾取 Gizmo：通过单击进入拾取模式，然后单击场景中的某个大气装置。在渲染时，装置会显示火焰效果。装置的名称将添加到装置列表中。
- 移除 Gizmo：移除 Gizmo 列表中所选的 Gizmo。Gizmo 仍在场景中，但是不再显示火焰效果。
- Gizmo 列表：列出为火焰效果指定的装置对象。

2．"颜色"组

可以使用"颜色"下的色样为火焰效果设置三个颜色属性。单击色样可显示3ds Max 的颜色选择器。

- 内部颜色：设置效果中最密集部分的颜色。对于典型的火焰，此颜色代表火焰中最热的部分。
- 外部颜色：设置效果中最稀薄部分的颜色。对于典型的火焰，此颜色代表火焰中较冷的散热边缘。

火焰效果使用内部颜色和外部颜色之间的渐变进行着色。效果中的密集部分使用内部颜色，效果的边缘附近逐渐混合为外部颜色。

- 烟雾颜色：设置用于"爆炸"选项的烟雾颜色。

如果启用了"爆炸"和"烟雾"，则内部颜色和外部颜色将对烟雾颜色设置动画。如果禁用了"爆炸"和"烟雾"，将忽略烟雾颜色。

3．"图形"组

使用"形状"下的控件控制火焰效果中火焰的形状、缩放和图案。以下四个选项可以设置火焰的方向和常规形状。

- 火舌：沿着中心使用纹理创建带方向的火焰。火焰方向沿着火焰装置的局部 z 轴。"火舌"创建类似篝火的火焰。
- 火球：创建圆形的爆炸火焰。"火球"很适合爆炸效果。
- 拉伸：将火焰沿着装置的 z 轴缩放。拉伸最适合火舌火焰，但是，可以使用拉伸为火球提供椭圆形状。
  - ◆ 如果值小于 1.0，将压缩火焰，使火焰更短更粗。
  - ◆ 如果值大于 1.0，将拉伸火焰，使火焰更长更细。

图9-56所示为更改拉伸值为 0.5、1.0、3.0的效果。

可以将拉伸与装置的非均匀缩放组合使用。使用非均匀缩放可以更改效果的边界，缩放火焰的形状。

使用拉伸参数只能缩放装置内部的火焰，也可以使用拉伸值反转缩放装置对火焰产生的效果。图 9-57 所示为装置的非均匀缩放，更改拉伸值为 0.5、1.0、3.0 的效果。

图9-56   图9-57

- 规则性：修改火焰填充装置的方式。范围为 1.0 ～ 0.0。
  - ◆ 如果值为 1.0，则填满装置。效果在装置边缘附近衰减，但是总体形状仍然非常明显。
  - ◆ 如果值为 0.0，则生成很不规则的效果，有时可能会到达装置的边界，但是通常会被修剪，会小一些。图9-58所示为更改规则性值为 0.2、0.5、1.0的效果。

图9-58

4．"特性"组

使用"特性"下的参数设置火焰的大小和外观。所有参数取决于装置的大小，彼此相互关联。如果更改了一个参数，会影响其他三个参数的行为。

■ 火焰大小：设置装置中各个火焰的大小。装置大小会影响火焰大小。装置越大，需要的火焰也越大。使用 15.0 ～ 30.0 范围内的值可以获得最佳效果。

较大的值最适合火球效果。较小的值最适合火舌效果。如果火焰很小，可能需要增大"采样数"才能看到各个火焰。图9-59所示为更改火焰大小值为 15.0、30.0、50.0，装置半径为 30.0的效果。

图9-59

■ 火焰细节：控制每个火焰中显示的颜色更改量和边缘尖锐度。范围从 0.0 ～ 10.0。

较低的值可以生成平滑、模糊的火焰，渲染速度较快。较高的值可以生成带图案的清晰火焰，渲染速度较慢。对大火焰使用较高的细节值。如果细节值大于 4，可能需要增大"采样数"才能捕获细节。图9-60所示为更改火焰细节值为 1.0、2.0、5.0的效果。

图9-60

■ 密度：设置火焰效果的不透明度和亮度。装置大小会影响密度。密度与小装置相同的大装置因为更大，所以更加不透明并且更亮。

较低的值会降低效果的不透明度，从而更多地使用外部颜色。较高的值会提高效果的不透明度，并通过逐渐使用白色替换内部颜色，加亮效果。值越高，效果的中心越白。

如果启用了"爆炸"，则"密度"从爆炸起始值 0.0 开始变化到所设置的爆炸峰值的密度值。图9-61所示为更改火焰密度值为 10、60、120的效果。

图9-61

■ 采样数：设置效果的采样率。值越高，生成的结果越准确，渲染所需的时间也越长。

在以下情况下，可以考虑提高采样值：（1）火焰很小。（2）火焰细节大于 4。（3）只要在效果中看到彩色条纹。如果平面与火焰效果相交，出现彩色条纹的几率会提高。

5．"动态"组

使用"动态"组中的参数可以设置火焰的涡流和上升的动画。

- 相位：控制更改火焰效果的速率。启用"自动关键点"，更改不同的相位值倍数。
- 漂移：设置火焰沿着火焰装置的 z 轴的渲染方式。值是上升量（单位数）。
  - ◆ 较低的值提供燃烧较慢的冷火焰。
  - ◆ 较高的值提供燃烧较快的热火焰。
  - ◆ 为了获得最佳火焰效果，漂移应为火焰装置高度的倍数。
  - ◆ 还可以设置火焰装置位置和大小以及大多数火焰参数的动画。例如，火焰效果可以设置颜色、大小和密度的动画。

6．"爆炸"组

使用"爆炸"组中的参数可以自动设置爆炸动画。

- 爆炸：根据相位值动画自动设置大小、密度和颜色的动画。
- 烟雾：控制爆炸是否产生烟雾。
  - ◆ 启用时，"相位"值为 100～200 时，火焰色会更改为烟雾。"相位"值在 200～300 间的烟雾比较清晰。禁用时，"相位"值在 100～200 之间的火焰色非常浓密。"相位"值在 200～300 之间时，火焰会消失。
- 剧烈度：改变相位参数的涡流效果。
  - ◆ 如果值大于 1.0，会加快涡流速度。如果值小于 1.0，会减慢涡流速度。
- 设置爆炸：显示"设置爆炸相位曲线"对话框。输入开始时间和结束时间，然后单击"确定"按钮。相位值自动为典型的爆炸效果设置动画。

9.3.8 动手实践——山中雾色凉亭

下面将制作如图9-62所示的山中雾色凉亭效果，主要练习大气效果雾的制作方法。具体操作步骤如下：

图9-62

操作步骤

01 打开配套光盘中的"源文件与素材/第9章/凉亭.max"文件，如图9-63所示。

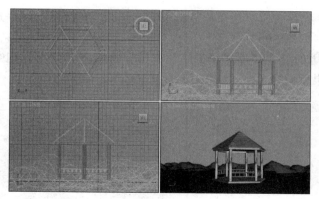

图9-63

02 执行"渲染/环境"菜单命令,打开"渲染/环境"对话框,单击 大气 卷展栏中的 添加... 按钮,在弹出的"添加大气效果"对话框中选择 雾 选项,并单击 确定 按钮,将雾添加到列表框中,如图9-64所示。

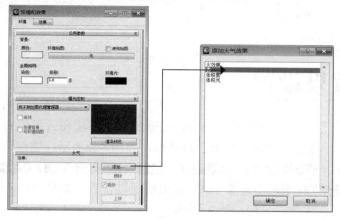

图9-64

03 此时的 大气 卷展栏面板如图9-65所示。

图9-65

04 在 雾参数 参数卷展栏中选择 分层 选项，取消 雾化背景 选项。并设置分层选项
组中的参数，如图9-66所示。

05 单击工具栏中的 （快速渲染）工具，渲染透视图，结果如图9-67所示，这样
山中云雾效果就做好了。

图9-66

图9-67

9.4 效果设置

执行"渲染"→"效果"菜单命令，在弹出的"环境和效果"对话框中，单击
添加 按钮，可打开"添加效果"对话框，如图9-68所示，通过该对话框可添加
各种需要的效果：Hair 和 Fur、镜头效果、模糊、亮度和对比度、色彩平衡、景深、
文件输出、胶片颗粒 和 运动模糊，添加效果后通过设置参数将对渲染的结果进行特
殊处理，如发光、柔化、景深等特效处理。

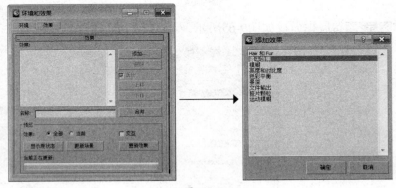
图9-68

9.4.1 镜头特效

"镜头效果"是用于创建真实效果（通常与摄影机关联）的系统。这些效果包括光
晕、光环、射线、自动二级光斑、手动二级光斑、星形和条纹。应用效果如图9-69所示。

具体操作步骤如下。

01　单击 添加... 按钮，选择"镜头效果"选项，把镜头效果增加到场景中，其面板如图9-70所示。

图9-69　　　　　　　　　　　图9-70

02　在 镜头效果参数 卷展栏左侧的列表中选择所需的效果。

03　单击 › 按钮将效果移动到右侧的列中。

04　出现相应的参数卷展栏，根据需要设置参数即可。

每个效果都有自己的参数卷展栏，但所有效果共用两个全局参数面板，如图9-71和图9-72所示。

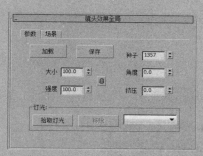

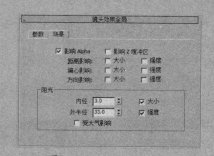

图9-71　　　　　　　　　　图9-72

1. "参数"选项组

■　 加载 ：单击该按钮将加载场景不同卷展栏里指定的参数设置，保存镜头效果参数设置的文件是以LZV为扩展名的文件。

■　 保存 ：单击该按钮将保存当前场景内指定的参数设置，以后可以通过加载以LZV为扩展名的文件来使用保存的参数设置。

■　**大小**：设置效果的全面尺寸作为渲染结果的百分比值。

■　**强度**：控制镜头效果的亮度和不透明度。值越大越亮就越不透明，值越小越暗淡就越透明。使用右侧的 🔒（锁定）按钮，可以把"大小"与"强度"参数值锁定在一起。

■　**种子**：设置镜头效果的随机性。改变"种子"值将改变效果渲染时发生变化。

■　**角度**：设置效果以默认位置旋转的角度。

- ■ 挤压：设置镜头效果的挤压尺寸。当取正值时，拉伸水平轴；当取负值时，拉伸垂直轴。
- ■ 拾取灯光：单击该按钮将拾取需要应用效果的灯，可以通过打开"选择对象"对话框来拾取多个灯光。
- ■ 移除：单击该按钮将移除灯光中应用的镜头效果。
- ■ ▼：该下拉列表框显示或选择应用效果的灯光。

2. "场景"选项组

- ■ ☑ 影响 Alpha：可以使用图像的Alpha通道，Alpha通道包含图像透明度信息。
- ■ ☐ 影响 Z 缓冲区：设置镜头效果是否影响Z缓冲区。Z缓冲区通常用于设置从摄影机的视角观察到的对象的深度，通过使用Z缓冲区，能够产生特殊的镜头效果。
- ■ 距离影响：该复选框基于离摄影机的距离改变效果的"大小"或"强度"。
- ■ 偏心影响：该复选框与"距离影响"复选框类似，根据偏移中心的距离来改变镜头效果的"大小"或"强度"。
- ■ 方向影响：该复选框根据聚光灯与摄影机或视图之间的方向来改变镜头效果的"大小"或"强度"。
- ■ 内径：在镜头效果和摄影机之间的对象阻塞镜头效果达到最大值。
- ■ 外半径：设置在镜头效果和摄影机之间的对象阻塞镜头效果开始位置。
- ■ ☑ 大小：勾选该复选框，当被阻塞时减小镜头效果的尺寸大小。
- ■ ☑ 强度：勾选该复选框，当被阻塞时减小镜头效果的亮度。
- ■ ☐ 受大气影响：勾选该复选框，允许大气效果阻塞镜头效果。

9.4.2 模糊

使用模糊效果可以通过三种不同的方法使图像变模糊：均匀型、方向型和放射型。在动画渲染过程中采用模糊效果真实模拟摄影机移动的幻影感，应用效果如图9-73所示。其面板如图9-74所示。

图9-73

图9-74

1. 模糊类型选项面板

在 模糊参数 卷展栏中有两个选项面板，系统默认 模糊类型 选项面板为首先开启状态。

（1）"模糊类型"选项组

- ■ ⊙ 均匀型：模糊效果均匀地指定到整幅渲染图像。
- ■ 像素半径(%)：设置模糊效果的强度。
- ■ ☑ 影响 Alpha：勾选该复选框时，将统一模糊效果指定到Alpha通道。
- ■ ○ 方向型：在任意方向对渲染图像应用各向异性模糊效果。

- U 向像素半径(%)：设置在U轴水平方向渲染图像的模糊效果强度。
- U 向拖痕(%)：设置在U轴的模糊痕迹，使摄影机在垂直方向产生快速移动拍摄的效果。
（2）"像素选择"选项组
- V 向像素半径(%)：设置在V轴垂直方向渲染图像的模糊效果强度。
- V 向拖痕(%)：设置在V轴的模糊痕迹，使摄影机在水平方向产生快速移动拍摄的效果。
- 旋转(度)：利用旋转UV坐标轴方向的功能，创建图像在任意轴向的模糊效果。
- ☑ 影响 Alpha：勾选该复选框时，将方向模糊效果指定到Alpha通道上。
- ○ 径向型：由图像边缘向指定的模糊中心进行放射状的模糊处理。
- 像素半径(%)：设置渲染图像应用模糊效果的强度。
- 拖痕(%)：利用由模糊中心向图像边缘增加的模糊行迹，模拟摄影机快速移近拍摄对象的效果。
- X 原点 /Y 原点：设置放射性模糊的中心位置。
- ☐ 使用对象中心：勾选该复选框时，将使用当前场景中所选对象作为放射性模糊的中心。
- ☑ 影响 Alpha：勾选该复选框时将放射型模糊效果应用于 Alpha 通道。

2. 像素选项面板

在 模糊参数 卷展栏中，单击 像素选择 选项卡，将展开像素参数面板，如图9-75所示。通过设置应用于各个像素，可以使整个图像变模糊，使非背景场景元素变模糊，按亮度值使图像变模糊，或使用贴图遮罩使图像变模糊。

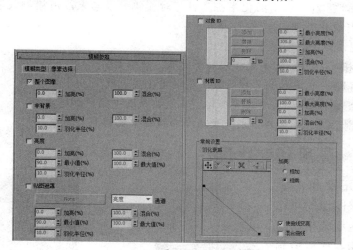

图9-75

- ◆ ☑ 整个图像：勾选该复选框时，模糊效果对整幅图像进行处理。"加亮"增加整幅图像的亮度；"混合"将模糊效果和整幅图像的原颜色进行混合。
- ◆ ☐ 非背景：勾选该复选框时，对除了场景中的背景图像或背景动画外的所有对象进行模糊处理。
- ◆ ☐ 亮度：勾选该复选框时，只对亮度参数在指定亮度范围内的像素进行模糊处理。
- ◆ ☐ 贴图遮罩：勾选该复选框时，按照选择的通道和指定的贴图遮罩，对图像进行模糊处理。

◆ 通道：将所选模糊效果指定到贴图通道，有红，绿，蓝，Alpha和亮度 5个通道可以选择。

◆ 最小值(%)/最大值(%)：设置贴图通道中色彩范围的最低值和最高值。

◆ 加亮(%)：勾选该复选框时，只对亮度参数在指定亮度范围内的像素增加亮度。

◆ 混合(%)：将贴图遮罩内像素的模糊效果和整幅图像的原颜色进行混合。

◆ 羽化半径(%)：利用羽化半径参数可对模糊效果与未应用模糊效果之间的边界进行柔化处理。

■ □对象 ID：对场景中具有指定对象ID号的对象进行模糊处理。

◆ 最小亮度(%)/最大亮度(%)：设置亮度范围的最小值和最大值。

◆ 加亮(%)：对指定对象ID号模糊处理的像素增加其亮度。

◆ 混合(%)：将具有指定ID号的对象进行模糊效果，然后将其模糊效果与整幅图像的原颜色进行混合。

◆ 羽化半径(%)：利用羽化半径参数可对模糊效果与未应用模糊效果之间的边界进行柔化处理。

■ □材质 ID：勾选该复选框时，对与编辑框中有相同材质效果通道号的对象材质应用模糊效果。

◆ 最小亮度(%)/最大亮度(%)：设置亮度范围的最小值和最大值。

◆ 加亮(%)：对具有指定材质ID号的对象增加其亮度。

◆ 混合(%)：将具有指定材质ID号的对象进行模糊效果，然后将其模糊效果与整幅图像的原颜色进行混合。

◆ 羽化半径(%)：利用羽化半径参数可对模糊效果与未应用模糊效果之间的边界进行柔化处理。

■ "常规设置"选项组

◆ ○相加：相加加亮比相乘加亮更亮、更明显。

◆ ⦿相乘：相乘加亮为模糊效果提供柔化高光效果。

◆ ☑使曲线变亮：用于在"羽化衰减"曲线图中编辑加亮曲线。

◆ □混合曲线：用于在"羽化衰减"曲线图中编辑混合曲线。

9.4.3　亮度和对比度

使用"亮度和对比度"可以调整图像的对比度和亮度。应用效果如图9-76所示，其卷展栏控制参数包括"亮度"、"对比度"及"忽略背景"复选框，如图9-77所示。

图9-76

图9-77

■ 亮度：设置渲染图像的颜色亮度。

- **对比度**：设置渲染图像的颜色对比度。
- **忽略背景**：勾选该复选框，只对场景中的所有对象进行亮度和对比度特效调整，会忽略对背景图像的影响。

9.4.4 景深

"景深"模拟在真实摄影机镜头中观看远景时的模糊效果，它通过模糊靠近或远离摄影机的对象来增加场景深度，应用效果如图9-78所示。卷展栏如图9-79所示。

图9-78

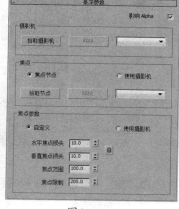
图9-79

- **影响 Alpha**：勾选该复选框时，渲染图像的Alpha通道将进行景深效果处理。
- **"摄影机"选项组**
  - **拾取摄影机**：单击此按钮，可以在视图中拾取进行景深效果处理的摄影机。
  - **移除**：单击此按钮，删除在下拉列表框中选定的摄影机。
- **"焦点"选项组**
  - **焦点节点**：选中此选项，可以拾取一个场景对象作为摄影机的焦点。
  - **使用摄影机**：使用在场景中拾取的摄影机来确定场景焦点的位置。
  - **拾取节点**：单击此按钮，在场景中拾取一个对象或摄影机焦点作为摄影机焦点对象。
  - **移除**：单击此按钮，删除当前的摄影机焦点对象。
- **"焦点参数"选项组**
  - **自定义**：选中该选项后，通过设置当前选项组的参数来生成景深效果。
  - **使用摄影机**：选中该选项后，设置在场景中拾取摄影机的焦点参数来生成景深效果。
  - **水平焦点损失**：设置图像在水平轴向的模糊化程度。
  - **垂直焦点损失**：设置图像在垂直轴向的模糊化程度。
  - **焦点范围**：设置在焦点前后z轴向的距离范围，使模糊化在该距离范围内两侧达到已设置的最大效果。
  - **焦点限制**：设置在焦点前后z轴向的距离范围，使模糊化在该距离范围内达到已设置的最大效果。

9.4.5 胶片颗粒

"胶片颗粒"效果使渲染图外观呈现胶片颗粒状，但整个图像却很柔和，应用效果如图9-80所示，其卷展栏如图9-81所示。

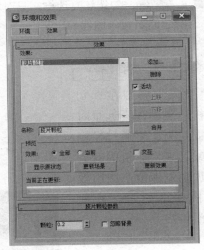

图9-80　　　　　　　　　　　　　　　　图9-81

- **颗粒**：设置渲染图中胶片颗粒的数量。
- **忽略背景**：勾选该复选框，只对场景中所有对象进行胶片颗粒处理，忽略影响场景的背景图像或背景动画。

9.4.6　运动模糊

运动模糊通过模拟实际摄影机的工作方式，可以增强渲染动画的真实感。摄影机有快门速度，如果场景中的物体或摄影机本身在快门打开时发生了明显移动，胶片上的图像将变模糊。应用效果如图9-82所示，卷展栏如图9-83所示。

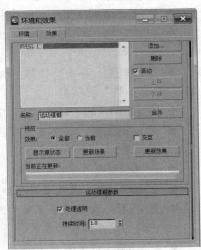

图9-82　　　　　　　　　　　　　　　　图9-83

- **处理透明**：勾选该复选框，运动模糊效果会应用于透明对象后面的对象。禁用时，透明对象后面的对象不会应用运动模糊效果。禁用此开关可以加快渲染速度。默认设置为启用。

■ 持续时间：指定"虚拟快门"打开的时间。设置为 1.0 时，虚拟快门在一帧和下一帧之间的整个持续时间保持打开。值越大，运动模糊效果越明显。默认设置为 1.0。

9.4.7 动手实践——火焰文字特效

下面将采用大气装置制作如图 9-84 所示的火焰文字，练习火焰效果的制作方法。

图9-84

🔧 操作步骤

01 单击创建面板中的二维图形按钮，进入二维图形创建面板，单击 文本 按钮，在前视图中创建黑体文字，效果与参数如图9-85所示。

图9-85

02 单击修改按钮，进入修改命令面板，选择 修改器列表 下拉列表框中的 挤出 选项，添加挤出修改命令，将字体拉出厚度，效果与参数设置如图9-86所示。

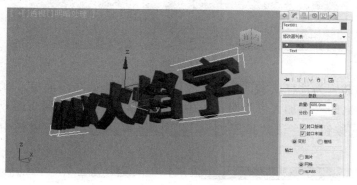

图9-86

03 文字创建好后，接下来创建大气装置，单击创建面板中的 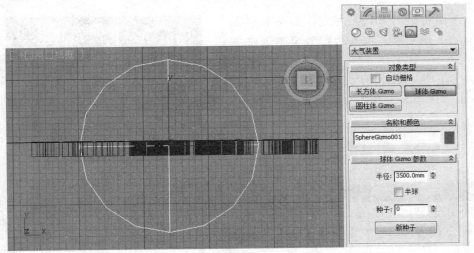 （辅助对象）按钮，进入辅助对象创建面板，选择 标准 下拉列表框中的 大气装置 选项，在展开的面板中单击 球体 Gizmo 按钮，在顶视图中创建球体装置，效果与参数如图9-87所示。

图9-87

04 单击工具栏中 下拉工具按钮中的 （选择并非均匀缩放）按钮，分别在顶视图与前视图左视图挤压球体装置，使其包含整个文字，最终效果与位置如图9-88所示。

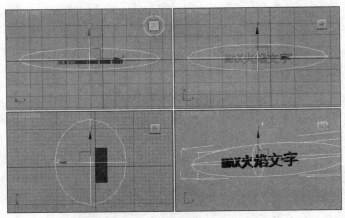

图9-88

05 确认球体装置为选择状态，单击修改按钮，进入修改命令面板，单击 添加 按钮，在弹出的"添加大气"对话框中选择 火效果 选项，如图 9-89 所示，并单击 确定 按钮，将该效果添加到 - 大气和效果 卷展栏中，如图 9-90 所示。

06 选择添加到 - 大气和效果 卷展栏中的 火效果 选项，单击 设置 按钮，在弹出的"环境和效果"对话框中设置参数，如图9-91所示。

图9-89   图9-90   图9-91

07 下面设置文字材质，按M键，打开"材质编辑器"对话框，单击 漫反射:后面的 ■按钮，添加 ◙ 渐变 贴图，再将"环境和效果"面板中的黄色、红色分别拖到材质编辑面板中的 颜色 #3 和 颜色 #2 渐变色上进行复制，并选择 ⊙ 径向 渐变类型，如图9-92所示。

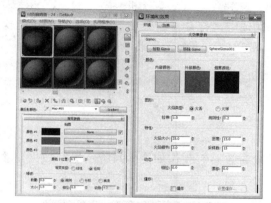

图9-92

08 单击 🖳 （转到父对象）按钮，选择视图中的文字，单击材质编辑面板中的 🖳 （赋材质）按钮，将制作好的文字材质赋给文字，并对透视图进行渲染，结果如图9-93所示，这样火焰文字就做好了。

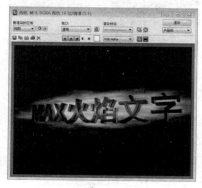

图9-93

本章小结

通过本章对3ds Max的渲染与环境相关知识的学习，相信大家已掌握了渲染相关基础知识。我们知道，一个优秀的作品除了前期的模型编辑和后期处理器之外，渲染是非常重要的一个步骤，如果没有好的渲染方式，输出的作品会显得很平淡，表现不出应有的灯光和材质的真实感，因此，要熟悉不同渲染器的优点和缺点，掌握渲染常用参数的设置，通过功能强大的渲染器渲染出高质量的作品。希望通过大量实战练习来掌握各种渲染器的强大魅力。

过关练习

1. 选择题

（1）要将场景模型渲染为线框模型，此时应单击工具栏中的 ⬚ 按钮，在弹出的"渲染场景"对话框中，进入"渲染器"选项卡，并勾选选项____。

A. ☑ 贴图   B. ☑ 阴影   C. ☑ 启用 SSE   D. ☑ 强制线框

（2）在3ds Max 2012中，打开"渲染场景"对话框的正确操作方法是____。

A. 选择"渲染"菜单中的"渲染"命令

B. Alt+F10

C. Shift+F10

D. F10

2. 上机题

本练习将使用"镜头效果"制作如图9-94所示星空效果。主要练习镜头发光效果的参数设置方法。

图9-94

操作提示：

01 打开配套光盘中的"源文件与素材/第9章/月球.max"文件。制作发光效果，选择视图中的Omni01，如图9-95所示。

02 进入修改命令面板并展开"大气和效果"卷展栏，单击 添加 按钮，在弹出的"添加大气或效果"对话框中选择 镜头效果 选项，然后单击 确定 按钮即可将镜头特效列在"大气和效果"窗口中，如图9-96所示。

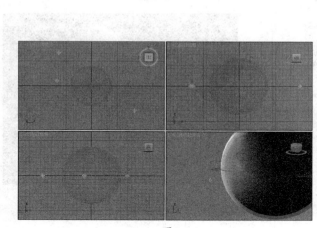

<table>
<tr><td>图9-95</td><td>图9-96</td></tr>
</table>

03 对大气和效果参数设置，然后设置大小为14；强度为200；阻光度为100；使用源色为50；混合为50，如图9-97所示，最后对透视图进行渲染，效果如图9-98所示。

<table>
<tr><td>图9-97</td><td>图9-98</td></tr>
</table>

04 接下来制作星形光晕效果。返回到镜头效果参数卷展栏，选择该卷展栏中的Star选项，再单击右箭头 ▷ 按钮，将选择的效果移至右侧列表中，如图9-99所示。

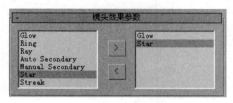

图9-99

05 在星形元素卷展栏中，设置大小为200；宽度为1；强度为15；并勾选 ☑ 光晕在后 选项。其参数如图9-100所示，再对透视图进行渲染，效果如图9-101所示。

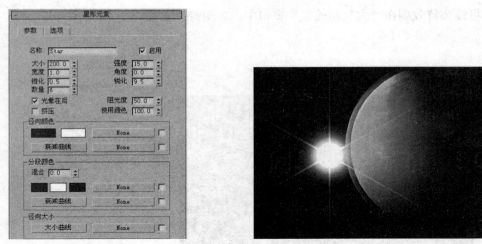

图9-100

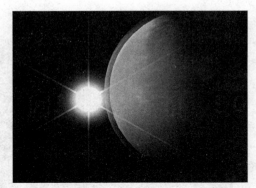

图9-101

第 10 章 动画入门

 学习目标

　　本章主要介绍了三维动画创作的基础知识和基本动画工具的使用方法，具体内容包括设置动画时间、关键帧的创建与编辑、运动轨迹以及动手实践等。通过学习可以熟悉动画的制作流程和编辑环境，掌握关键帧动画的制作方法和技巧。

 要点导读

1. 认识动画
2. 动画设置工具
3. 设置动画时间
4. 创建与编辑关键帧
5. 动手实践——制作开放的花朵

 精彩效果展示

10.1 认识动画

动画以人类视觉的原理为基础。当人看到一幅画后，该画面会在人眼中停留1/24s。动画就是利用这一原理以24幅图每秒的速度播放图像，从而在大脑中产生图像"运动"的印象，如图10-1所示。因而，动画其实是由连续播放的一系列图像画面组成的。单独图像称之为帧。

图10-1

使用 3ds Max可以为各种应用创建3D计算机动画。可以为计算机游戏设置角色或汽车的动画，或为电影或广播设置特殊效果的动画。还可以创建用于严肃场合的动画，如医疗手册或法庭上的辩护陈述。无论设置动画的原因何在，您会发现 3ds Max 是一个功能强大的环境，可以使您实现各种目的。

10.1.1 动画制作原理

传统动画的制作过程是非常烦琐的，通常需要数百名艺术家绘制上千张静态图像，即画出组成动画的所有关键帧和中间帧，最后通过链接或渲染图像以产生最终图像。如图10-2所示的一个很简单的张嘴动画，也必须绘制7张图像来完成这个动画，由此可见，用手来绘制图像是一项非常艰巨的任务。因此出现了一种称之为关键帧的技术，然后助手再计算出关键帧之间需要的帧。填充在关键帧中的帧称为中间帧。图10-2中标记为1、2 和 3 的是关键帧，其他帧是中间帧。

这种关键帧的技术就是采用3ds Max软件制作动画。通过该软件，您可以设置任何对象变换参数的动画，如随着时间改变而改变位置、旋转角度和缩放比例。其设置动画的基本方式也是非常简单的，在创建动画时您首先创建记录每个动画序列起点和终点的关键帧。这些关键帧的值称为关键点。设置好后软件会自动计算每个关键点值之间的插补值，从而生成完整动画。如图10-3所示的1和2的对象位置是不同帧上的关键帧模型，中间帧则由计算机自动产生。

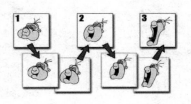

图10-2

图10-3

354

10.1.2 动画制作流程

一般来说，在3ds Max 中制作动画的流程是：创建动画场景→赋予材质→创建摄像机→创建灯光→制作动画→输出动画→后期合成，如图10-4所示。

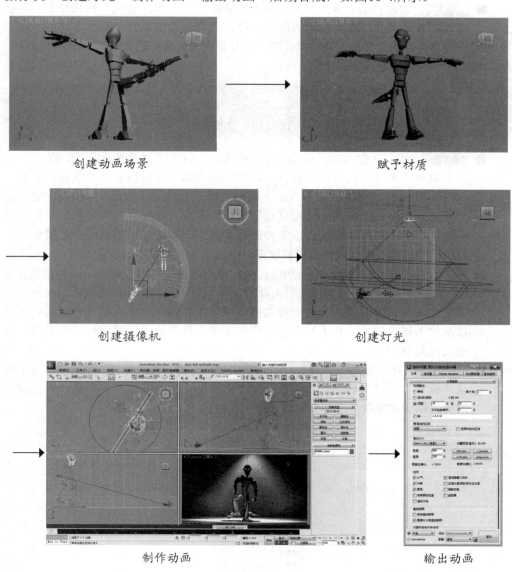

创建动画场景　　　　　　　　　　　　赋予材质

创建摄像机　　　　　　　　　　　　创建灯光

制作动画　　　　　　　　　　　　输出动画

图10-4

10.2 动画设置工具

在设置动画时，最常用的工具位于视图窗口的下方，如图10-5所示，这些工具主要控制动画关键点的设置、时间的设置和动画播放预览等操作。

图10-5

■ 自动 ：切换自动关键点模式，单击该按钮，"自动关键点"模式处于活动状态时，与活动视口轮廓和时间滑块一样，"自动关键点"按钮也为红色。这些指示器提醒您，您处于动画模式中，并且正在设置操作的关键帧。

> **提 示**
>
> 请务必在设置完关键帧后禁用"自动关键点"，否则会不小心创建不需要的动画。使用"撤销"来移除不希望得到的动画。请务必小心；这点很容易忘记。

■ 设置关键点 ：设置关键点动画模式，单击该按钮，将启用"设置关键点"模式。 此时可以和"关键点过滤器"混合，以此来为所选对象的独立轨迹创建关键点。与 3ds Max 传统设置动画的方法不同，"设置关键点"模式可以控制关键点的内容以及关键点的时间。它可以设置角色的姿势（或变换任何对象），如果满意的话，单击该按钮将使用该姿势创建关键点。如果移动到另一个时间点而没有设置关键点，那么该姿势将被放弃。也可以使用对象参数进行设置。

■ ：新建关键点的默认入/出切线按钮，单击该按钮不放，将显示下拉按钮列表。该列表按钮可为新的动画关键点提供快速设置默认切线类型的方法，这些新的关键点是用设置关键点模式或者自动关键点模式创建的。还可以从"关键点信息（基本）"卷展栏和曲线编辑器的"关键点切线"工具栏访问切线类型。

■ 过滤器... ：单击该按钮，将打开"设置关键点"对话框，如图10-6所示，系统默认"位置"、"旋转"、"缩放"和"IK参数"为选择状态，即系统对位置、旋转、缩放和参数修改都会过滤记录为关键点。

图10-6

■ ：转至开头按钮，单击该按钮可以将时间滑块移动到活动时间段的第一帧。在"时间配置"对话框的"开始时间"和"结束时间"字段中设置活动时间段。

■ ：上一帧按钮，单击该按钮，时间滑块将后退到上一帧。

■ ：播放按钮。单击该按钮将在视口中播放动画。此时 按钮切换成 按钮。当动画正在播放时，单击 按钮可结束播放。

■ ：下一帧按钮，单击该按钮，时间滑块将向前移动到下一帧。

-  ：转至结果按钮，单击该按钮可以将时间滑块移动到活动时间段的最后一帧。
- ：关键点模式切换按钮，当按下 关键点模式切换按钮为 状态时， 和 按钮切换为 和 按钮，此时，再单击 或 按钮，都将跳转至上一个或下一个关键点。
- ：动画帧参数框，在该参数框中输入参数按Enter键后，时间滑块将滑到参数框中指定的帧位置。
- ：时间配置按钮，单击该按钮将打开"时间配置"对话框，该对话框提供了帧速率、时间显示、播放和动画的设置。您可以使用此对话框来更改动画的长度或者拉伸或重缩放。还可以用于设置活动时间段和动画的开始帧和结束帧。

其他两个重要的动画控件为时间滑块和轨迹栏，位于主动画控件左侧的状态栏上，如图10-7所示。

- ：时间滑块显示当前帧并可以通过它移动到活动时间段中的任何帧上。当创建了关键后，右键单击滑块栏，将打开"创建关键点"对话框，如图10-8所示，在该对话框中可以创建位置、旋转或缩放关键点而无须使用"自动关键点"按钮。

图10-7

图10-8

- 轨迹栏：位于视口下方，时间滑块和状态栏之间。

轨迹栏提供了显示帧数（或相应的显示单位）的时间线。这为用于移动、复制和删除关键点，以及更改关键点属性的轨迹视图提供了一种便捷的替代方式。选择一个对象，以在轨迹栏上查看其动画关键点。轨迹栏还可以显示多个选定对象的关键点。

10.3 设置动画时间

在3ds Max中创建动画，首先应设置动画的时间，这些操作都是在"时间配置"对话框中完成的，如图10-9所示。

1. "帧速率"选项组

- NTSC：系统默认选项，即视频使用 30 f/s 的帧速率。
- 电影：选择该选项，则采用电影使用 24 f/s 的帧速率。
- PAL：选择该选项，即Web 和媒体动画则使用

图10-9

更低的帧速率。

■ ○ 自定义 ：选择该选项，可通过调整微调器 FPS: 后面的参数来指定自己的 FPS。

2．"时间显示"选项组

■ ⊙ 帧 ：为系统默认选项，选中此项，在界面时间轴上的显示方式为"帧"。

■ ○ SMPTE ：选择该选项，在界面时间轴上的显示方式为"分、秒和帧"。

■ ○ 帧:TICK ：选择该选项，在界面时间轴上的显示方式为"帧：点"。

○ 分:秒:TICK ：选择该选项，在界面时间轴上的显示方式为"分：秒：点"。

3．"播放"选项组

在该选项组中可设置在视图中如何回放动画。

■ ☑ 实时 ：勾选该复选框，会跳过部分帧以保证播放速度，系统默认选择此项。

■ ☑ 仅活动视口 ：勾选该复选框，在当前激活视图中播放动画，系统默认选择此项。

■ ☑ 循环 ：勾选该复选框，可循环播放，系统默认选择此项。

■ 速度: ：该栏用于选择设置在视图中播放动画的速度，不影响渲染效果。

■ 方向: ：当不勾选 ☐ 实时 选项时，该栏中的选项为激活状态，可选择设置动画播放的方向。⊙ 向前 是顺序播放；○ 向后 是反向播放；○ 往复 是先顺序播放再回放。

4．"动画"选项组

在该选项组中可设置场景的动画时间长度。

■ 开始时间: ：设置时间开始的帧。

■ 结束时间: ：设置时间结束的帧。

■ 长度: ：设置动画总长时间。

■ 帧数: ：设置可进行渲染的总帧数。

■ 当前时间: ：设置和显示当前帧数。

■ 重缩放时间 ：单击此按钮，打开"重缩放时间"对话框，用于改变时间的长度，如图10-10 所示。

图10-10

5．"关键点步幅"选项组

通过该选项组可控制关键点之间的移动。

■ ☑ 使用轨迹栏 ：勾选该复选框，指定在关键点之间切换，系统默认为选择状态。

■ ☑ 仅选定对象 ：当不勾选 ☐ 使用轨迹栏 复选框时，该选项才处于激活选择状态，当不勾选 ☐ 使用当前变换 选项时，才可通过 ☑ 位置 、☑ 旋转 或 ☑ 缩放 复选框过滤在不同变换操作的关键点之间切换。

■ ☑ 使用当前变换 ：勾选该复选框，关键点的切换只能进行在当前与主工具栏中处于激活状态的变换工具相同的关键点，系统默认为选择状态。

下面讲解在更长的时间范围内延长现有动画，具体操作步骤如下：

01 单击动画控制工具栏中的 按钮，打开"时间配置"对话框。

02 在对话框中的 动画 组中，单击 重缩放时间 按钮。

03 在弹出的"重缩入时间"对话框中，将 长度 中的值更改为您希望动作填充的帧数，本例为200，如图10-11所示。

04 改完后，单击 确定 按钮，返回"时间配置"对话框，此时面板中的 结束时间:
由原来系统默认的100变成修改后的200，如图10-12所示。

图10-11

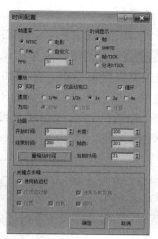

图10-12

05 再单击 确定 按钮，可看到时间滑块变成 0 / 200 。

10.4 创建与编辑关键帧

10.4.1 创建关键点

在3ds Max中可为不同的对象创建不同的关键点，创建关键点的方式很多，根据不同的情况可选择以下方式进行创建。

1. 通过"自动关键点"按钮 自动关键点 创建关键点

通过 自动关键点 按钮创建关键点，具体操作步骤如下。

01 在场景中选择对象。

02 单击 自动关键点 按钮，启动自动记录关键点模式。

03 将时间滑块拖至非0帧处，然后对当前选择对象进行变换或修改，系统将在该帧记录变换或修改后的最终参数，这时第0帧和当前帧都属于关键点（0帧记录的是对象的原始参数）。

2. 利用 设置关键点 模式创建关键点

利用 设置关键点 模式创建关键点，具体操作步骤如下。

01 在场景中选择对象。

02 将时间滑块拖到0帧处，再单击 设置关键点 按钮，激活该按钮。

03 然后单击 ← 记录成关键点，再单击 设置关键点 按钮，取消激活状态。

04 拖动时间滑动到非0帧处，再次单击 设置关键点 按钮，然后变换操作对象。

05 再单击 ← 按钮，将当前变换操作结果记录成关键点。

3．在时间滑块上单击鼠标右键创建关键点

在时间滑块上单击鼠标右键，即在动画记录状态下操作，具体操作步骤如下。

01 在场景中选择对象。

02 在动画记录状态下，在时间滑块 <　　30 / 100　　> 按钮上单击鼠标右键。

03 弹出"创建关键点"对话框，如图10-13所示。

04 在该对话框中可以设置选择对象的"位置"、"旋转"和"缩放"，这种创建关键点的方法不需要打开动画按钮。

图10-13

提示

第三种方式设置动画关键帧的方法，在动画按钮关闭时改变了一个已经设置动画物体的参数，它会影响这个物体的所有帧。

10.4.2　运动轨迹

轨迹栏位于时间滑块下方，如图10-14所示。利用轨迹栏可以编辑修改对象的所有关键点以及对关键点进行移动、复制等编辑操作。

图10-14

在关键点上单击█图标变为白色█图标时，表明该关键点为选择状态，如图10-15中的第40帧为选择的关键点，当鼠标移动到选择的关键点标记上时，变为双箭头形状表示可以移动关键点。移动到没有选择的关键点标记上时，变为十字形状表示可以选择该标记。

图10-15

用鼠标拖动关键点标记就可以实现移动关键点，在拖动的同时按住Shift键，则会复制关键点。利用轨迹栏还可以改变激活时间段的开始和结束时间，按住Ctrl键和Alt键的同时在轨迹栏中按住鼠标左键拖动，将改变激活时间段的开始时间；按住Ctrl键和Alt键的同时按住鼠标右键拖动，将改变激活时间段的结束时间；按住中间键将同时改变开始时间和结束时间。

在轨迹栏上的关键点标记上单击鼠标右键，弹出的菜单中包含选择物体在关键点处所有设置的动画的参数，包括物体的变换、编辑修改器动画参数和材质动画参数等，如图10-16所示，可以对每一个关键点进行修改编辑。

图10-16

- 控制器属性：当对象被添加动画控制器后，可通过该选项快捷地进入控制器属性编辑。
- 删除关键点：可在当前帧中删除当前选择对象的关键点。
- 删除选定关键点：删除选择对象的选择关键点。
- 过滤器：可通过子菜单过滤显示不同类型的关键点。
- 配置：可通过子菜单对轨迹栏的显示进行配置。
- 转至时间：可将时间滑块移动到光标当前所在时间位置。

可以展开轨迹栏，以显示曲线。单击位于轨迹栏左端的 ▦（打开迷你曲线编辑器，如图10-17所示）。将用控制器和关键点窗口，以及"轨迹视图"工具栏替换时间滑块和轨迹栏。通过在菜单栏和工具栏之间拖动边框（在空工具栏区域中执行此操作），可以调整轨迹栏窗口的大小。

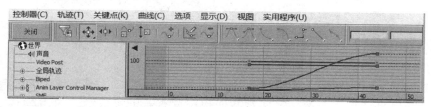

图10-17

10.5 动手实践——制作开放的花朵

本例将制作如图10-18所示的开放的花朵动画，练习自动关键帧设置动画的方法，具体操作步骤如下：

图10-18

操作步骤

01 打开配套光盘中的"源文件与素材/第10章/芳香蒜.max"文件，如图10-19所示。

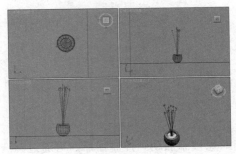

图10-19

02 场景图中的模型材质已创建好。选择花模型，进入修改命令面板，在修改堆栈中选择 Foliage 命令层级，如图 10-20 所示，并在弹出的对话框中单击 是(Y) 按钮。

图10-20

03 将时间滑块 0 / 100 拖动第0帧位置，单击动画工具面板中的 自动 按钮，开启自动设置关键帧，将参数面板中芳香蒜的参数修改为 高度:1.2，如图10-21所示。

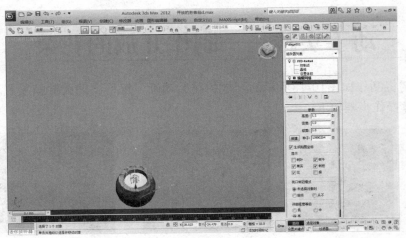

图10-21

04 将时间滑块拖动至第50帧位置，将参数面板中芳香蒜的参数修改为 高度:3.7，如图10-22所示。

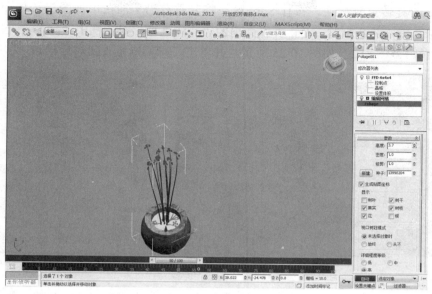

图10-22

05 单击 自动 按钮，关闭自动设置关键帧，在修改堆栈中选择 FFD 3x3x3 命令层级下的 控制点 次物体选项，单击工具栏中的 图 （选择并均匀缩放）工具，在前视图中框选顶部控制点，单击动画工具面板中的 自动 按钮，开启自动设置关键帧，并将时间滑块拖动至 100 / 100 位置，在透视图中，将光标向外移动，放大控制框，如图10-23所示。并单击修改堆栈中的 控制点 次物体选项，退出当前编辑命令。

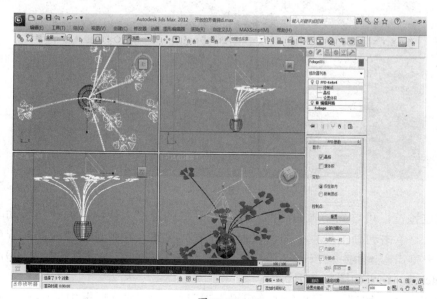

图10-23

06 制作好后，单击 自动 按钮，结束设置关键点操作。此时我们看到视图中的花太少，接下来通过复制让花更多些。确认芳香蒜为选择状态，激活顶视图，单击工具栏中的旋转工具按钮，按住 Shfit 键，将芳香蒜沿 z 轴在顶视图旋转如图 10-24 所示角度，关联复制一个，并在弹出的"克隆选项"对话框中选择 ⦿实例 选项，设置**副本数:** 为 2，如图 10-25 所示。并单击 确定 按钮关闭对话框。

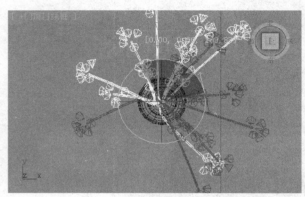

图10-24   图10-25

07 通过以上操作这样开放的芳香蒜就做好了，单击动画工具栏中的 ▶（播放）按钮，可对透视图中的动画效果进行预览，如图10-26所示是时间滑块播放到60帧时的效果。

图10-26

08 通过预览，可看到动画的时间太短，花开放的速度太快，下面我们将动画时间延长，单击动画工具栏中的 🔛（时间设置）按钮，在弹出的"时间配置"对话框中单击 重缩放时间 按钮，在 "重缩放时间"对话框中设置**长度:**为100，并按Enter键，结果如图10-27所示。

09 单击 确定 按钮，返回"时间配置"对话框，此时对话框中的参数发生如图

10-28所示变化，单击 确定 按钮，关闭"时间配置"对话框，这样便完成了动画时间延长操作。

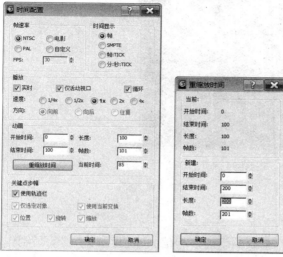
图10-27

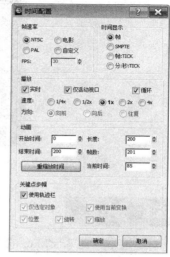
图10-28

10 下面将当前动画输出为avi格式。单击工具栏中的 （渲染设置）按钮，在打开的对话框中选择 公用参数 卷展栏中的 范围:选项，并设置至为200，如图10-29所示，其他选项为默认设置，再单击 文件... 按钮，指定文件保存的位置、文件名和保存类型为avi格式，如图10-30所示。

图10-29

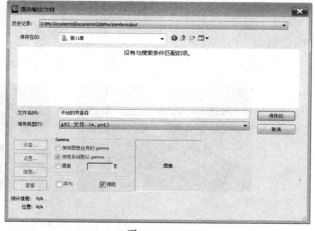
图10-30

11 设置好后，单击 保存(S) 按钮，在弹出的对话框中单击 确定 按钮返回"渲染场景"对话框，单击 渲染 按钮，进行渲染即可。如图10-31所示是最后帧的渲染效果。

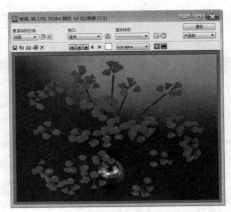

图10-31

本 章 小 结

　　通过本章对 3ds Max 的动画制作基础的学习，相信大家已经对基础动画制作方法有了一个基本的掌握。动画是 3ds Max 软件强大功能之一，通过对 3ds Max 动画控制与编辑面板的熟悉以及动画实例的演练，我们可以掌握关键帧动画的制作方法和技巧。

过 关 练 习

1．选择题

　　（1）按下动画控制区中的哪个按钮可进行自动关键针设置？＿＿＿＿

　　A.　[🔑]　　B.　[设置关键点]　　C.　[自动]　　D.　[过滤器…]

　　（2）如图10-32所示左图的雪山通过粒子系统面板中的哪个命令可创建右图中的飘雪效果？＿＿＿＿

　　A.　[雪]　　B.　[超级喷射]　　C.　[暴风雪]　　D.　[粒子阵列]

图10-32

　　（3）制作飘雪效果常采用粒子系统中的哪类粒子制作？＿＿＿＿

　　A.　[雪]　　B.　[喷射]　　C.　[暴风雪]　　D.　[粒子云]

2．上机题

　　本练习将制作"跳动的小球"动画。主要练习关键帧动画和曲线编辑器的使用方法并能举一反三，制作出不同类型的关键帧动画。完成后的效果如图10-33所示。

图10-33

操作提示：

01 打开配套光盘中的"源文件与素材/第10章/素材库/向前跳动的蓝球.max"文件，如图10-34所示。

02 开启自动设置关键点模式，将时间滑块移动到第15帧位置，将小球在前视图中向前下方移动到地面上如图10-35所示位置，这时系统自动记录下小球的下落过程的关键帧。

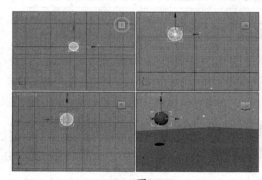
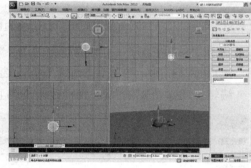

图10-34   图10-35

03 确认选择小球，将时间滑块移动第30帧位置，然后将小球在前视图中向前上方移动以使它大约返回到其原始位置高度，如图10-36所示位置。

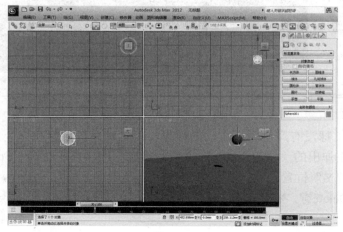

图10-36

04 单击工具栏中的轨迹视图按钮，在弹出的"轨迹视图——曲线编辑器"对话框中选择"Sphere01"子对象栏中的"Z"位置选项，利用曲线编辑器面板中的工具栏中的移动按钮，在编辑窗口中选择曲线上的第2个关键点，再单击曲线编辑器工具栏上的按钮，再选择顶部水平第1个和第3个关键点，单击曲线编辑器工具栏上的按钮，曲线变成如图10-37所示状态。

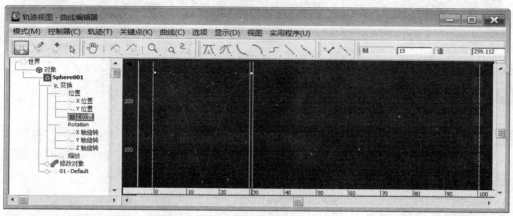

图10-37

05 选择"Sphere01"子对象栏中的"X"位置选项，并在编辑窗口中选择第2个关键点将其删除，再按住Ctrl键不放，选择第1个和第3个关键点，然后再单击曲线编辑器工具栏中的，则曲线改变为直线，如图10-38所示。

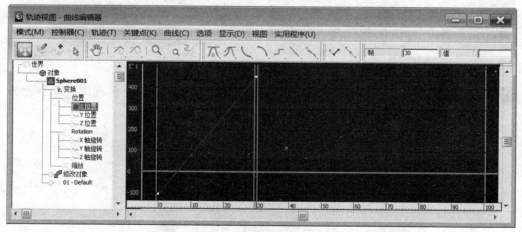

图10-38

06 预览动画，球没有产生循环跳动的效果。确认球体为选择状态，单击轨迹视图按钮，在弹出的"轨迹视图——曲线编辑器"对话框中选择"Sphere01"子对象栏中的"Y"位置选项，在编辑窗口中选择曲线上所有关键点，如图10-39所示，并按Delete键，将其删除。

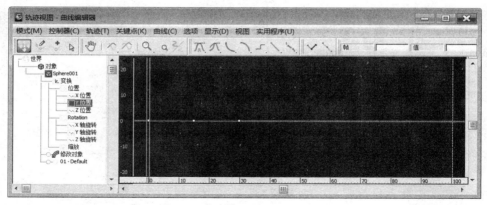

图10-39

07 选择"Sphere01" 子对象栏中的"X"位置和"Z" 位置选项，如图10-40所示，并执行曲线编辑器面板中"控制器/超出范围类型"菜单命令。

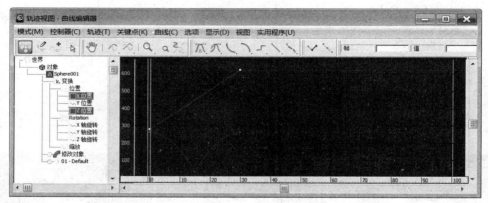

图10-40

08 在弹出的"参数曲线超出范围类型"对话框中，单击 恒定 选项下的 按钮与相对重复 选项下的 按钮，如图10-41所示，并单击 确定 按钮，关闭对话框，这样球就能连续向前跳动了。

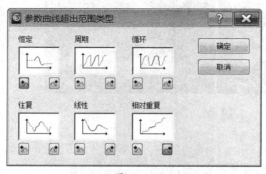

图10-41

07 最后调整透视图的角度，预览动画，使球从左上方落下逐渐跳出窗口看不到，将制作好的动画进行渲染并输出即可。

第 11 章 动画进阶

 学习目标

本章主要介绍了三维动画创作的进阶内容，主要包括轨迹视图、动画控制器、动画约束粒子系统等。通过本章的学习，我们可以掌握常用路径动画、旋转动画、弹力动画以及有关粒子系统动画的制作方法和技巧。

 要点导读

1. 轨迹视图
2. 动画控制器
3. 动画约束
4. 在轨迹视图中为物体设定动画控制器
5. 粒子系统
6. 动手实践——制作蝴蝶飞舞动画

 精彩效果展示

11.1　轨迹视图

轨迹视图是制作动画最重要的工具，在轨迹视图中可以完成所有对象的参数调整、添加动画控制器、编辑动画时间、修改关键点及为场景添加声效等大量任务。

执行"图形编辑器"→"轨迹视图-曲线编辑器"命令或单击工具栏上的 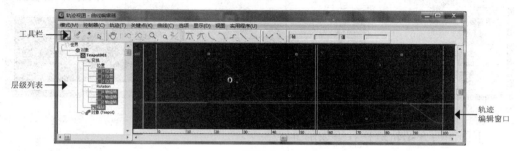"图形编辑器"按钮，可打开"轨迹视图-曲线编辑器"窗口，如图11-1所示。

图11-1

单击位于轨迹栏左端的 ▣（打开迷你曲线编辑器）按钮，将展开轨迹视图的"迷你曲线编辑器"窗口，如图11-2所示。将用控制器和关键点窗口，以及"轨迹视图"工具栏替换时间滑块和轨迹栏。通过在菜单栏和工具栏之间拖动边框（在空工具栏区域中执行此操作），可以调整轨迹栏窗口的大小。

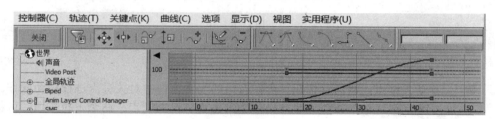

图11-2

提示

如果3ds Max视口底端的轨迹栏被隐藏了，则可以通过"自定义"→"显示"→"显示轨迹栏"命令将其显示出来，如图11-3所示。

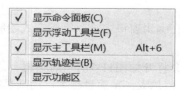

图11-3

图11-4

在"迷你曲线编辑器"窗口的菜单栏的空白处单击鼠标右键，可弹出如图11-4所示快捷菜单，选择"浮动"选项可将"轨迹栏"窗口以浮动的方式出现，如图11-5所示。"轨迹栏"窗口与"轨迹视图-曲线编辑器"窗口基本相同，编辑功能也差不多。

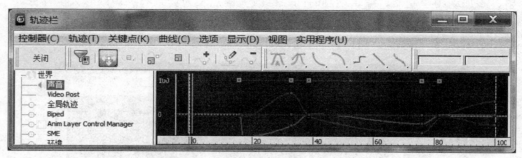

图11-5

下面简要介绍轨迹栏各组成部分。

11.1.1 轨迹编辑工具栏

"轨迹栏"窗口的工具栏如图11-6所示。用户便可以使用这些工具对动画的轨迹曲线进行编辑了。

图11-6

- **关闭**：单击该按钮，可关闭"轨迹栏"窗口。
- **过滤器**：单击该按钮，可打开"过滤器"对话框。
- **移动关键点**：激活该按钮，可在右边的编辑窗口中对关键点进行移动操作。该按钮有 （水平移动关键点）和 （垂直移动关键点）两个下拉按钮，可将移动操作限制在水平方向上和垂直方向上。
- **滑动关键点**：激活该按钮，可在右边的编辑窗口对选择关键点在时间轴的水平方向上进行拖动，其拖动方向上的其他关键点与当前关键点保持相对不变的位置。
- **缩放关键点**：激活该按钮，可在右边的编辑窗口中对选择的关键点在水平方向上进行距离的缩放。
- **缩放数值**：激活该按钮，可在右边编辑窗口中，在垂直方向上对选择的关键点进行距离的缩放。
- **增加关键点**：激活该按钮，在编辑窗口中的轨迹线上，通过单击鼠标添加关键点。
- **绘制曲线**：激活该按钮，可在编辑窗口中，以笔触方式绘制新的轨迹线或修改当前轨迹线。
- **减少关键点**：单击该按钮，会打开如图11-7所示对话框，通过设置"阈值"的大小，决定关键点精简程度。值越大，精简量越大，动画显得越粗糙。

11.1.2 层级列表

层级列表位于"轨迹栏"窗口的左侧，在列表中以层级的方式列出了场景中所有对象、对象的材质及动画参数，如图11-8所示。单击列表中的加号（+），可访问下一层列表中的物体。

图11-7

图11-8

轨迹视图的层次列表中包括"声音"、Video Post、"全局轨迹"、"环境"、"渲染效果"、"渲染元素"、"渲染器"、"全局阴影参数"、"场景材质"、"材质编辑器材质"和"对象"等11项。

■ 声音：在该项中，可为场景添加指定格式的声音文件，对场景进行配音。

■ Video Post：在该项中，可管理Video Post视频合成器中动画参数。

■ 全局轨迹：在该项中，可设置多个对象共用的动画控制器。

■ 环境：在该项中，可设置环境编辑器中的动画参数。

■ 渲染效果：在该项中，可对渲染效果进行动画设置。

■ 渲染元素：在该项中，可设置对应"渲染元素"卷展栏中设置的渲染元素设定渲染动画。

■ 渲染器：在该项中，可为抗锯齿参数指定动画。

■ 全局阴影参数：在该项中，可为灯光的阴影指定动画。

■ 场景材质：在该项中，可为场景中所使用的材质设置动画。

■ 材质编辑器材质：在该项中，可为材质编辑器中的所有材质设置动画。

■ 对象：在该项中，可对场景中的所有对象设置动画。

11.1.3 轨迹编辑窗口

轨迹视图的右侧是轨迹编辑窗口，如图11-9所示。在编辑窗口中根据左侧层级列表中的选项，会相对应地显示出场景动画的关键点、动画波形曲线及动画区段滑杆。编辑窗口中内容是动画的具体反映，通过编辑窗口能即时对动画进行调整。

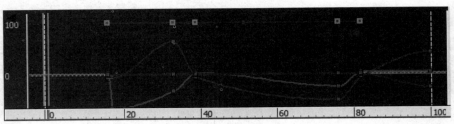

图11-9

1. 关键点

只要为对象设置了动画，在编辑窗口中就会显示该对象的动画轨迹线及轨迹线上的关键点，通过顶部的工具可对关键的时间位置、动画数值及多个关键点之间的插值进行修改编辑。

2. 功能曲线

功能曲线是对象运动轨迹的线性化，通过调整关键点可改变轨迹线的形态，即时调整动画效果。

3. 时间标尺

时间标尺位于编辑窗口下方，与视图中的时间轨迹栏相对应，但比时间轨迹栏显示的时间更为精确。

4. 当前时间线

在编辑窗口中的两条蓝色竖线，表示当前所在帧，与时间轨迹栏上的时间滑块相对应。

11.2 动画控制器

在3ds Max中设置动画的所有内容都通过控制器处理。控制器是处理所有动画值的存储和插值的插件。

11.2.1 了解控制器

控制器是3ds Max 中用来处理动画任务的插件。具体来说，控制器可以存储动画关键点值，存储程序动画设置，在动画关键点值之间插值。

大多数可设置动画的参数在设置它们的动画之前不接收控制器。在启用"自动关键点"按钮的情况下，在除第 0 帧之外的任意帧处更改可设置动画的参数，或者单击该参数轨迹以选择"曲线编辑器"→"添加关键点"之后，3ds Max 就会向参数指定默认控制器。默认控制器包括位置（位置XYZ）、旋转（EulerXYZ）和缩放（Bezier缩放）三种类型。

3ds Max 包含多个不同类型的控制器，但大部分动画还是通过Bezier控制器处理。Bezier控制器在平滑曲线的关键帧之间进行插补。可以通过轨迹栏上的关键点或在"轨迹视图"中，调整这些插值的关键点插值。这是控制加速、延迟和其他类型运动的方法。

　　"旋转"的默认控制器是Euler XYZ，它将向下旋转分为三个单独的"Bezier 浮点"轨迹。"位置"的默认控制器是"位置X,Y,Z"。"缩放"的默认控制器是 Bezier。

　　动画控制器分为以下类别：

■ 浮点控制器：用于设置浮点值的动画。

■ Point3 控制器：用于设置三组件值的动画，如颜色或 3D 点。

■ 位置控制器：用于设置对象和选择集位置的动画。

■ 旋转控制器：用于设置对象和选择集旋转的动画。

■ 缩放控制器：用于设置对象和选择集缩放的动画。

■ 变换控制器：用于设置对象和选择集常规变换（位置、旋转和缩放）的动画。

11.2.2　访问控制器

　　用户可以通过轨迹视图和"运动"面板这两个不同位置来直接使用控制器。

　　轨迹视图 ：控制器在轨迹视图的"层次"列表中，每个控制器都具有自己的 图标。使用"轨迹视图"，无论在"曲线编辑器"还是在"摄影表"模式中，都可 以对所有对象和所有参数查看和使用控制器。

　　"运动"面板 ："运动"面板包含许多控制器，例如"曲线编辑器"、加号 控制以及使用IK 解算器这样的特殊控制器，如图11-10所示。使用"运动"面板可 以查看和使用一个选定对象的变换控制器。

图11-10

11.2.3　查看控制器类型

　　用户可以在"曲线编辑器"和"运动"面板中查看指定参数的控制器类型。

在"轨迹视图"中查看控制器类型的操作如下。

01 执行"图形编辑器"→"轨迹视图-曲线编辑器"命令或单击工具栏上的 $\boxed{\text{æ}}$ "图形编辑器"按钮，打开"轨迹视图-曲线编辑器"窗口。

02 在"曲线编辑器"工具栏上，单击"过滤器"图标，弹出对话框如图11-11所示。

03 在"过滤器"对话框→"显示"组中，启用"控制器类型"。

04 在"层次"视图中就可以看到控制器的类型名称。

图11-11

还可以在"运动"面板 $\boxed{\text{©}}$ 的"指定控制器"卷展栏上单击"指定控制器"按钮 $\boxed{\text{□}}$ ，在单击的对话框中为对象指定控制器；或者在"轨迹视图"的"层次"列表中通过右键单击菜单执行。

"运动"面板的"参数"模式总是显示选定对象的变换控制器类型。

11.2.4　动画约束

除了控制器之外，3ds Max 还可以使用约束来设置动画。这些项位于"动画"→"约束"菜单中。约束包含：附加、曲面、路径、链接、位置、方向和注视。

动画约束是可以帮助你自动化动画过程的控制器的特殊类型。通过与另一个对象的绑定关系，可以使用约束来控制对象的位置、旋转或缩放。

约束需要一个设置动画的对象及至少一个目标对象。目标对受约束的对象施加了特定的动画限制。例如，如果要迅速设置飞机沿着预定跑道起飞的动画，应该使用路径约束来限制飞机向样条线路径的运动。

下面介绍常见动画约束的使用方法。

1. 链接约束控制器

链接约束控制器可将当前选择对象的动画过程链接到另一个对象上，以形成层级，该约束常用来设置动画，应用效果如图11-12所示，其参数设置面板如图11-13所示。

图11-12

图11-13

■ **添加链接** 按钮：单击此按钮，可在视图中拾取对象作为新的目标物体。
■ **链接到世界** 按钮：单击此按钮，可将当前选择对象链接到世界坐标系位置。
■ **删除链接** 按钮：单击此按钮后，可以删除列表窗口中选择的目标物体。
■ 开始时间：设置目标对象作用于当前对象的开始时间。
■ 无关键点：选择此项，在链接约束中不创建关键点。
■ 设置节点关键点：选择此项，根据指定的子级选项或父级选项创建关键点。
■ 设置整个层次关键点：选择此项，根据指定的子级选项或父级选项为层级创建关键点。

2. 附着约束控制器

"附着约束控制器"是一个位置约束控制器，能将一个对象的位置约束到另一个对象的表面，目标对象是必须能塌陷成网格物体的对象。

通过在不同的关键点指定不同参数的附加约束控制器，可以创建一个对象在另一个对象表面移动的效果，如果目标对象表面是变化的，原对象同时也发生相应的变化。应用效果如图11-14所示，在运动命令面板中为对象添加该控制器后，可打开其参数面板，如图11-15所示。

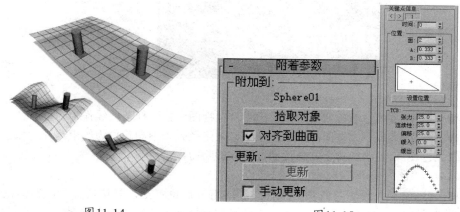

图11-14

图11-15

（1）"附加到"选项组

■ [拾取对象] 按钮：单击该按钮，然后在场景中拾取需要结合的目标物体。

■ 对齐到曲面：勾选该复选框，使结合物体的方向与目标物体的表面进行对齐。

（2）"更新"选项组

■ [更新] 按钮：单击该按钮，更新视图显示。

■ 手动更新：勾选此复选框，激活 [更新] 按钮，允许进行手动更新。

（3）"关键点信息"选项组

■ 时间点：可设置当前关键点所处的时间点。

（4）"位置"选项组

■ 面：设置结合对象将结合到目标对象指定编号的面上。

■ A/B：结合到目标面后，设置A、B的值可将其在该目标面上定位。

■ [设置位置] 按钮：单击该按钮后，可以在场景中的目标物体上选择要结合到的目标面。

（5）"TCB"选项组

■ 张力：控制运动曲线的曲率。

■ 连续性：控制关键点的切线属性。

■ 偏移：控制关键点两侧曲线的曲率偏斜。

■ 缓入：设置当运动接近关键点时，减缓运动的速度。

■ 缓出：设置当运动离开关键点时，减缓运动的速度。

3. 路径约束控制器

"路径约束"可以使对象沿着指定的路径进行运动，指定的路径可以是一条或多条各种类型的样条曲线，指定后还仍然可以对作为路径的曲线进行编辑修改及指定动画等操作。应用效果如图11-16所示，其卷展栏参数如图11-17所示。

图11-16　　　　　　　　图11-17

■ [添加路径] 按钮：单击该按钮，在视图中拾取样条曲线作为约束路径。

■ [删除路径] 按钮：单击该按钮，从路径列表中删除作为约束路径对象。

■ 权重：设置路径对于物体运动过程的影响力。

（1）"路径选项"选项组

■ %沿路径：设置对象被约束在路径的百分比位置上，默认情况下，物体在动画开始帧处于路径的起点位置，在动画结束帧处于路径的终点位置。

- 跟随：勾选该复选框，使对象运动的局部坐标系统与路径切线方向对齐。
- 倾斜：勾选该复选框，使对象的Z轴朝向路径的中心，产生倾斜效果。
- 倾斜量：勾选"倾斜"复选框，激活该项，可设置物体沿路径轴向倾斜的角度，通过正值或负值可控制物体倾斜的方向。
- 平滑度：勾选"倾斜"复选框，激活该项，可控制对象通过弯曲的动画轨迹时，角度变化的速度。值越大运动越平滑。
- 允许翻转：勾选该复选框，允许对象可以翻转运动。
- 恒定速度：勾选该复选框，对象以平均速度在路径上运动。
- 循环：勾选该复选框，对象的运动将在视图中被循环播放。
- 相对：勾选该复选框，被约束对象会保持原来位置进行运动。

（2）"轴"选项组

- X/Y/Z：指定对象局部坐标轴向对齐到路径曲线。
- 翻转：勾选该复选框，反转物体的对齐轴向。

4. 位置约束控制器

位置约束控制器能使被约束的对象跟随目标对象一起运动，允许有多个目标对象，但此时约束对象的位置就受所有目标对象的权重值影响。应用效果如图11-18所示，其卷展栏参数如图11-19所示。

图11-18　　　　　　　　　　　图11-19

- 添加位置目标 按钮：单击该按钮，在视图中拾取对象作为位置约束的目标物体。
- 删除位置目标 按钮：单击该按钮，在列表框中删除作为位置约束的目标对象。
- 权重：设置目标对象对被约束对象的影响力。
- 保持初始偏移：勾选该复选框，保持约束对象与目标对象之间的原始距离。

5. 曲面约束控制器

"曲面约束控制器"与"附加约束控制器"相似，可以约束一个对象沿另一个对象的表面进行位置变换，不同的是后者只能附着在目标对象表面，不能运动，应用效果如图11-20所示，其参数面板如图11-21所示。

图11-20 图11-21

（1）"当前曲面对象"选项组

■ 拾取曲面 按钮：单击该按钮，可在视图中拾取对象作为目标约束物体。

（2）"曲面选项"选项组

■ U向位置：设置当前对象在目标对象表面U向位置。

■ V向位置：设置当前对象在目标对象表面V向位置。

■ 不对齐：选择此项，当前对象与目标对象不进行对齐定向。

■ 对齐到U：选择此项，将当前对象的Z轴与目标表面法线进行对齐，X轴与U向进行对齐。

■ 对齐到V：选择此项，将当前对象的Z轴与目标表面法线进行对齐，X轴与V向进行对齐。

■ 翻转：当选择了对齐的选项后，激活此项，勾选该复选框，当前对象沿自身Z轴进行反转。

6. 注视约束

执行"动画"→"约束"→"注视约束"菜单命令，将启用注视约束方式，注视约束控制器可强迫一个对象始终注视另一个对象。以前是一个"变换"控制器，现在是一个旋转控制器。应用效果如图11-22所示，其参数设置面板如图11-23所示。

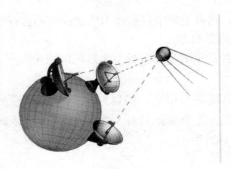

图11-22 图11-23

创建或选中一个包含目标组件的对象后，可以在"运动"面板访问该对象的"注视"属性。在此卷展栏可以改变目标，创建并删除动画关键点，设置轴或调整其他的相关参数。

- 创建关键点：在当前帧上设置一个位置、滚动（方向）或缩放的关键点，取决于所点击的按钮。
- 删除关键点：在当前帧上删除一个位置、滚动（方向）或缩放的关键点，取决于所点击的按钮。
- 拾取目标：允许设置一个默认目标对象以外的目标。单击此按钮并选中新对象作为目标使用。之后，该新目标控制对象的方向。原始目标仍然存在于场景中，并可以作为虚拟辅助对象加以删除或使用。
- 轴：指定注视目标的局部轴。"翻转"复选框用于翻转轴的方向。
- 使用目标作为上部节点：启用该选项后，控制器将强制其所作用的对象（源节点）保持其局部轴之一与注视的方向（源节点和目标节点之间的向量）对齐。它还可以阻止源节点围绕注视的方向旋转，从而避免绕对象的局部 Z 轴翻转。

提示

> 在某些情况下，甚至在启用"使用目标作为上部节点"选项时，对象会翻转 90 或 180 度。发生此行为是由于轴自动对齐。要解决此问题，须对坐标显示的对象应用滚动角度。

- 位置/滚动/缩放：这三个按钮允许指定其他卷展栏显示此控制器。在此三种情况下，会显示关键点信息（基本）和关键点信息（高级）。当位置处于活动状态，可以在附加的"位置 XYZ 参数"卷展栏指定位置轴

7. 方向约束控制器

方向约束控制器能将被约束对象与目标对象的方向进行匹配，一个对象可以同时被多个目标对象约束，目标对象可以是任何类型的对象，只要进行了约束，原对象将继承目标对象的方向，被约束物体的方向通过旋转目标物体来改变，但是不影响被约束物体位置的移动。应用效果如图 11-24 所示，其卷展栏参数如图 11-25 所示。

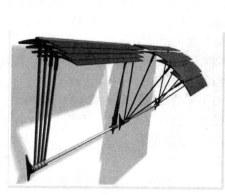

图11-24   图11-25

- ■ 添加方向目标 按钮：单击该按钮，可在视图中拾取对象作为新的约束目标对象。
- ■ 将世界作为目标添加 按钮：单击该按钮，被约束对象的局部坐标系将对齐到世界坐标系。
- ■ 删除方向目标 按钮：单击该按钮，在列表框中删除当前选择的目标约束物体。
- ■ 权重：设置选定目标对象对被约束对象影响的程度，可将权重的变化记录为动画。
- ■ 保持初始偏移：勾选该复选框，保持当前被约束对象的初始方向。

11.2.5　弹簧控制器

该控制器可为对象顶点位置或对象空间位置应用一个二级动力学速度，并保持原始的运动，类似于弹簧的质量/弹力动力学效果。其参数面板如图11-26所示。

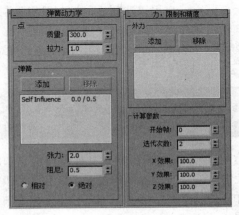

图11-26

1．"弹性动力学"卷展栏

（1）"点"选项组

- ■ 质量：设置指定弹簧控制器对象的质量，值越大弹力效果越明显。
- ■ 控力：设置与弹力运动与空气产生摩擦的阻力，取值范围为0～10。

（2）"弹簧"选项组

- ■ 添加 按钮：单击该按钮，可以在场景中拾取将要加入弹簧控制器的目标对象。
- ■ 移除 按钮：单击该按钮，在列表框中删除加入弹簧控制器的选择对象。
- ■ 列表框：列出了所有弹力物体的名称，并在名称后面显示张力和阻力的大小值。
- ■ 张力：设置弹力对象与目标对象之间的弹力强度。
- ■ 阻力：设置对象从运动状态到静止状态的速度变换，值越大，对象停止速度越快。
- ■ 相对：选中此项，修改张力与阻尼的值会增加在原值上。
- ■ 绝对：选中此项，修改张力与阻尼的值会替换原值。

2．"力，限制和精度"卷展栏

【力，限制和精度】卷展栏有下列参数设置：

（1）"外力"

- ■ 添加 按钮：单击该按钮，可在视图中拾取空间扭曲对象以此影响对象的运动过程。

■ <u>移除</u> 按钮：单击该按钮，在下方的列表中删除空间扭曲对象。

（2）"计算参数"选项组

■ 开始帧：可指定弹簧控制器开始有效的帧数。

■ 迭代次数：设置弹簧控制器的作用精度，取值范围是0~4，值越大越精确。

■ X/Y/Z效果：设置弹簧控制器在各个轴向上的影响效果百分比，取值范围是0~200。

11.2.6　位置XYZ控制器

该控制器将当前物体的位置的变换分离在 X、Y、Z 三个动画坐标轴向中，这样可以分别控制 X、Y、Z 三个独立轴向的动画轨迹，其参数设置展卷栏如图 11-27 所示。

默认情况下自动为每个轴向的动画轨迹指定Bezier浮动控制器，一旦选择了一个轴向之后，就可以在"关键点信息（基本）"和"关键点信息（高级）"卷展栏中设置动画参数。

11.2.7　缩放XYZ控制器

该控制器与位置XYZ控制器相似，能将当前对象的缩放变换分离在X、Y、Z三个独立轴向的动画轨迹中，可以为独立轴向指定不同的其他动画控制器，其参数面板如图11-28所示。

图11-27

图11-28

11.3　在轨迹视图中为物体设定动画控制器

01　单击创建命令面板上的 <u>圆柱体</u> 按钮，在视图中创建参数如图11-29所示的圆柱体。

图11-29

02　单击视口右下角的 <u>自动</u> 按钮，将时间滑块拖动到50帧的位置。

03　在视图中选择圆柱体并单击 ⊿ 按钮，将"半径"的数值设置为100。

04 接着将时间滑块拖动到100帧处，将"半径"的数值设置为20。

05 最后再单击 自动 按钮。在指定动画后，圆柱体的高度会产生变化。

06 单击工具栏上的 按钮，打开轨迹视图，如图11-30所示。

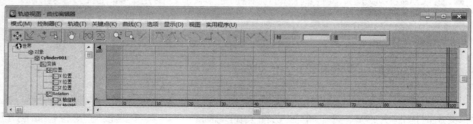

图11-30

07 在轨迹视图的层级列表中选择"半径"选项，视图中出现如图11-31所示的曲线，这是圆柱体半径的轨迹曲线。

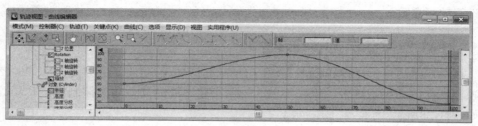

图11-31

08 在轨迹视图的层级列表中选择"半径"选项并单击鼠标右键，在弹出的关联菜单中选择"指定控制器"选项，如图11-32所示。

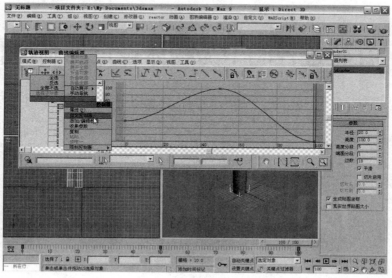

图11-32

09 在弹出的"指定浮点控制器"对话框中选择"噪波浮点"动画控制器，如图11-33所示，单击"确定"按钮，弹出"噪波控制器"对话框，如图11-34所示，设置噪波浮点动画控制器的参数。

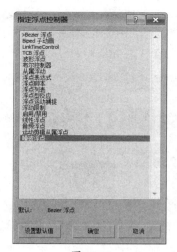

图11-33

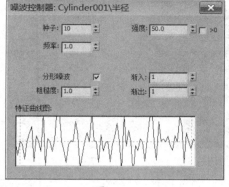

图11-34

10 此时轨迹视图中的轨迹曲线如图11-35所示。

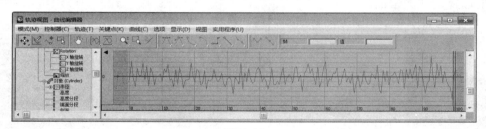

图11-35

11.4 动手实践——制作蝴蝶飞舞动画

本例将制作如图11-36所示的蝴蝶飞舞的动画，练习路径约束制作动画的方法，具体操作步骤如下：

图11-36

操作步骤

11.4.1 创建蝴蝶模型

01 首先创建蝴蝶模型，单击创建命令面板中的 平面 按钮，在顶视图中创建一

平面 **长度:**为2700、**宽度:**为3600，大小如图11-37所示。

02 按M键，打开"材质编辑器"对话框，选择第一个材质样本球，单击 **漫反射:** 后面的■按钮，在弹出的"材质/贴图浏览器"对话框中双击 **位图** 选项，打开配套光盘中的"源文件与素材/第11章/蝴蝶2.jpg"文件，如图11-38所示。

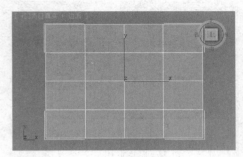 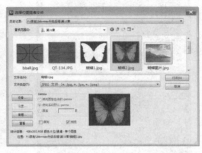

图11-37   图11-38

03 此时返回"材质编辑器"对话框，单击 (转到父对象)按钮，返回顶层材质编辑面板，材质样本球与参数设置如图11-39所示。

04 选择创建的平面体，单击 (赋材质)按钮，将材质赋给平面体，再单击 (在视口中显示明暗处理材质)按钮，在顶视图中的效果如图11-40所示。

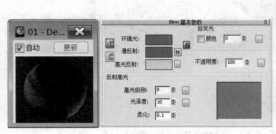 

图11-39   图11-40

05 激活前视图，确认平面处于选择状态，按住Shift键，单击工具栏中的旋转和角度捕捉切换工具，拖动外侧黄色框将平面沿y轴逆时针旋转90度，进行旋转复制一个作为参照图，并在弹出的"克隆选项"对话框中选择 **复制** 选项，如图11-41所示，在透视图中的结果如图11-42所示。

 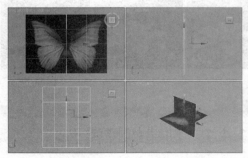

图11-41   图11-42

06 接下来开始创建蝴蝶的身体模型。在几何体创建面板中选择 标准基本体 下拉列表框中的 扩展基本体 选项，单击扩展基本体创建面板中的 胶囊 按钮，在前视图中参数顶视图创建胶囊体 半径:为150、高度:为720, 边数:为12、高度分段:为7，如图11-43所示。

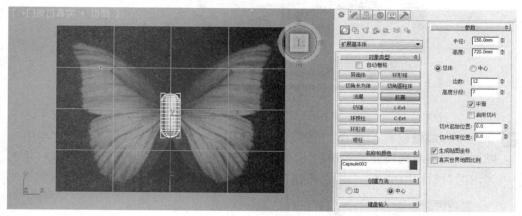

图11-43

07 单击修改按钮，进入修改命令面板，选择 修改器列表 下拉列表框中的 FFD 4x4x4 选项，添加变形修改命令，单击修改堆栈中 FFD 4x4x4 前的"+"按钮，在展开的次物体选项中选择 控制点 选项，在各视图中选择控制点用移动工具对位置进行调整，再用均匀缩放工具调整顶点比例，结果如图11-44所示。这样蝴蝶的身体就做好了。

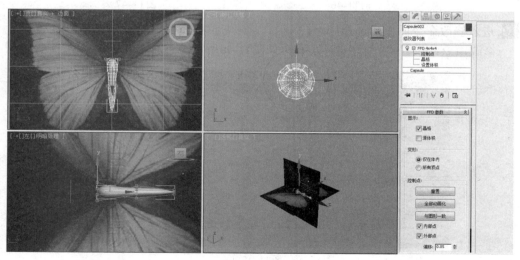

图11-44

08 下面制作蝴蝶触角。单击二维图形创建面板中的 线 按钮，在顶视图中绘制出蝴蝶的触角，并在左视图中对各个顶点进行调整，结果与参数设置如图11-45所示。

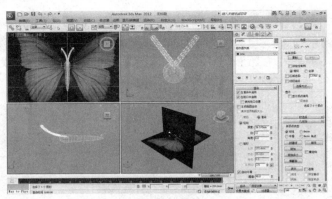

图11-45

09 下面制作蝴蝶翅膀。单击二维图形创建面板中的[线]按钮，在顶视图中以贴图为底图沿蝴蝶翅膀轮廓绘出闭合的单侧翅膀样条线，如图11-46所示，并在弹出的对话框中单击[是(Y)]按钮，如图11-47所示。

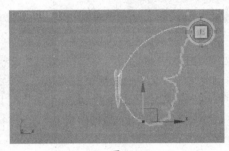

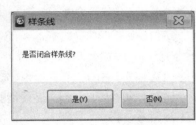

图11-46   图11-47

10 进入修改命令面板，选择[修改器列表 ▼]下拉列表框中的[挤出]选项，添加挤出修改命令，设置"数量"参数为1，如图11-48所示。

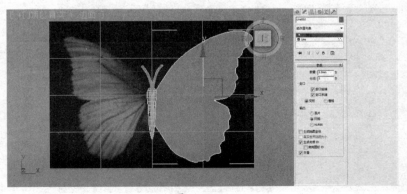

图11-48

11 确定蝴蝶翅膀轮廓线为选择状态，单击工具栏中的镜像工具，将其在顶视图中进行镜像关联复制一个，制作左侧翅膀，并在弹出的"镜像"对话框中选择 ⦿ X 和 ⦿ 实例 选项，如图11-49所示，镜像后并对位置进行调整，结果如图11-50所示。

图11-49

图11-50

12 最后将平面体删除。创建好的蝴蝶模型如图11-51所示。

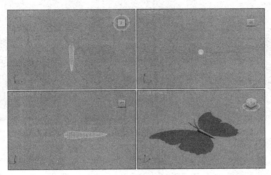

图11-51

11.4.2　制作蝴蝶材质

01 下面制作材质，按M键，打开"材质编辑器"对话框，选择之前制作好的蝴蝶
贴图的材质样本球，单击 不透明度 后面的 ■ 按钮，在弹出的"材质/贴图浏览器"
对话框中双击 ◆位图 选项，打开配套光盘中的"源文件与素材/第11章/蝴蝶
1.jpg"文件，如图11-52所示。

02 此时返回"材质编辑器"对话框，单击 ■ （转到父对象）按钮，返回顶层材质
编辑面板，材质样本球与参数设置如图11-53所示。

图11-52

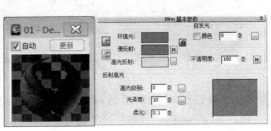

图11-53

03 选择蝴蝶翅膀模型，单击 ⊗ （赋材质）按钮，将材质赋给它，接着进入修改命令面板，选择 修改器列表 ▼ 下拉列表框中的 UVW 贴图 选项，添加贴图坐标命令，并单击修改堆栈 ⊕ 🗆 UVW贴图 前的"+"号，选择展开的次物体选项 └─Gizmo ，通过调整边界盒的位置和贴图参数控制贴图效果，效果与参数如图11-54所示。

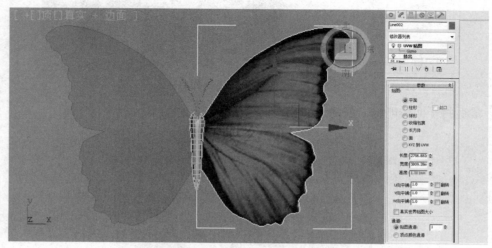

图11-54

📡 提示

制作蝴蝶翅膀贴图时，用户可根据自己创建的模型大小对贴图坐标参数进行调整。

04 同样再把材质赋给蝴蝶左侧翅膀，结果如图11-55所示。

图11-55

05 在"材质编辑器"对话框中选择第二个材质样本球，制作触角与蝴蝶的身体材质。单击 漫反射 后面的颜色按钮，在弹出的"颜色选择器"对话框中设置颜色为棕色即 红 为16、 绿 为9、 蓝 为0，材质球与参数如图11-56所示。

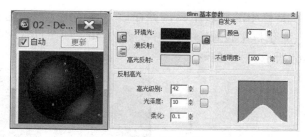

图11-56

06 将制作好的触角材质赋给视图中的触角模型与蝴蝶的身体模型，并对透视图进行渲染，结果如图11-57所示，这样材质就做好了。

图11-57

11.4.3 制作蝴蝶动画

下面将通过合并场景的方式制作蝴蝶在花丛中飞舞的动画。

01 首先将蝴蝶翅膀的角度进行旋转，调整成飞舞形态。在顶视图中选择右侧蝴蝶翅膀模型，单击 <u>▦▦▦</u>（层次）面板下的 <u>仅影响轴</u> 按钮，单击工具栏中的移动工具调整轴心到如图11-58所示位置。完成后单击 <u>仅影响轴</u> 按钮，退出当前命令。

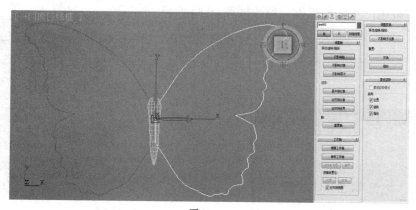

图11-58

02 单击单击工具栏中的旋转工具，并在该工具按钮上单击右键，在弹出的"旋转变换输入"对话框中设置偏移:屏幕栏中的**Y:**为-40，如图11-59所示，在透视图中的结果如图11-60所示。

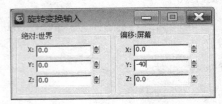

图11-59

图11-60

03 在顶视图中选择左侧蝴蝶翅膀模型，参照以上调整右侧翅膀的操作步骤将轴心调整到右侧中间位置，并在旋转工具上单击右键，在"旋转变换输入"对话框中设置偏移:屏幕栏中的**Y:**为40，如图11-61所示，在透视图中的结果如图11-62所示。

图11-61

图11-62

04 完成旋转翅膀操作后，选择整个蝴蝶模型，执行"组"→"成组"菜单命令，在弹出的"组"对话框中，将当前组名命名为"蝴蝶"，如图11-63所示，单击 确定 按钮，关闭对话框，结果如图11-64所示。

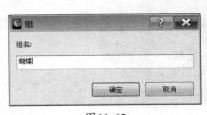

图11-63

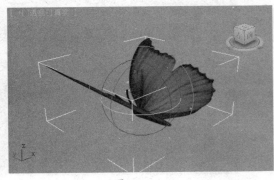

图11-64

05 执行"文件"→"合并"命令，打开配套光盘中的"源文件与素材/第11章/百合花.max"文件，将其合并到当前场景中，如图11-65所示。

图11-65

06 接下来制作蝴蝶飞行的路径。单击二维图形按钮，进入二维图形创建面板，选择 样条线 下拉列表框中的 NURBS 曲线 按钮，在顶视图中创建如图11-66所示的样条线。

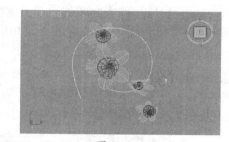

图11-66

07 单击修改按钮，进入修改命令面板，单击修改堆栈 ⊞ NURBS 曲线 中的"+"按钮，在展开的次物体选项中选择 点 选项，进入顶点次物体编辑模式，单击工具栏中的移动工具，在前视图中调整顶点位置，结果如图11-67所示。这样路径就做好了。

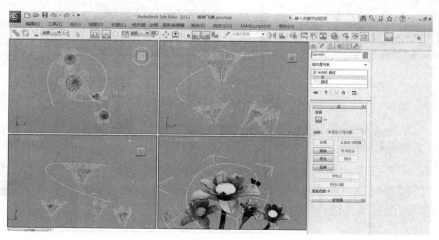

图11-67

08 选择蝴蝶模型，执行"动画/约束/路径约束"菜单命令，将光标移动到曲线路径上单击，如图11-68所示。这样便完成蝴蝶按路径飞行的操作。

09 拖动时间滑块到 25 / 100 时，我们看到蝴蝶飞行有偏移圆心的现象，如图11-69所示，在这儿需要插入一个关键点对角度进行调整。

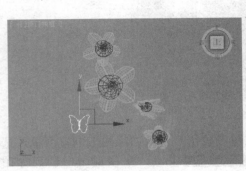
图11-68

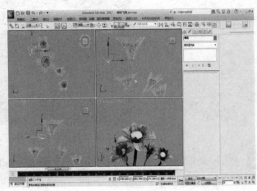
图11-69

10 单击动画工具栏中的 自动 按钮，即在25帧处记录关键帧，单击工具栏中的旋转按钮，在顶视图中将蝴蝶模型沿z轴向圆心旋转一定角度，如图11-70所示。再单击 自动 按钮，结束自动关键点设置操作。

11 将时间滑块拖到 40 / 100 帧，再单击 自动 按钮，即在40帧处记录关键帧，在顶视图利用旋转工具调整蝴蝶模型的角度，如图11-71所示。再单击 自动 按钮，结束自动关键点设置操作。

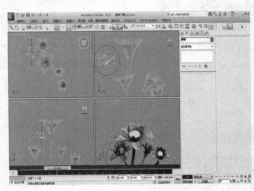
图11-70

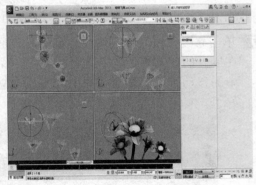
图11-71

12 同理，将时间滑块拖到50、60、70、80、90帧位置，参照以上关键点的设置步骤，记录角度调整关键帧，如图11-72所示。再单击 自动 按钮，结束自动关键点设置操作。

13 最后，将时间滑块拖到 99 / 100 帧处，再用相同的方法调整蝴蝶角度，并进行自动关键点记录，结果如图11-73所示，让蝴蝶停留在花瓣上。再单击 自动 按钮，结束自动关键点设置操作。

Automatic

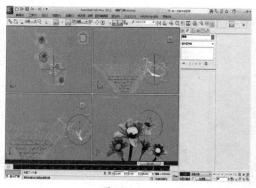

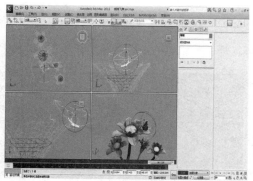

| 图11-72 | 图11-73 |

14 通过以上操作动画就做好，用户还可根据自己的喜爱制作蝴蝶翅膀扇动关键帧动画，可单击 ![]（时间设置）按钮，在弹出来的"时间设置"对话框中设置 `结束时间:` 为200，并打开蝴蝶组，在100～200帧分别通过旋转翅膀制作蝴蝶两侧翅膀扇动关键帧动画，这里就不再详细讲述了。

● 11.4.4 创建摄像机与灯光

01 单击摄像机按钮，进入摄像机创建面板，单击 [目标] 按钮，在顶视图创建摄像机，并用移动工具调整摄像机的角度与位置，将透视图转换为摄像机视图，如图11-74所示。

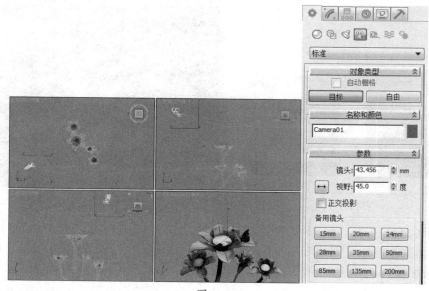

图11-74

02 下面创建灯光。单击灯光按钮，进入灯光创建面板，单击 [泛光灯] 按钮，在花的上方创建用于照亮场景的泛光灯灯光Omni01，位置如图11-75所示。

03 选择灯光Omni01，进入修改命令面板，在 `常规参数` 卷展栏勾选 ☑ `启用` 阴影为 `阴影贴图` ▼ ，设置 `倍增:` 参数为1.2，如图11-76所示。

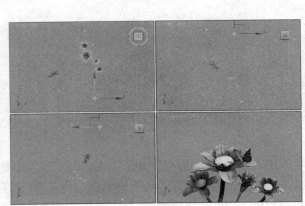
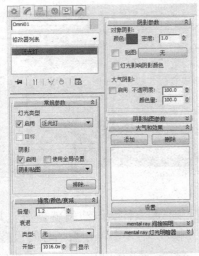

图11-75　　　　　　　　　　　　　　　图11-76

04 在 阴影参数 卷展栏，单击 颜色 后面的颜色按钮，在弹出的"颜色选择器"对话框中，设置阴影颜色为灰色即 红 、 绿 、 蓝 均为109，如图11-77所示。此时对摄像机视图进行静帧渲染，灯光效果如图11-78所示。

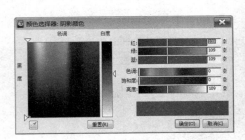

图11-77　　　　　　　　　　　　　图11-78

05 通过渲染可看到场景中的蝴蝶比较暗，这是因为照度不够。下面再单击 泛光灯 按钮，创建专用于照亮蝴蝶的灯光Omni02，设置 倍增 为0.4，位置与参数如图11-79所示。

06 确认以上创建的灯光Omni02为选择状态，单击修改命令面板 常规参数 卷展栏中的 排除… 按钮，在弹出的"排除/包含"对话框中选择 蝴蝶01 选项，单击 ≫ 按钮，将其放入右侧框中，并选择 ⊙ 包含 选项，如图11-80所示，让灯光只对蝴蝶模型进行照明，并单击 确定 按钮，关闭对话框。

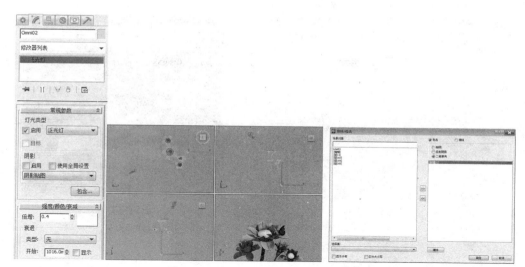

图11-79　　　　　　　　　　　　　　　　图11-80

07 确认灯光Omni02为选择状态，单击工具栏中的移动工具，按住键盘上的Shift键，将其在前视图中沿y轴向下移动复制一个，用于照亮蝴蝶模型腹部，并在弹出的"克隆选项"对话框中选择 复制 选项，位置如图11-81所示。

08 此时激活像机视图，单击工具栏中的 （渲染产品）按钮，对像机视图进行静帧渲染，效果如图11-82所示。

图11-81　　　　　　　　　　　　图11-82

11.4.5　动画输出

01 下面将当前动画输出为avi格式。单击工具栏中的 （渲染设置）按钮，在打开的对话框中选择 公用参数 卷展栏中的 范围 选项，其他选项为默认设置，再单击 文件 按钮，指定文件保存的位置、文件名和保存类型为avi格式，如图11-83所示。

02 设置好后，单击 保存(S) 按钮，在弹出的对话框中单击 确定 按钮，返回"渲染场景"对话框，单击 渲染 按钮，进行渲染即可。如图11-84所示是中间帧的渲染效果。

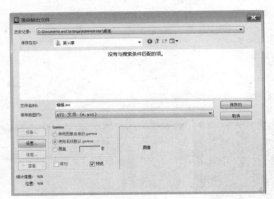

图11-83 　　　　　　　　　　　　　　　　图11-84

11.5　粒子系统

粒子系统用于各种动画任务。主要是在使用程序方法为大量的小型对象设置动画时使用粒子系统，例如，创建暴风雪、水流或爆炸。3ds Max提供了两种不同类型的粒子系统：事件驱动和非事件驱动。事件驱动粒子系统，又称为粒子流，它测试粒子属性，并根据测试结果将其发送给不同的事件。粒子位于事件中时，每个事件都指定粒子的不同属性和行为。在非事件驱动粒子系统中，粒子通常在动画过程中显示一致的属性。

11.5.1　创建粒子系统

粒子系统在3ds Max中是相对独立的造型系统，常用来制作雨、雪、风、流水等特殊效果，单击创建按钮下的几何体按钮，选择 标准基本体 ▼ 下拉列选项中的"粒子系统"选项，即可展开粒子创建命令面板，如图11-85所示。

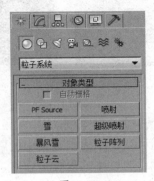

图11-85

创建粒子和创建几何体和二维图形的操作方法基本相同，具体操作步骤如下：

01 在展开的几何体创建面板中选择 标准基本体 ▼ 下拉列选项中的"粒子系统"选项，展开粒子创建命令面板，单击面板中的相应的粒子按钮，如 暴风雪按钮，如图11-86所示。

02 在顶视图中拖动鼠标创建暴风雪粒子，如图11-87所示。

图11-86

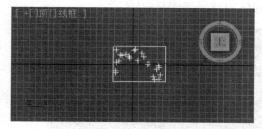

图11-87

03 在 基本参数 卷展栏，可设置显示图标的尺寸，以及粒子的显示形态和粒子数百分比参数，如图11-88所示。

04 拖动时间滑块，观察到有可见粒子发散出来，透视图中的效果如图 11-89 所示。

图11-88

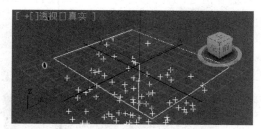

图11-89

粒子系统可以涉及大量实体，每个实体都要经历一定数量的复杂计算。因此，将它们用于高级模拟时，您必须使用运行速度非常快的计算机，且内存容量尽可能大。另外，功能强大的图形卡可以加快粒子几何体在视口中的显示速度。而且，该图形卡仍然可以轻松加载系统，如果碰到失去响应的问题，请等待粒子系统完成其计算，然后减少系统中的粒子数，实施缓存或采用其他方法来优化性能。

11.5.2 常见粒子系统

如果要访问 3ds Max中大量的粒子系统，则需要确定特定应用程序所要使用的系统。通常情况下，对于简单动画，如下雪或喷泉，使用非事件驱动粒子系统进行设置要更为快捷和简便。对于较复杂的动画，如随时间生成不同类型粒子的爆炸（例如：碎片、火焰和烟雾），使用"粒子流"可以获得最大的灵活性和可控性。

粒子系统分为基本粒子系统和高级粒子系统两类。粒子创建面板中的 喷射 和 雪 是粒子系统中最基础的粒子。

粒子创建面板中的 暴风雪 、 粒子云 、 粒子阵列 和 超级喷射 是高级粒子系统，它是以 喷射 和 雪 为基础的，对发射源、粒子生成、类型、旋转和物体运动继承性提供了控制项目。高级粒子系统添加了更多的参数控制，如"暴风雪"、"粒子云"、"粒子阵列"等，超级喷射粒子应用效果如图11-90所示。粒子阵列应用效果如图11-91所示。

图11-90

图11-91

1．"喷射"粒子

喷射粒子系统用于模拟雨、喷泉、公园水龙带的喷水等水滴效果。粒子从发射器的表面发射出垂直的粒子流。粒子类型可以是四面体尖锥，也可以是四方形面片粒子总是以恒定的方向迁移。效果如图11-92所示。参数面板如图11-93所示。

图11-92

图11-93

（1）"粒子"选项组

■ 视口计数：设置在视图中显示出的粒子数量的最大值，默认值为100，值越大视图刷新速度越慢，该值不影响最终渲染效果。

■ 渲染计数：设置渲染时同一帧的最大粒子数量。

■ 水滴大小：设置每个粒子在渲染时的大小尺寸。

■ 速度：设置粒子的发射速度，且粒子将保持该速度恒定不变。

■ 变化：改变粒子的发射范围及总量，值越大，发射效果越猛烈。

■ ⊙ 水滴／○ 圆点／○ 十字叉：设置粒子在视图中的显示形状。

（2）"渲染"选项组

■ ⊙ 四面体：选择此项，粒子渲染效果为四面体。

■ ○ 面：此择此项，粒子渲染效果为正方形面片。

（3）"计时"选项组

在该选项组中可设置粒子的产生和消亡速度，其中"最大可持续速率"是根据"渲染数"和"寿命"之间的除值计算而成的。

■ 开始：设置粒子开始发射的帧数。

■ 寿命：指定粒子发射持续结束的帧数。

■ 出生速率：设置在每一帧中新粒子产生的数目，取消对 厂 恒定 的勾选有效。

■ ☑ 恒定：勾选该复选框，以"最大可持续速率"作为粒子的产生速度。

（4）"发射器"选项组

■ 宽度：设置发射器喷射口的宽度。

■ 长度：设置发射器喷射口的长度。

■ 厂 隐藏：勾选该复选框，在视图中隐藏发射器。

2．"雪"粒子

雪粒子用于模拟降雪或投撒的纸屑效果。雪系统与喷射类似，但是雪系统提供了其他参数来生成翻滚的雪花，渲染选项也有所不同。应用效果如图11-94所示。参数面板如图11-95所示。

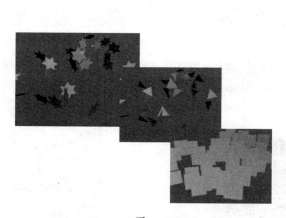

图11-94

图11-95

（1）"粒子"选项组

■ 视口计数：设置在视图中显示出的粒子数量的最大值，默认值为100，值越大视图刷新速度越慢，该值不影响最终渲染效果。

■ 渲染计数：设置渲染时同一帧的最大粒子数量。

■ 雪花大小：设置每个雪粒子的大小尺寸。

■ 速度：设置粒子的发射速度，且粒子将保持该速度恒定不变。

■ 变化：改变粒子的发射范围及总量，值越大，发射效果越剧烈。

■ 翻滚：设置雪花粒子旋转的随机值，数值范围为0~1，值越大翻滚越剧烈。

■ 翻滚速率：设置雪花旋转的速度，值越大，旋转得越快。

■ ⊙ 雪花 / ○ 圆点 / ○ 十字叉：设置粒子在视图中的显示形状。

（2）"渲染"选项组

在该选项组中可设置粒子的渲染效果。

■ ○ 六角形：选中此项，粒子形状在渲染时为六角星形状，常用于表现雪花。

■ ⊙ 三角形：选中此项，粒子形状在渲染时为三角形形状。

■ ○ 面：选中此项，粒子形状在渲染时为正方形面片状。

（3）"计时"选项组

在该选项组中可设置粒子的产生和消亡速度，其中"最大可持续速率"是根据"渲染数"和"寿命"之间的除值计算而成的。

■ 开始：设置粒子开始发射的帧数。

■ 寿命：指定粒子从发射至持续结束帧数。

■ 出生速率：设置在每一帧中新粒子产生的数目，取消对 □ 恒定 的勾选有效。

■ ☑ 恒定：勾选该复选框，以"最大可持续速率"作为粒子的产生速度。

（4）"发射器"选项组

■ 宽度：设置发射器喷射口的宽度。

■ 长度：设置发射器喷射口的长度。

■ □ 隐藏：勾选该复选框，在视图中隐藏发射器。

提示

要设置粒子沿着空间中某个路径的动画，请使用路径跟随空间扭曲。

3. "超级喷射"粒子

超级喷射 类似于 喷射 粒子，但增加了更多的参数功能，可创建线型或锥形的复杂粒子形态，应用效果如图11-96所示。基本参数卷展栏如图11-97所示。

图11-96   图11-97

此卷展栏参数用于控制超级喷射粒子基本参数，可设置粒子分布和视图显示的参数。

（1）"粒子分布"选项组

该选项组用于设置粒子发射的方向和偏移角，其参数面板如图11-98所示。

■ 轴偏离：设置喷射的粒子流与发射器z轴的偏离角度。

■ 扩散：设置喷射粒子后在z轴方向的扩散角度。

■ 平面偏离：设置喷射的粒子流与发射器平面方向的偏离角度。

■ 扩散：设置喷射粒子后在发射器平面方向的扩散角度。

（2）"显示图标"选项组

在该选项组中可控制发射器在视图中的显示，其参数面板如图11-99所示。

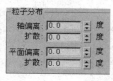
图11-98

图11-99

■ 图标大小：设置发射器图标的大小。

■ 发射器隐藏：勾选该复选框，隐藏发射器图标。

（3）"视图显示"选项组

该选项组可设置粒子在视图中的显示方式。

■ 圆点：选择此选项，粒子在视图中以小点显示。

■ 十字叉：选择此选项，粒子在视图中以十字标记显示。

■ 网格：选择此选项，粒子在视图中将显示为网格对象。

■ 边界框：选择此选项，粒子在视图中显示为关联对象的边界盒。

■ 10.0：设置视图中粒子显示占粒子总数的百分比，不影响渲染结果。

4．"暴风雪"粒子

与 雪 粒子系统相似，但增加
了更多的功能，其参数也更为复杂，可
以与空间扭曲配合使用，创建复杂的粒
子动画。应用效果如图11-100所示。

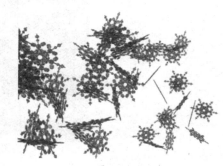
图11-100

 提示

要设置粒子沿着空间中某个路径的动画，请使用路径跟随空间扭曲。

"暴风雪"粒子的参数设置卷展栏共有7个卷展栏，简要介绍如下。

（1）"基本参数"卷展栏

"基本参数"卷展栏用于设置显示图标组中设置发射器参数，卷展栏如图11-101所示。

（2）"粒子生成"卷展栏

用于指定粒子的数目、大小和运动，卷展栏如图11-102所示。

图11-101

图11-102

（3）"粒子类型"卷展栏

该卷展栏共分5个选项组，通过这些选项组可选择不同类型的粒子以及设置各类型粒子的参数，卷展栏如图11-103所示。

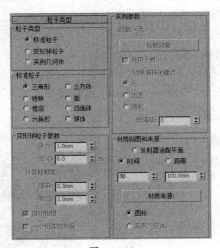

图11-103

（4）"旋转和碰撞"卷展栏

该卷展栏参数主要用于设置粒子自身的旋转和碰撞参数，还可以为运动的粒子系统指定运动模糊。

（5）"对象运动继承"卷展栏

该卷展栏可设置粒子对象受发射器运动的影响效果，其卷展栏如图11-104所示。

（6）"粒子繁殖"卷展栏

该卷展栏可控制当粒子消亡或碰撞时进行繁殖的方式及参数，卷展栏如图11-105所示。

图11-104

图11-105

（7）"加载/保存预设"卷展栏

该卷展栏中参数主要用于保存设置数据，它的参数面板如图11-106所示。

图11-106

5. 粒子阵列

粒子阵列通常用于模拟爆裂、喷射等特殊效果，它将一个三维对象作为阵列分布根据及粒子发射器，其参数面板大致可分为以下8个卷展栏，应用效果如图11-107所示。参数面板如图11-108所示。

图11-107

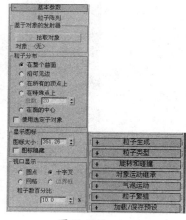

图11-108

（1）"基本参数"卷展栏

此卷展栏参数与"暴风雪"的"基本参数"卷展栏相似，但多出了 基于对象的发射器 和 粒子分布 两个选项组。其中"基于对象的发射器"选项组可选择将要作为发射器的三维对象，其选项组面板如图11-109所示。"粒子分布"选项组可设置粒子的分布类型，其选项组面板如图11-110所示。

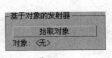

图11-109   图11-110

"显示图标"选项组中可控制发射器在视图中的显示，其选项组面板如图11-111所示。

"视口显示"选项组可设置粒子在视图中的显示方式，其选项组面板如图11-112所示。

图11-111   图11-112

（2）"粒子生成"卷展栏

该卷展栏中大部分参数与"暴风雪"相同，但通过"粒子运动"选项组可设置粒子的运动方式，其卷展栏如图11-113所示。

（3）"粒子类型"卷展栏

该卷展栏中大多参数同样与"暴风雪"相同，但在粒子类型选项组中增加 对象碎片 类型以及 碎片材质 两个选项组，其卷展栏如图11-114所示。

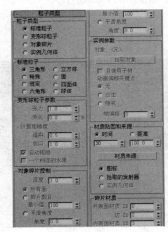

图11-113   图11-114

（4）"旋转和碰撞"卷展栏

在卷展栏中的"自旋轴控制"选项组中增加了部分参数，其参数面板如图11-115所示。

（5）"对象运动继承"卷展栏

此卷展栏参数与前面介绍的"暴风雪"粒子参数完全相同，请参见"暴风雪"相应的部分。

（6）"气泡运动"卷展栏

在该卷展栏中可设置产生气泡运动后对粒子晃动的影响，其卷展栏如图11-116所示。

图11-115

图11-116

（7）"粒子繁殖"卷展栏

此卷展栏参数与前面所介绍的"暴风雪"粒子参数完全相同，请参见"暴风雪"相应的部分，其参数面板如图11-117所示。

（8）"加载/保存预设"卷展栏

此卷展栏参数与前面所介绍的"暴风雪"粒子参数完全相同，请参见"暴风雪"相应的部分，其参数面板如图11-118所示。

图11-117

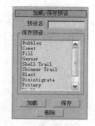

图11-118

6. 粒子云

用于创建有大量粒子聚集的场景，可以为它指定一个空间范围，并在空间的内部产生粒子效果，图标效果如图11-119所示。参数面板如图11-120所示。

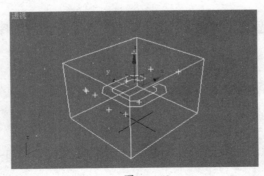

图11-119　　　　　　　　　　　　图11-120

（1）"基本参数"卷展栏

此卷展栏参数与前面介绍过的"粒子阵列"基本相同，"基于物体的发射器"选项组和"显示图标"选项组中的参数设置有点不同，卷展栏如图11-121所示。

图11-121

（2）"粒子生成"卷展栏

该卷展栏与 暴风雪 相应参数一致，只有 粒子运动 选项组和 粒子计时 选项组有所不同，卷展栏对比如图11-122所示。

（a）粒子云"粒子生成"卷展栏　　　（b）暴风雪"粒子生成"卷展栏

图11-122

（3）其他卷展栏参数

其他卷展栏与其他粒子的内容大同小异，这里就不再介绍了。

本章小结

通过本章对3ds Max的动画的轨迹视图、动画控制器、动画约束、弹簧控制器、位置XYZ控制器、缩放XYA控制器、在轨迹视图中指定控制器、炉子系统以及动画实例的学习，相信大家已经对轨迹视图、动画控制器和粒子系统等的使用方法有了一个基本的掌握。通过对3ds Max动画控制与编辑面板的熟悉以及实例的演练，主要掌握约束动画以及粒子动画的制作方法和技巧，希望通过大量实战演练进一步掌握基本动画的制作方法。

过关练习

1．选择题

（1）按下动画控制区中的哪个按钮可进行自动关键针设置？_____

A. ⊶　　　B. 自动关键点　　　C. 设置关键点　　　D. 关键点过滤器...

（2）如图11-123（a）所示的雪山通过粒子系统面板中的哪个命令可创建图（b）中的飘雪效果？_____

A. 喷射　　　B. 雪　　　C. 暴风雪　　　D. 粒子阵列

（a）　　　　　　　　　　　　　　（b）

图11-123

（3）制作飘雪效果常采用粒子系统中的哪类粒子制作？_____

A. 雪　　　B. 喷射　　　C. 暴风雪　　　D. 粒子云

2．上机题

本练习将制作"大雪纷飞"动画效果，主要练习雪粒子的制作方法，完成后的效果如图11-124所示。

图11-124

操作提示：

01 新建一个空白场景文件，进入 [粒子系统▼] 创建面板，单击 [雪] 按钮，在顶视图中创建雪粒子，参数与效果如图11-125所示。

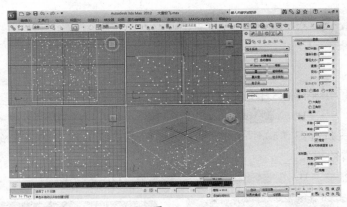

图11-125

提示

将雪粒子反射器反射粒子的开始时间设置为-100，目的是为了让雪粒子从0帧开始，发射粒子的量便到达最大数值。

02 设置完成后，激活透视图，按下Alt+W键，将透视图最大化显示，再单击视图控制区中的 🔍（缩放）和 ✋（平移）按钮，将透视图调整到如图11-126所示的视角。

图11-126

03 制作雪粒子材质。单击 不透明度 后面的 按钮，在弹出的"材质/贴图浏览器"中
双击 渐变坡度 选项，添加"渐变坡度"贴图类型，如图11-127所示。

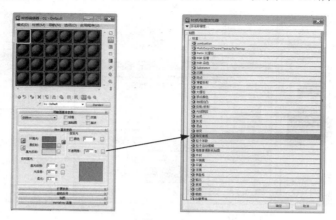

图11-127

 提示

渐变坡度 贴图类型也可用于制作飞舞的小球，萤火虫等发光粒子的材质效果。

04 单击 渐变坡度参数 卷展栏中 渐变类型: 右侧 线性 列表框，选择下拉选项中的 径向
选项，再在"输出"卷展栏中勾选 ☑ 反转 复选框。

05 单击材质编辑器中的 （转到父对象）按钮，返回顶层材质编辑面板，勾选
自发光 区域中的 ☑ 颜色 复选框，再单击其后面的颜色框按钮，在弹出的"颜色选
择器"对话框中设置颜色为灰白色，参数如图11-128所示。

06 确认视图中的雪粒子为选择状态，单击材质编辑器中的 （赋材质）按钮，将
调好的材质赋予给它。并对摄像机视图进行渲染，效果如图11-129所示。

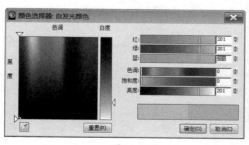

图11-128

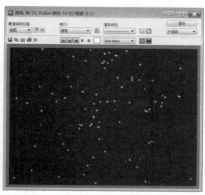

图11-129

07 执行"渲染"→"环境"菜单命令，打开"环境和效果"对话框，添加环境贴
图（配套光盘中的"源文件与素材/第11章/雪景.jpg"文件），如图11-130所示。

08 指定给环境贴图后，返回"环境和效果"对话框，设置 曝光控制 卷展栏中的参

数为 [对数曝光控制▼] 选项，单击 [渲染预览] 按钮，可预览渲染效果，如图11-131
所示。

图11-130

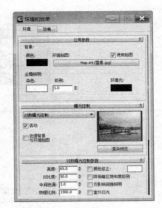

图11-131

09 激活透视图，将动画渲染输出即可。

第 12 章 室内装饰设计与效果图表现

 学习目标

室内装饰效果图表现广泛应用于建筑装饰设计行业，通过3ds Max绘制的效果图不仅美观，而且可以将设计装饰的效果很直观地展现在客户面前，让客户对设计有一个直观的感受，从而大大地加强了与客户交流和沟通，起到事半功倍的工作效率。本章将讲解室内装饰设计的一些基础知识，重点讲解了"休闲客厅效果图表现"实例的制作方法和表现技巧。

 要点导读

1. 室内装饰设计概念
2. 室内装饰设计流程
3. 室内装饰设计风格
4. 室内装饰设计要点
5. 动手实践——休闲客厅效果图表现

 精彩效果展示

12.1 室内装饰设计概念

室内设计是指按照不同的空间功能、特点，以及使用目的，从美学角度对建筑物的内部空间进行装饰美画，它是建筑的最后一个阶段，也是一种表现艺术，如图12-1所示。室内设计所包含的内容非常广泛，例如：办公空间、家居空间、展示空间、商业空间、公共空间等，都属于室内设计的泛筹。而从事室内设计的专业工作人士则叫做室内设计师。

（a）装饰前的效果 （b）装饰后的效果

图12-1

提示

建筑物的内部在没有进行任何装饰以前，称为清水房，装饰后的建筑室内，则称为精装房。

12.2 室内装饰设计流程

室内设计工作流程分为5个阶段：首先与客户讨论明确要求→基本构思→设计→确定方案进场施工→室内装饰，如图12-2所示。

（a）构思 （b）施工 （c）室内装饰

图12-2

整个室内装饰的工种由：杂工、电工、木工、漆工、水泥工五种工种组成，杂工主要负责墙壁打洞、开槽等技术性不是很高的工作，电工主要对室内进行电路布线、灯具与开关的安装工作，木工主要制作室内所有木作工作，如装饰柜、门、木地板基层以及木地板的安装等，漆工主要负责木作表面的油漆喷图与墙面乳胶漆的刷图工作，水泥工主要负责地面或墙面瓷砖、石材的安装工作，这五个工作相互配合、相互协调共同完成整个室内空间的装饰与装修工作。

1. 与客户讨论明确要求

与客户讨论明确要求是设计的前提，只有明确了客户意图才能设计出客户满意的作品，其次我们还需要到现场进行分析，了解楼层、采光、方位、管道等细微的东西的分布情况为后面的基本构思提供依据。

提示

楼层的高低、采光直接影响室内装饰色调的选择，通常三楼以下采光不是很好的楼层在选材上应尽量避开深色调的选择，应以浅色调为主，这样可扬长避短增加室内的亮度，另外对于相对潮湿的底层来说，地面不宜安装木地板，因为木地板受潮后容易变形。而相对于采光很好的高层来说，在色调与材质的选择上设计师可大胆地发挥，同时也要尊重客户的意见。

2. 基本构思

在基本构思阶段，要制定一个关于场所、功能、室内特点、预算等内容的计划书，如果做装饰性比较强的简单风格构思，在起草图时，装饰轮廓设计和家具轮廓大概成形，草图起用大方向色彩，不要求精确，用家具配合装饰的传统办法进行构思。在后面的深化设计上，由于前面已经和客户探讨了家具定位，所以先想到了家具，这个时候家具的品牌和款式已经构思到位，所以在轮廓内调节装饰，基本以细节配合家具和其他软装饰的手法。将大方向的色调和空间划分好，再将本该有规律的事物做一些调整，使其看上去是有规律的但细看又有所变化，在看这有所变化之处时又发现他是通过精确计算取得的，这就使人越看越有味道，越看越有看点。在实际应用中我经常将尺寸大于12的整除后，在其中需要的地方除5，然后再除5，如果需要再除5，以自己的美术感觉来判断该取什么尺寸，取哪一个合适，多用于黄金分割的计算，使用中，发现控制好了这个将改变你作品的品位及俗套。尺寸基本得到控制了之后，在加以装饰与美化，那么就会得到很有成效的设计，接下来则进入设计阶段。

3. 设计阶段

在设计阶段所要做的工作有用CAD软件绘图正式的施工设计图，然后制作效果图（用3ds Max软件进行前期建模与赋材质、布置灯光、渲染输出、用Photoshop软件进行后期处理），如图12-3所示。

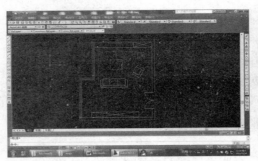

（a）CAD方案设计图

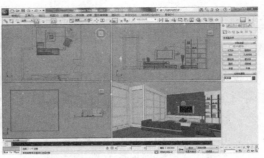

（b）3ds Max建模

（c）渲染

（d）PS后期处理

图12-3

416

4. 进场施工阶段

完成以上设计阶段工作后则与客户定稿签订装饰施工合同并进场施工，在进场施工之前应先组织好施工人员，将设计与施工项目经理进行交底，在施工过程中为了确保设计的完美性，设计师还应到施工现场进行验收。

5. 室内装饰阶段

等施工结束后，最后则是对室内区域进行装饰品的布置，充分体现设计的理念与精华，如图12-4所示。

（a）装饰品1

（b）装饰品2

图12-4

12.3　室内装饰设计风格

目前最流行的室内装饰设计风格有：现代简约风格、现代前卫风格、雅致风格、新中式风格、欧式古典风格、美式乡村风格和地中海风格等。

1．现代前卫风格演绎另类生活

比简约更加凸显自我、张扬个性的现代前卫风格已经成为艺术人类在家居设计中的首选。无常规的空间解构，大胆鲜明对比强烈的色彩布置，以及刚柔并济的选材搭配，无不让人在冷峻中寻求到一种超现实的平衡，而这种平衡无疑也是对审美单一、居住理念单一、生活方式单一的最有力的抨击。随着"80年代"的逐渐成熟以及新新人类的推陈出新，我们有理由相信，现代前卫的设计风格不仅不会衰落，反而会在内容和形式上更加出人意料，夺人耳目，如图12-5所示。

图12-5

2．崇尚时尚的现代简约风格

对于不少青年人来说，事业的压力、烦琐的应酬让他们需要一个更为简单的环境给自己的身心一个放松的空间。不拘小节、没有束缚，让自由不受承重墙的限制，是不少消费者面对家居设计师时最先提出的要求。而在装修过程中，相对简单的工艺和低廉的造价，也被不少工薪阶层所接受，如图12-6所示。

3．雅致风格再现优雅与温馨

雅致主义是近几年刚刚兴起又被消费者所迅速接受的一种设计方式，特别是对于文艺界、教育界的朋友来说。空间布局接近现代风格，而在具体的界面形式、配线方法上则接近新古典。在选材方面应该注意颜色的和谐性，如图12-7所示。

图12-6

图12-7

4. 新中式风格勾起怀旧思绪

新中式风格在设计上继承了唐代、明清时期家居理念的精华，将其中的经典元素提炼并加以丰富，同时改变原有空间布局中等级、尊卑等封建思想，给传统家居文化注入了新的气息，如图12-8所示。

5. 欧式古典风格营造华丽

作为欧洲文艺复兴时期的产物，古典主义设计风格继承了巴洛克风格中豪华、动感、多变的视觉效果，也吸取了洛可可风格中唯美、律动的细节处理元素，受到了社会上层人士的青睐。特别是古典风格中，深沉里显露尊贵、典雅浸透豪华的设计哲学，也成为这些成功人士享受快乐，理念生活的一种写照，如图12-9所示。

图12-8   图12-9

6. 表达休闲态度的美式乡村风格

美式乡村风格摒弃了烦琐和奢华，并将不同风格中的优秀元素汇集融合，以舒适机能为导向，强调"回归自然"，使这种风格变得更加轻松、舒适。美式乡村风格突出了生活的舒适和自由，不论是感觉笨重的家具，还是带有岁月沧桑的配饰，都在告诉人们这一点。特别是在墙面色彩选择上，自然、怀旧、散发着浓郁泥土芬芳的色彩是美式乡村风格的典型特征，如图12-10所示。

7. 披着神秘面纱的地中海风格

地中海文明一直在很多人心中蒙着一层神秘的面纱。古老而遥远，宁静而深邃。随处不在的浪漫主义气息和兼容并蓄的文化品位，以其极具亲和力的田园风情，很快被地中海以外的广大区域人群所接受。对于久居都市，习惯了喧嚣的现代都市人而言，地中海风格给人们以返璞归真的感受，同时体现了对于更高生活质量的要求，如图12-11所示。

图12-10   图12-11

12.4　室内装饰设计要点

室内装饰设计的要点主要是对室内主要空间的设计划分，如装饰地面、装饰天棚、装饰墙面等。

1．装饰地面

装饰地面的材质与手法多种多样（如图12-12所示），不同的功能空间所用的装饰手法与材质也完全不同，这主要是由于材质的属性所确定的。例如，出入口或者玄关等区域的地面材料一般采用大理石、花岗石、水磨石等，因为这类石材的特点是坚固、耐久性强；地毯一般用于卧室，因为地毯柔软、静音效果明显；木材可用于休闲厅或卧室，当木材经过防潮处理过后还可用于室外的花园，因为木材具有一种自然的美感，冬暖夏凉，耐久性好，可以长时间使用的特点，防滑瓷砖常用于卫生间、厨房、阳台区域，因为防滑瓷砖在水分多的区域安全性很好，不会发会摔倒现象，而具坚固、耐用、容易清洗。

（a）用于花园的木材　　　（b）用于卫生间的瓷砖　　　（c）用于卧室的地毯

图12-12

2．装饰墙面

在各种室内空间的构成元素当中，墙是人们视线停留最多的地方，因此墙面的装饰尤为重要，它是决定室内空间的最大元素。墙面装饰的材料根据空间功能以及材质属性所用的区域各不相同，一般有墙纸、乳胶漆、文化石、木材、布艺、玻璃、瓷砖等装饰材料，如图12-13所示。

（a）用于墙面的布艺　　　（b）用于隔断的玻璃墙　　　（c）用于装饰墙的彩色乳胶漆

图12-13

3. 装饰天棚

装饰天棚是室内空间层次多样化的重要手法，通过天花的不同造型配合灯光营造出不同光阴效果，在装饰天花材质的选用上因室内风格与功能区域的不同，吊顶的材质与造型都各不相同（如图12-14所示），通常铝扣板局限于厨房、卫生间等潮湿空间，因为它防潮、防火性能很好，安装检修也很方便，纱缦材质的吊顶一般用于过道区域，实用于公共空间吊顶装饰，因为纱缦材质的半透明特性可营造出柔和朦胧的光阴效果，玄空吊顶保留原结构梁的手法实用于个性化餐饮、销售、办公等公共装饰空间。

（a）反光灯槽装饰天花　　　　　（b）松木板平顶装饰天花

（c）玄空吊顶装饰天花　　　　　（d）纱缦吊顶装饰天花

图12-14

12.5　动手实践——休闲客厅效果图表现

本例将制作如图12-15所示的休闲客厅效果图，主要练习室内装饰效果图的综合建模以及VRay渲染器所涉及的灯光、材质、输出设置和后期处理等。其中建模方面常用二维建模、三维建模以及编辑修改命令的综合应用方法。灯光和材质是本章中的重点，后期处理主要是对渲染出现的缺陷进行修补以及室内景观的制作。

图12-15

12.5.1 建模前的准备

1. 设置系统单位为毫米

启动3ds Max 2012操作程序，执行"自定义"→"单位设置"命令，弹出"单位设置"对话框，选择 ⊙公制 单位为 毫米 选项，单击 系统单位设置 按钮，弹出"系统单位设置"对话框，设置 系统单位比例 为 毫米 选项，如图12-16所示，再单击 确定 按钮，完成单位设置操作。

> **提示**
>
> 一般室内装饰CAD平面图是以毫米为单位绘制，因此3ds Max 2012中的单位应与导入的CAD平面图单位统一，这样才能绘制出与实际尺寸相符的模型。

2. 输入CAD平面图

01 单击 图标，在弹出的下拉菜单中执行 "文件"→"导入"命令，打开配套光盘中的"源文件与素材/第12章/maps/平面.dwg"文件，如图12-17所示。

图12-16

图12-17

02 单击 打开(O) 按钮，在弹出的"导入"对话框中进行如图12-18所示的设置。

03 在设置完成后，单击 确定 按钮，将需要导入的文件导入3ds Max 2012中，结果如图12-19所示。

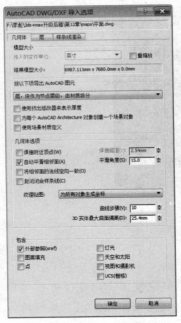

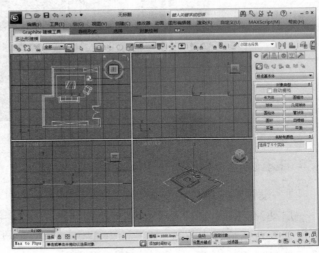

图12-18   图12-19

3. 设置捕捉方式与网格显示

01 在顶视图中框选导入的整个CAD图，执行 "组" → "成组" 菜单命令，在弹出的 "组" 对话框中为成组对象命名为 "参照图"，如图12-20所示。

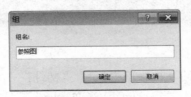

图12-20

02 在视图中的四个窗口背景中系统默认栅格为显示状态，为了不影响视觉效果，可在视图窗口中单击右键激活当前视图，并按下G键，可切换栅格的显示与隐藏状态，如图12-21所示。

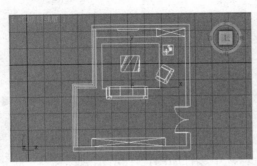
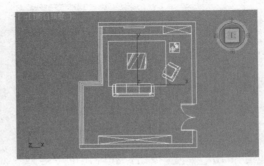

图12-21

03 确认成组 "参照图" 为选择状态，单击 (显示) 按钮，进入显示创建命令面板，在展开的 ___冻结___ 卷展栏中单击 ___冻结选定对象___ 按钮，对当前选择的对象进行冻结，这样就不用担心在编辑对象的过程中误选择"参照图"。

04 在工具栏中的 ▣ 按钮上单击右键，在弹出的"栅格和捕捉设置"对话框中勾选 __捕捉__ 选项卡中的 ＋ ☑顶点 、☐ ☑端点 选项，可以捕捉对象的顶点与端点，如图 12-22所示，再进入 __选项__ 选项卡面板，勾选 ☑捕捉到冻结对象 复选框，使捕捉功能对冻结对象也有效，如图12-23所示。

图12-22

图12-23

12.5.2 建立场景基本框架

01 接下来制作墙体，激活顶视图，单击视图控制工具栏中的 ▣ 按钮或按Ctrl+W快捷键，全屏显示顶视图。单击二维图形按钮，进入二维图形创建面板，单击 ___线___ 按钮，在顶视图中捕捉"参照图"墙体内轮廓顶点与端点绘制闭合墙线，并在弹出的"样条线"对话框中单击 __是(Y)__ 按钮，如图12-24所示，并命名为"墙体"。

02 确认"墙体"对象为选择状态，按下的Ctrl+C快捷键复制对象，再按下Ctrl+V快捷键粘贴复制对象，在原位复制1个用于制作地面，并在弹出的"克隆选项"对话框中选择 ⊙复制 选项，设置 名称: 为"地面"，如图12-25所示。并单击 __确定__ 按钮，关闭对话框。

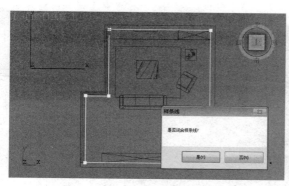
图12-24

图12-25

03 在修改命令面板中，将当前复制的"地面"进行拉伸， 选择 修改器列表 ▼ 下拉列表框中的 挤出 选项，设置 数量: 为0，效果与参数设置如图12-26所示。

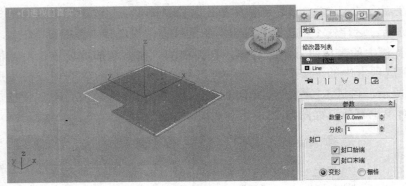

图12-26

04 按H键，在弹出的"选择对象"对话框中选择 墙体 选项，单击修改命令面板中 - 选择 卷展栏下的 ∧（样条线）按钮，进入样条线次物体编辑模式，单击 - 几何体 卷展栏中的 轮廓 按钮，设置轮廓线框参数为240，如图12-27所示将样条线向外侧偏移出墙厚。

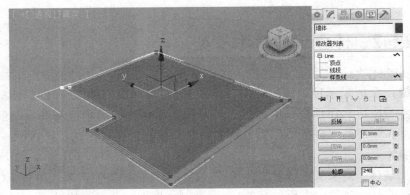

图12-27

05 选择 修改器列表 下拉列表框中的 挤出 选项，设置 数量 为2800，效果与参数设置如图12-28所示。

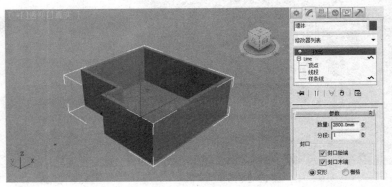

图12-28

06 下面制作窗户，首先给"墙体"添加"编辑网格"修改命令，在修改命令面板

中选择 修改器列表 下拉列表框中的 编辑网格 命令，单击 (顶点) 按钮，在顶视图中选择"墙体"对像外侧顶点，如图12-29所示，并将其删除，这样可减少对象的面，提高渲染速度。

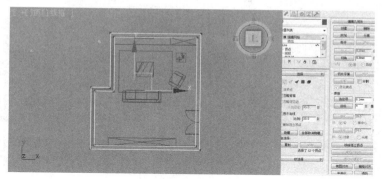

图12-29

07 在修改命令面板中选择 修改器列表 下拉列表框中的 编辑多边形 命令，单击 (边) 按钮，进入边次物体编辑模式，并按住Ctrl键，在透视图中叠加选择如图12-30所示的边。

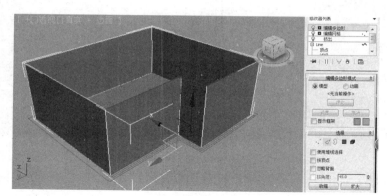

图12-30

08 在 编辑边 卷展栏中单击 连接 按钮后面的 按钮，在弹出的显示列表中，单击分段中的 按钮，将分段数设置为2，如图12-31所示。

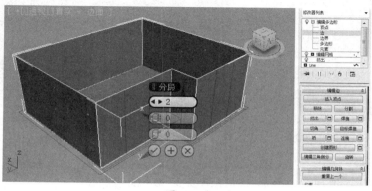

图12-31

09 下面制作水平连线，再显示列表中的⊕（应用并继续）按钮，此时生成两条水平连接线段，如图12-32所示。并单击☑（确定）按钮退出当前命令。

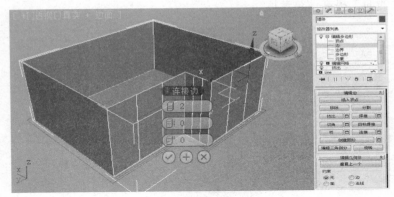

图12-32

10 单击工具栏中的移动按钮，在左视图中框选上面水平接连线，如图12-33所示，并将其沿y轴方向向上移动到适合位置，如图12-34所示。

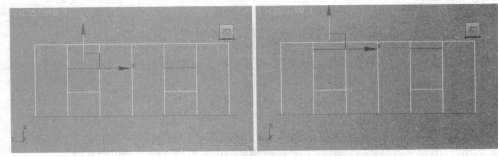

图12-33   图12-34

11 参照以上方向，调整下面水前连接线的位置，结果如图12-35所示。同样，我们再选择垂直方向上的连接线，利用移动工具，对连接线的位置进行调整，留出窗洞的位置，结果如图12-36所示。

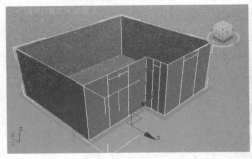 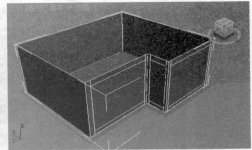

图12-35   图12-36

12 单击＿选择＿卷展栏中的▣（多边形）按钮，进入多边形次物体编辑模式，并按住Ctrl键，在透视图中叠加选择如图12-37所示的窗洞面。

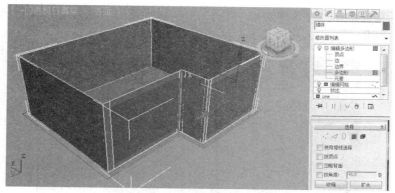

图12-37

13 单击 <u>编辑多边形</u> 卷展栏中 <u>挤出</u> 后面的▣按钮，在弹出的显示列表中，设置挤出的高度参数为-200，将选择面进行反向挤出，如图12-38所示。并单击☑确认当前操作。

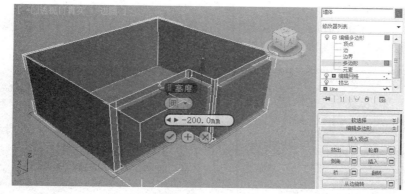

图12-38

14 按下Delete键，删除选择面，窗洞就做好了，并单击修改堆栈中的 <u>多边形</u> 次物体选项，退出当前编辑命令，结果如图12-39所示。

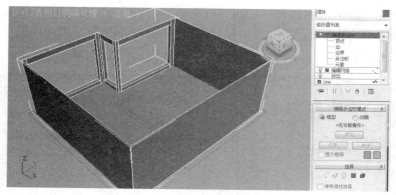

图12-39

15 接下来制作电视墙造型。选择"墙体"对像，在修改堆栈中单击 ☆ ⊟ 编辑多边形

次物体选项中的 ┃──边 选项，设置当前编辑模式为"边"，在视图中选择电视墙上下墙线，如图12-40所示。

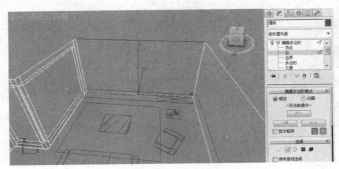

图12-40

16 在 编辑边 卷展栏中单击 连接 按钮后面的▣按钮，在弹出的显示列表中，单击分段中的▶按钮，将分段数设置为1，如图12-41所示。并单击✓（确定）按钮，关闭显示列表。

17 单击工具栏中的移动工具，将连接线在前视图中沿x轴向右水平移动，以"参照图"为参考进行位置调整，结果如图12-42所示。

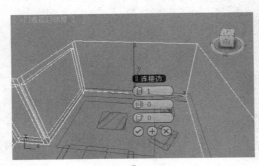

图12-41

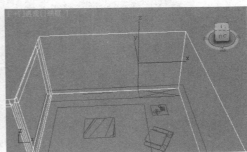

图12-42

18 接着上一步操作，按住Ctrl键，加选左侧垂直墙线，如图12-43所示。

19 再单击 编辑边 卷展栏中 连接 按钮后面的▣按钮，在弹出的显示列表中，单击分段中的▶按钮，将分段数设置为1，如图12-44所示。并单击✓（确定）按钮，关闭显示列表。

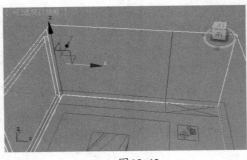

图12-43

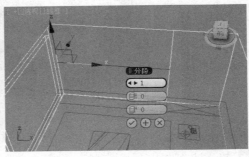

图12-44

20 单击工具栏中的移动工具，将水平连接线在前视图中沿y轴向下移动到适当位置，在透视图中的效果如图12-45所示。

21 单击修改堆栈中 ♀ ⊟ 编辑多边形 次物体选项中的 ⌐──多边形 选项，设置当前编辑模式为"多边形"，选择电视墙面，如图12-46所示。

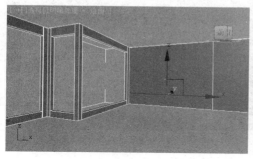
图12-45

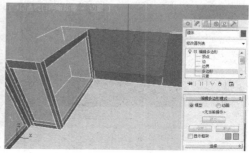
图12-46

22 接着上一步操作，单击 编辑多边形 卷展栏中 挤出 按钮后面的□按钮，在弹出的显示列表中，设置高度为120，将选择面向室内挤出厚度，如图12-47所示。并单击⊘（确定）按钮，关闭显示列表。

23 再单击 编辑几何体 卷展栏中 分离 按钮后面的□按钮，在弹出的"分离"对话框中分离为: 命名"电视墙"，如图12-48所示。单击 确定 按钮，关闭对话框。

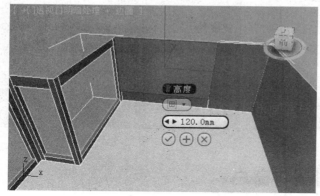
图12-47

图12-48

24 接下来制作顶。按H键，在弹出的"从场景选择"对话框中选择 地面 选项，如图12-49所示，并双击或单击 确定 按钮，即可选择"地面"对象，同时关闭对话框并返回视图窗口。

25 激活前视图确认"地面"为选择状态，单击工具栏中的移动工具，并按住Shift键，将对象沿y轴向上复制一个用于制作顶面，并在弹出的"克隆选项"对话框中选择⊙复制 选项，将复制对象 名称: 命名为"顶面"，如图12-50所示。

图12-49

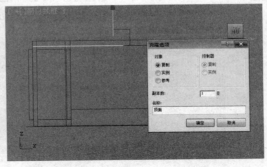
图12-50

26 单击工具栏中的对齐工具按钮,在前视图中单击"墙体"对象,并在弹出的"对齐当前选择"对话框中设置选项,如图12-51所示,将当前对象与目标对象在y轴上最大边与最小边进行对齐。

27 单击 确定 按钮,关闭对话框,对齐后的效果如图12-52所示。为了便于通过颜色的不同选择对象,我们可以将"地面"与"顶面"的颜色做相应的修改。

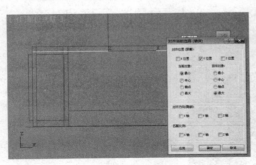
图12-51

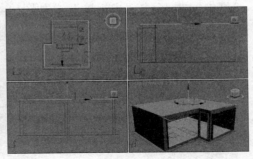
图12-52

12.5.3 创建踢脚线与窗户

1. 制作踢脚线

01 选择"地面"对象,按下Ctrl+C快捷键复制对象,再按下Ctrl+V快捷键粘贴复制对象,在原位复制1个用于制作踢脚线,并在弹出的"克隆选项"对话框中选择 ◎复制 选项,设置 名称:为"踢脚线",如图12-53所示。并单击 确定 按钮,关闭对话框。

02 单击修改命令面板下,修改堆栈中的 ⊞ Line 命令层级,在展开的次物体编辑选项中选择 样条线 ,进入样条线编辑模式,并单击"踢脚线"对象,样条线变成红色显示,如图12-54所示。

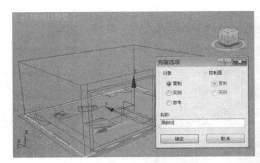

图 12-53　　　　　　　　　　　　　　　图 12-54

03 在 ＿＿＿几何体＿＿＿ 卷展栏中，设置 轮廓 参数为-15，将"踢脚线"向室内偏移出轮廓，如图12-55所示。

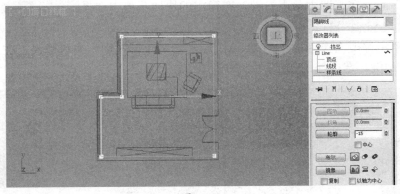

图 12-55

04 确认"踢脚线"为选择状态，在修改堆栈中单击上面的 挤出 命令层级，返回"挤出"编辑面板，修改 数量:参数为 80，结果如图 12-56 所示，踢脚线就做好了。

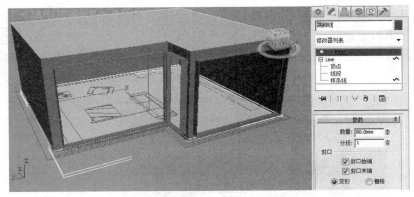

图 12-56

2. 制作窗户

01 单击几何体创建命令面板中的 平面 按钮，在前视图中启用 （三维捕捉）方式捕捉左侧窗洞对角顶点创建平面，并命名为"窗框1"，设置分段数 长度分段: 为4、宽度分段: 为3，如图12-57所示。

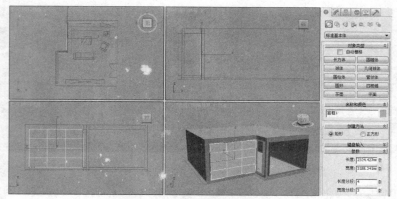

图12-57

02 选择平面，在视图中单击右键，在弹出的快捷菜单中选择 <u>转换为：</u> 子菜单中的 <u>转换为可编辑多边形</u> 选项，如图12-58所示，将其转换为可编辑多边形。

03 然后单击修改命令面板中的 ■ 按钮，进入多边形次物体编辑模式，在透视图中按住Ctrl键，选择如图12-59所示的多边形。

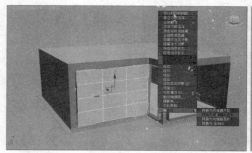

图12-58

图12-59

04 接着上一步操作，确认当前编辑模式为多边形编辑模式，单击 <u>编辑多边形</u> 卷展栏中的 <u>插入</u> 后面的 ■ 按钮，在弹出的显示列表框中选择插入 ⊞ （多边形）选项，设置数量参数为40，如图12-60所示。并单击 ✓ （确定）按钮，确认插入结果。

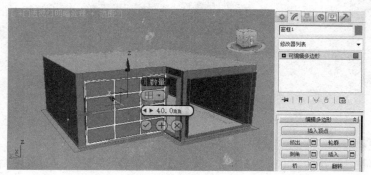

图12-60

05 接着上一步操作，将当前选择的多边形进行拉伸，单击 <u>编辑多边形</u> 卷展栏中

室内装饰设计与效果图表现

的 [挤出] 后面的 □ 按钮，在弹出的显示列表中设置高度参数为30，如图12-61所示，单击 ⊘（确定）按钮，完成挤出操作。

06 接着上一步操作，再单击 [编辑多边形] 卷展栏中的 [分离] 按钮，在弹出的"分离"对话框中将选择面分离为：为"玻璃1"，如图12-62所示。并单击 [确定] 按钮，关闭对话框。

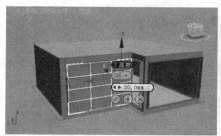
图12-61

图12-62

07 参照以上制作窗框与玻璃的方法，完成其余两个窗洞的窗框与玻璃的制作，具体步骤这里不再详细讲解，完成后的最终效果如图12-63所示。

08 为了便于识别玻璃对象，这里随意给玻璃一个材质。按下M键，打开"材质编辑器"对话框，选择一个没有编辑过的材质样本球命名为"玻璃"，设置 [Blinn基本参数] 卷展栏中的不透明度：参数为50，如图12-64所示。

图12-63

图12-64

09 按下H键，打开"从场景选择"对话框，选择名称为"玻璃"的对象，如图12-65所示，并单击 [确定] 按钮，关闭对话框。

10 再单击"材质编辑器"对话框中的 图 （将材质指定给选择对象）按钮，将"玻璃"材质赋予视图中选择的玻璃对象，结果如图12-66所示。

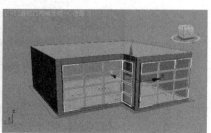
图12-65   图12-66

12.5.4 创建摄像机

01 接下来为场景创建摄像机。单击摄像机按钮，进入像机创建命令面板，单击 目标 按钮，在顶视图中创建像机，在 参数 卷展栏中单击 备用镜头为 28mm 的按钮，结果如图12-67所示。

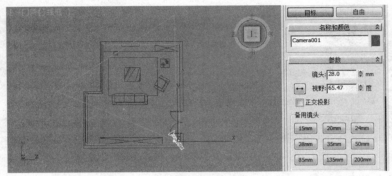

图12-67

02 在顶视图中选择整个摄像机，在移动工具按钮上单击右键，弹出"移动变换输入"对话框，设置 偏移:屏幕 栏中的 Z: 为1200，如图12-68所示。将摄像机在顶视图中沿z轴向上移动1200的高度，用于模拟成人的视线高度，结果如图12-69所示。

图12-68

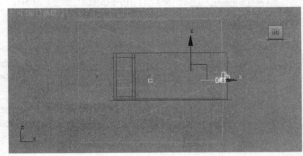

图12-69

03 摄像机的位置调整好后，激活透视图，按下C键，将该视图转换为Camera（摄像机）视图，此时摄像机视图的角度如图12-70所示。

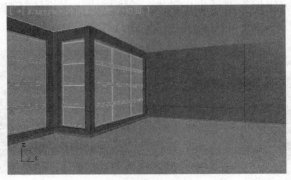

图12-70

12.5.5　合并家具

01 执行"文件"→"合并"菜单命令，打开配套光盘中的"源文件与素材/第12章/maps/家具模型组.max"文件，在弹出的"合并"对话框中，单击 全部(A) 按钮，如图12-71所示。

02 再单击 确定 按钮，将所有对象合并到当前场景中，并对位置进行调整，结果如图12-72所示。

图12-71

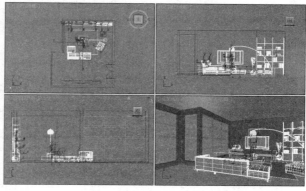

图12-72

12.5.6　赋材质

本例将采用mental ray渲染器渲染当前场景文件，首先应激活该渲染器，再将材质类型定义为mental ray专用材质，即可渲染出效果比较的图片。

1. 激活mental ray渲染器

01 在赋材质之前，我们需要将当前渲染器设置为mental ray渲染器，单击工具栏中的 （渲染设置）按钮，弹出"渲染设置"对话框，在 指定渲染器 卷展栏中单击 产品级: 后面的 按钮，在弹出的"选择渲染器"对话框中选择 mental ray 渲染器 渲染器，如图12-73所示。

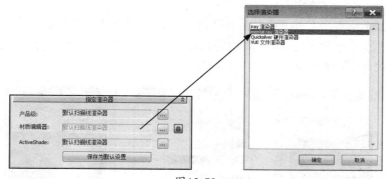

图12-73

02 并单击 确定 按钮，关闭"选择渲染器"对话框，替换当前系统默认的扫描线渲染器，"渲染设置"对话框如图12-74所示。

图12-74

2. 材质的制作

01 按M键，打开"材质编辑器"对话框，选择一个空白材质样本球命名为"乳胶漆"，单击 Standard 按钮，在弹出的"材质/贴图浏览器"对话框中双击 Autodesk墙漆 选项，如图12-75所示。将材质定义为mental ray墙漆材质，"材质编辑器"面板如图12-76所示。

图12-75　　　　　　　　　　　　　图12-76

02 单击 墙漆 卷展栏中颜色下面的颜色按钮，在弹出的"颜色选择器"对话框中设置颜色为白色即红:、绿:、蓝:均为1.0，如图12-77所示。设置好后单击 确定(O) 按钮关闭对话框，材质球效果如图12-78所示。

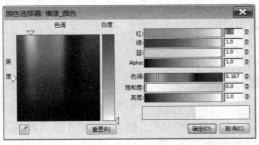

图12-77　　　　　　　　　　图12-78

03 按H键，在弹出的"从场景选择"对话框中选择 🔲 墙体 、🔲 顶面 选项，如图 12-79所示，并单击 确定 按钮，关闭对话框，单击"材质编辑器"对话框中 的 🔲（将材质指定给选定对象）按钮，将材质赋予视图中选择的墙体、顶面对象。

04 选择一个空白材质样本球命名为"蓝色乳胶漆"，并将其定义 Autodesk墙漆 材质，单击 墙漆 卷展栏中 颜色 下面的颜色按钮，在弹出的"颜色选择器"对话框中设置颜色为蓝色 红:0.17、绿:0.2、蓝:0.3，如图12-80所示。

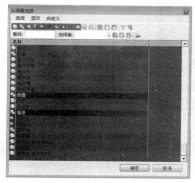 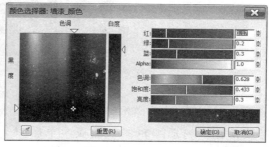

| 图12-79 | 图12-80 |

05 设置好后单击 确定(O) 按钮关闭对话框，材质球效果与参数面板如图12-81所示。并将制作好的材质赋给视图中的电视墙对象。

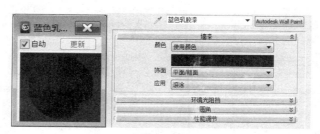

图12-81

06 选择一个空白材质样本球命名为"白瓷漆"，并将其定义 Autodesk墙漆 材质，单击 墙漆 卷展栏中 颜色 下面的颜色按钮，在弹出的"颜色选择器"对话框中设置颜色为白色即 红:、绿:、蓝:均为1.0，在 墙漆 卷展栏中的 应用 下拉列表中选择 喷涂 选项，材质球效果与参数面板如图12-82所示。

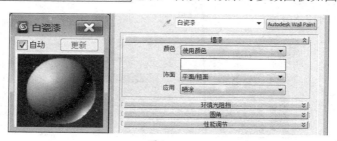

图12-82

07 按H键，在弹出的"从场景选择"对话框中选择 窗框1 、 窗框2 、 窗框3 、 踢脚线 选项，如图12-83所示，并单击 确定 按钮，关闭对话框，单击"材质编辑器"对话框中的 🔒 （将材质指定给选定对象）按钮，将材质赋予视图中选择的对象。

图12-83

08 选择一个空白材质样本球命名为"木地板"，并将其定义为 Autodesk常规 材质，在"材质编辑器"面板中单击 常规 卷展栏下 图像后面的 按钮，在弹出的"材质/贴图浏览器"对话框中双击 位图 选项，如图12-84所示，添加一个位图贴图（源文件与素材/第12章/maps/地板.jpg文件），如图12-85所示。

图12-84

图12-85

09 单击 打开(O) 按钮，关闭"选择位图图像文件"对话框，返回到"材质编辑器"对话框，单击 🎁 （转到父对象）按钮，返回顶层材质编辑面板，材质球效果与参数面板如图12-86所示。

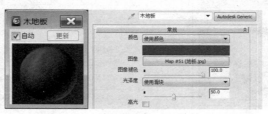

图12-86

10 进入 _____反射率_____ 卷展栏，设置直接栏的参数为70，为地板贴图添加反射效果，此时材质球效果与参数面板如图12-87所示。

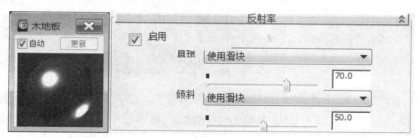

图12-87

11 选择视图中的地面对象，单击"材质编辑器"对话框中的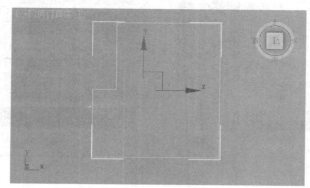（将材质指定给选定对象）按钮，将材质赋予视图中选择的对象，并单击（视口中显示明暗处理材质）按钮，在视图窗口中显示贴图纹理，结果如图12-88所示。

图12-88

12 接下来我们需要给地面对象添加贴图坐标命令以正确显示贴图大小。确认"地面"对象处于选择状态，单击修改面板中 修改器列表 ▼ 下拉列表选项中的 UVW贴图 选项，添加贴图坐标命令，并对贴图参数进行调整，效果与参数如图 12-89所示。

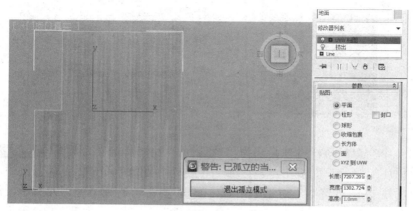

图12-89

提示

当对象处于选择状态时，按下Ctrl+Q快捷键，可将当前对象孤立起来，仅显示选择的对象，同时会弹出"已孤立的当"对话框，这样可方便对物体进行单独编辑，若要退出孤立模式，单击 退出孤立模式 按钮即可。

13 选择一个空白材质样本球命名为"红色沙发"，并将其定义为 Autodesk常规 材质，在"材质编辑器"面板中单击 常规 卷展栏中 颜色 下面的颜色按钮，在弹出的"颜色选择器"对话框中设置颜色为深红色即 红:为0.6、绿:为0、蓝:为0，如图12-90所示。

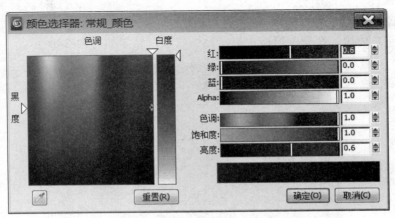

图12-90

14 单击 确定 按钮，关闭对话框，返回"材质编辑器"对话框，材质球效果与参数面板如图12-91所示。并单击 (将材质指定给选定对象)按钮，将材质赋予视图中选择的沙发垫子对象。

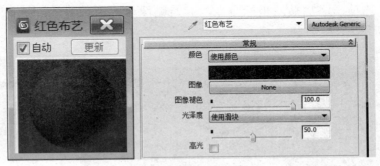

图12-91

15 选择一个空白材质样本球命名为"地毯"，并将其定义为 Autodesk常规 材质，在"材质编辑器"面板中单击 常规 卷展栏中 图像 后面的 None 按钮，在弹出的"材质/贴图浏览器"对话框中双击 位图 选项，如图12-92所示，添加一个位图贴图（源文件与素材/第12章/maps/地毯.jpg文件），如图12-93所示。

室内装饰设计与效果图表现

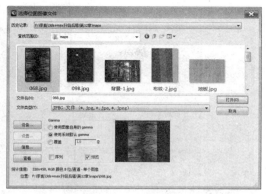

图12-92　　　　　　　　　　　　　　图12-93

16 单击 [打开(O)] 按钮，关闭"选择位图图像文件"对话框，返回到"材质编辑器"对话框，单击 ❖（转到父对像）按钮，返回顶层材质编辑面板，材质球效果与参数面板如图12-94所示。

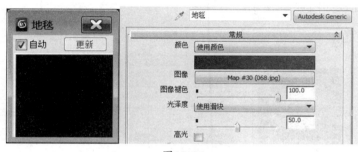

图12-94

17 进入"材质编辑器"对话框中的 ⊔⊓ 卷展栏，勾选 ☑ 启用 选项，将 [常规] 卷展栏中的 [Map #30 (068.jpg)] 贴图按钮拖到 ⊔⊓ 卷展栏中的 [None] 按钮，复制贴图，并在弹出的"实例（副本）贴图"对话框中选择 ◉ 复制 选项，如图12-95所示，再单击 [确定] 按钮，关闭对话框，材质编辑面板如图12-96所示。

图12-95　　　　　　　　　　　　　图12-96

18 选择视图中的地毯对象，单击"材质编辑器"对话框中的 ❖（将材质指定给选定对象）按钮，将材质赋予视图中选择的对象，确认"地毯"对象处于选择状态，单击修改面板中 [修改器列表] 下拉列表选项中的 [UVW贴图] 选项，添加贴图坐标命令，并对贴图参数进行调整，效果与参数如图12-97所示。

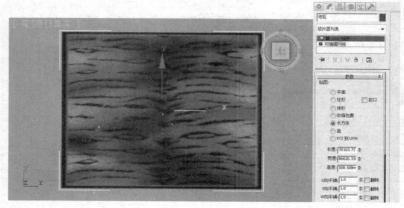

图12-97

19 选择一个空白材质样本球命名为"不锈钢",并将其定义 Autodesk金属 材质,进入 金属 卷展栏,选择 类型为 不锈钢 选项,饰面为 抛光 选项,材质球效果与参数面板如图12-98所示。

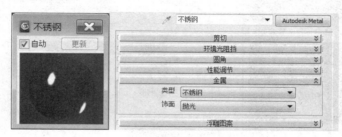

图12-98

20 按H键,在弹出的"从场景选择"对话框中选择 沙发架1 、 沙发架2 、 沙发脚1 、 沙发脚2 、 灯 、 书柜脚 选项,如图12-99所示,并单击 确定 按钮,关闭对话框,单击"材质编辑器"对话框中的 (将材质指定给选定对象)按钮,将材质赋予视图中选择的对象。激活Camera摄像机视图,单击工具栏中的渲染产品按钮,渲染效果如图12-100所示。

图12-99

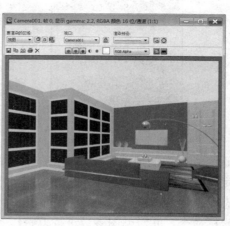

图12-100

21 通过以上渲染效果，我们可以看到窗外一片漆黑，下面需要通过修改背景颜色为白色即可模拟白天效果。执行"渲染"→"环境"菜单命令，在弹出的"环境和效果"对话框中单击 背景:栏中 颜色: 下面的按钮，即可打开"颜色选择器"对话框，设置颜色为白色即红:为234、绿:为255、蓝:为255，如图12-101所示，这样背景颜色就修改成了白色。

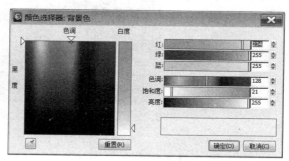

图12-101

22 单击 确定(O) 按钮，关闭"颜色选择器"对话框，再单击工具栏中的 🕲（渲染产品）按钮，渲染效果如图12-102所示。

图12-102

23 接下来制作其余对象的材质。选择一个空白材质样本球命名为"白烤漆"，并将其定义 🔲 Autodesk陶瓷 材质，进入 陶瓷 卷展栏，选择 类型 为 瓷器 选项，饰面 为 缎光 选项，材质球效果与参数面板如图12-103所示。

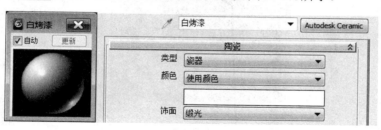

图12-103

24 按H键，在弹出的"从场景选择"对话框中选择 茶布 、 茶几 、 电视柜 、 柜子 、 干花 选项，如图12-104所示，并单击 确定 按钮，关闭对话框，单击"材质编辑器"对话框中的 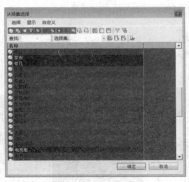（将材质指定给选定对象）按钮，将材质赋予视图中选择的对象。

图12-404

25 选择一个空白材质样本球命名为"白瓷器"，并将其定义 Autodesk陶瓷 材质，进入 陶瓷 卷展栏，选择 类型 为 瓷器 选项， 饰面 为 强光泽/玻璃 选项，材质球效果与参数面板如图12-105所示。

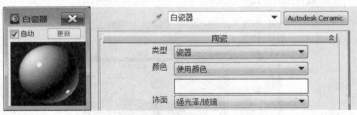

图12-105

26 按H键，在弹出的"从场景选择"对话框中选择 茶瓶1 、 茶瓶2 、 茶瓶3 、 茶瓶4 选项，如图12-106所示，并单击 确定 按钮，关闭对话框，单击"材质编辑器"对话框中的 （将材质指定给选定对象）按钮，将材质赋予视图中选择的对象。

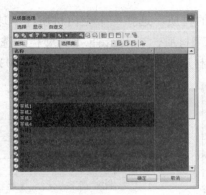

图12-106

27 接下来制作电视框材质。选择一个空白材质样本球命名为"拉丝银",并将其定义 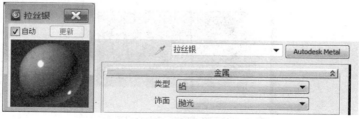 材质,进入 ▢陶瓷▢ 卷展栏,选择 ▢类型▢ 为 ▢瓷器▢ 选项, ▢饰面▢ 为 ▢强光泽/玻璃▢ 选项,材质球效果与参数面板如图12-107所示。将材质赋给视图中名为"电视框"的对象。

图12-107

28 选择一个空白材质样本球命名为"黑玻璃",并将其定义 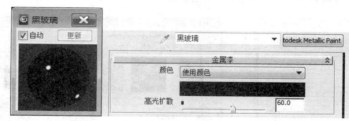 材质,进入 ▢金属漆▢ 卷展栏,单击 ▢颜色▢ 栏下的颜色按钮,在弹出的"颜色选择器"对话框中设置颜色为黑色即 ▢红▢、▢绿▢、▢蓝▢ 均为0。材质球效果与参数面板如图12-108所示。

图12-108

29 按H键,在弹出的"从场景选择"对话框中选择 ▢瓶子1▢、▢瓶子2▢、▢装饰架1▢、▢装饰架2▢、▢电视屏▢、▢茶杯1▢、▢茶杯2▢、▢茶杯3▢ 选项,如图12-109所示,并单击 ▢确定▢ 按钮,关闭对话框,单击"材质编辑器"对话框中的 ▢▢(将材质指定给选定对象)按钮,将材质赋予视图中选择的对象。

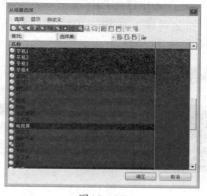

图12-109

30 选择"材质编辑器"对话框中名为"不锈钢"的材质,将其赋给视图中名为

"电视按钮"的对象，并对电视对象进行孤立，渲染效果如图12-110所示。

图12-110

31 选择一个空白材质样本球并命名为"家具木纹"，并将其定义 Autodesk 常规 材质，进入 常规 卷展栏，单击 图像 后面的 None 按钮，在弹出的"材质/贴图浏览器"对话框中双击 位图 选项，如图12-111所示。添加一个位图贴图（源文件与素材/第12章/maps/木纹.jpg文件），如图12-112所示。

图12-111

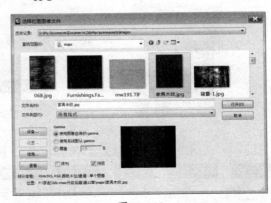

图12-112

32 单击 打开(O) 按钮，关闭"选择位图图像文件"对话框，返回到"材质编辑器"对话框，单击 （转到父对象）按钮，返回顶层材质编辑面板，材质球效果与参数面板如图12-113所示。

图12-113

33 按H键，在弹出的"从场景选择"对话框中选择 书柜立板 、 茶盘 选项，如图

12-114所示，并单击 确定 按钮，关闭对话框，单击"材质编辑器"对话框中的 （将材质指定给选定对象）按钮，将材质赋予视图中选择的对象，并单击 （在视口中显示明暗处理材质）按钮，显示贴图纹理。

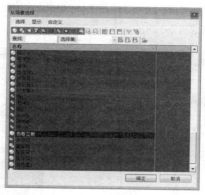

图12-114

34 选择"书柜立板"对象，单击 （修改）面板中 修改器列表 下拉列表选项中的 UVW贴图 选项，添加贴图坐标命令，设置贴图类型为 ⊙长方体 选项，在左视图中的效果与参数如图12-115所示。

图12-115

35 选择"茶盘"对象，单击修改面板中 修改器列表 下拉列表选项中的 UVW贴图 选项，添加贴图坐标命令，设置贴图类型为 ⊙长方体 选项，在前视图中的效果与参数如图12-116所示。

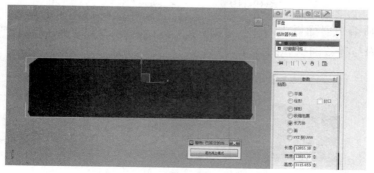

图12-116

36 接下来制作装饰盘材质。选择一个空白材质样本球命名为"装饰盘"，并将其定义 [Autodesk陶瓷] 材质，进入 [陶瓷] 卷展栏，选择 [使用颜色] 下拉列表框中的 [使用贴图] 选项，再单击下面的 [None] 按钮，在弹出"材质/贴图浏览器"对话框中双击 [位图] 选项，如图12-117所示。添加一个位图贴图（源文件与素材/第12章/maps/画.jpg文件），如图12-118所示。

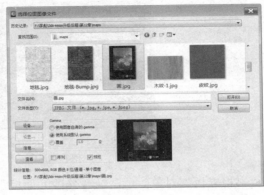

图12-117　　　　　　　　　　图12-118

37 单击 [打开(O)] 按钮，返回材质编辑器面板，进入 [位图参数] 卷展栏，勾选 ☑[应用] 复选框，如图12-119所示，再单击 [查看图像] 按钮，打开"指定裁剪/放置"对话框，通过调整方块确定裁剪区域，如图12-120所示，完成后单击 [X] 按钮关闭对话框。

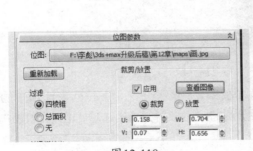

图12-119　　　　　　　　　　图12-120

38 单击材质编辑器面板中的 [图] （转到父对象）按钮，返回顶层材质编辑面板，材质球效果与参数面板如图12-121所示。

图12-121

39 选择视图中名为"装饰盘2"的对象，单击"材质编辑器"对话框中的 （将材质指定给选定对象）按钮，将材质赋予视图中选择的对象，确认"装饰盘2"对象处于选择状态，单击修改面板中 修改器列表 ▼ 下拉列表选项中的 UVW 贴图 选项，添加贴图坐标命令，设置贴图类型为 ◎ 长方体 选项，并单击 适配 按钮，在前视图中的贴图效果与参数如图12-122所示。

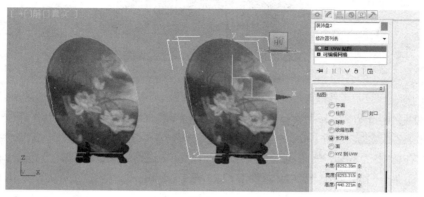

图12-122

提示

　　视图中的"装饰盘1"与"装饰盘2"对象在复制时因为采用了 ◎ 实例 选项，所以复制对象与原对象具有关联性，当对其中任意对象进行编辑修改时，与之有关联的对象都同时被编辑修改。

40 在材质编辑面板中选择名为"玻璃"的材质，单击 Standard 按钮，在弹出的"材质/贴图浏览器"对话框中双击 Autodesk玻璃 选项，定义为mental ray玻璃材质类型，单击材质编辑面板中的 （背景）按钮，便于观察玻璃材质效果，材质球效果与参数面板如图12-123所示。

图12-123

41 按H键，在弹出的"从场景选择"对话框中选择 玻璃1 、 玻璃2 、 玻璃3 、 玻璃隔板 选项，如图12-124所示，并单击 确定 按钮，关闭对话框，单击"材质编辑器"对话框中的 （将材质指定给选定对象）按钮，将材质赋予视图中选择的对象。

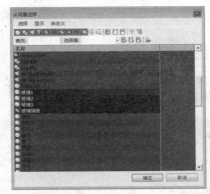

图12-124

42 下面制作书贴图。选择一个空白材质样本球命名为"书封1"，并将其定义 ▆ Autodesk 常规 材质，进入 常规 卷展栏，单击 图像后面的 None 按 钮，在弹出"材质/贴图浏览器"对话框中双击 位图 选项，如图12-125所 示。添加一个位图贴图（源文件与素材/第12章/maps/书封-1.jpg文件），如图12- 126所示。

图12-125

图12-126

43 单击 打开(O) 按钮，返回材质编辑器面板，单击 （转到父子对象）按钮，返回 顶层材质编辑面板，材质球效果与参数面板如图12-127所示。

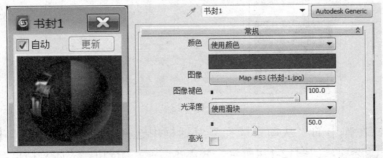

图12-127

44 选择视图中名为"书001"、"书002"、"书003"、"书004"对象，单击

室内装饰设计与效果图表现

"材质编辑器"对话框中的 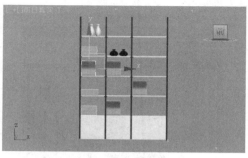（将材质指定给选定对象）按钮，将材质赋予视图中选择的对象，并单击 （在视口中显示明暗处理材质）按钮，显示贴图纹理，如图12-128所示。

图12-128

45 选择一个空白材质样本球命名为"书封2"，并将其定义 █Autodesk常规 材质，进入 常规 卷展栏，单击 图像 后面的 None 按钮，在弹出"材质/贴图浏览器"对话框中双击 ☑位图 选项，如图12-129所示。添加一个位图贴图（源文件与素材/第12章/maps/书封-2.jpg文件），如图12-130所示。

图12-129

图12-130

46 单击 打开(O) 按钮，返回材质编辑器面板，单击 █（转到父子对象）按钮，返回顶层材质编辑面板，材质球效果与参数面板如图12-131所示。

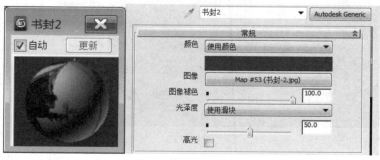

图12-131

47 选择视图中名为"书2"、"书2-1"、"书005"对象，单击"材质编辑器"对话框中的 ![]（将材质指定给选定对象）按钮，将材质赋予视图中选择的对象，激活Camera像机视图，单击工具栏中的 ![]（渲染产品）按钮，渲染效果如图12-132所示，这样材质就做好了。

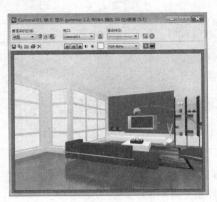

图12-132

12.5.7 创建灯光

本例主要制作阳光照射客厅效果，主要练习标准灯光 目标平行光 的参数设置以及光度学 mr Sky 门户 灯光的创建与参数调整。

1. 制作透过窗户的阳光主光01

01 单击灯光创建命令面板中的 目标平行光 按钮，在顶视图模型的左侧位置创建目标平行光Direct001，用于照亮整个场景，并在 常规参数 卷展栏阴影选项中勾选 ☑ 启用 复选框，打开阴影设置，并在下拉列表框中选择 光线跟踪阴影 选项，设置阴影类型为光线跟踪阴影，在 强度/颜色/衰减 卷展栏设置 倍增: 参数为0.2，并调整 平行光参数 卷展栏中 聚光区/光束: 和 衰减区/区域: 参数，位置与参数如图12-133所示。

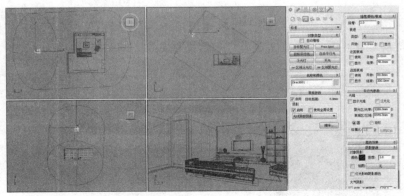

图12-133

02 在 阴影参数 参数卷展栏中单击 对象阴影: 选项下的颜色按钮，在弹出的"颜色选择器"对话框中设置颜色为深灰色即 红:、绿:、蓝:均为57，如图12-134所示，

完成后单击 确定(O) 按钮关闭对话框，这样阴影的颜色不会一片漆黑，而变成了深灰色。

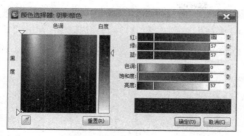

图12-134

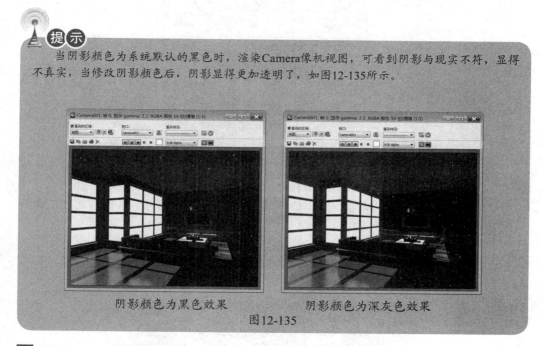

提示

当阴影颜色为系统默认的黑色时，渲染Camera像机视图，可看到阴影与现实不符，显得不真实，当修改阴影颜色后，阴影显得更加透明了，如图12-135所示。

阴影颜色为黑色效果　　　阴影颜色为深灰色效果

图12-135

03 激活Camera摄像机视图，单击工具栏中的 ⬚ （渲染产品）按钮，渲染效果如图12-136所示，这样透过窗户的阳光就做好了。

图12-136

2.制作场景辅光模拟室内反光效果

01 在灯光创建命令面板中选择 标准 下拉列表框中的 光度学 选项，设置当前灯光为 光度学 灯光类型，单击 mr Sky 门户 按钮，在左视图左侧窗洞位置创建窗户大小的mr sky 门户灯光，并对位置进行调整，位置与参数如图12-137所示。

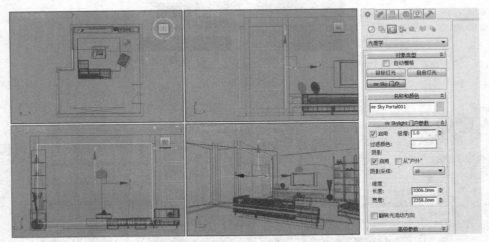

图12-137

02 激活Camera摄像机视图，单击工具栏中的 (渲染产品)按钮，渲染效果如图12-138所示。此时可以看到窗洞位置创建的灯在渲染后成为一块白色，接下来我们将对这种现象进行修正。

图12-138

03 确认创建的目标平行光Direct001处于选择状态，单击修改按钮，进入修改命令面板，进入 高级参数 卷展栏取消 对渲染器可见 勾选状态，此次再对Camera摄像机视图进行渲染，效果与参数设置如图12-139所示。

图12-139

04 单击工具栏中的移动工具按钮，在左视图中将目标平行光Direct001水平移动复制一个到右侧窗洞位置，并在弹出的"克隆选项"对话框中选择 ◎ 实例 选项，如图12-140所示。位置如图12-141所示。

图12-140

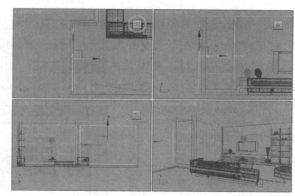

图12-141

05 激活Camera摄像机视图，单击工具栏中的 🎥 （渲染产品）按钮，渲染效果如图12-142所示，通过以上操作灯光就布置好了。

图12-142

12.5.8 创建窗外美景

01 单击几何体创建面板中的 长方体 按钮，在前视图中创建一个足够大的长方体，用于制作窗外环境图，并在顶视图中利用旋转工具对长方体的角度进行旋转，位置与大小如图12-143所示。

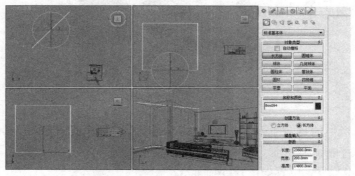

图12-143

02 接下来制作窗外美景贴图。按M键，打开"材质编辑器"对话框，选择一个空白材质样本球命名为"窗外美景"，单击 漫反射: 后面的 按钮，在弹出的"材质/贴图浏览器"对话框中双击 位图 选项，如图12-144所示。添加一个位图贴图（源文件与素材/第12章/maps/背景-2.jpg文件），如图12-145所示。

图12-144

图12-145

03 单击 按钮，关闭"选择位图图像文件"对话框，返回到"材质编辑器"对话框，单击 （转到父对像）按钮，返回顶层材质编辑面板，设置 自发光 栏的 颜色 参数为100，材质球效果与参数面板如图12-146所示。

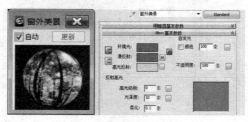

图12-146

04 激活Camera摄像机视图，单击工具栏中的 📷（渲染产品）按钮，渲染效果如图
12-147所示，这样休闲阳光客厅就做好了。

图12-147

渲染输出

01 激活Camera摄像机视图，单击工具栏中的 🖼（渲染设置）按钮，在弹出的对话
框中设置 输出大小 参数（ 宽度:3000、 高度:2250），再单击对话框中的 渲染 按钮
进行渲染，如图12-148所示。

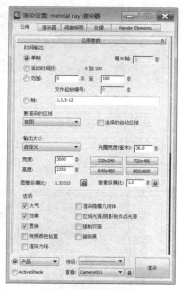

图12-148

02 渲染好后的效果如图12-149所示，再单击 🖫（保存）按钮，保存文件，
文件名(N): 为"阳光客厅"， 保存类型(T): 为TIFF格式，并在弹出的"TIF图像控
制"对话框中选择相应的选项，如图12-150所示，再单击 确定 按钮即可。

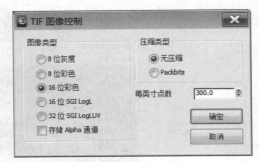

图12-149　　　　　　　　　　　　　　　　　　图12-150

12.5.9　后期处理

01 打开Photoshop CS4应用程序，执行"文件"→"打开"菜单命令，打开配套光盘中的"源文件与素材/第12章/阳光客厅.tif"效果图片文件，如图12-151所示。

图12-151

02 下面调整场景整体对比度，执行"图像"→"调整"→"曲线"菜单命令或按Ctrl+M快捷键，打开"曲线"对话框，在对话框中的调整线上单击，插入调整点，并调整曲线状态如图12-152所示。单击 确定 按钮，结果如图12-153所示。

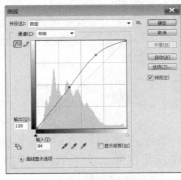

图12-152　　　　　　　　　　　　　　　图12-153

03 接下来制作书柜玻璃隔板的厚度，在图层面板中单击 ![]（新建图层）按钮，新建"图层1"，并按Ctrl++放大视图显示，再按住键盘上的空格键不放切换为平移状态，拖动光标平移视图，显示书柜隔板区域，如图12-154所示。

图12-154

提示

按Ctrl++或Ctrl+-组合键，可对视图进行放大或缩小显示。

04 单击工具栏中的 ![]工具不放，在展开的浮动工具按钮中选择 ![]（多边形套索）工具，选择装饰隔板侧面轮廓，如图12-155所示。并单击工具栏中的前景色颜色按钮■，在打开的"拾色器"对话框中设置颜色为墨绿色即 ⓡR: 为5、ⓖG: 为82、ⓑB: 为77，如图12-156所示。

图12-155

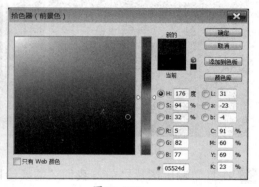

图12-156

05 设置好颜色后，单击 ![确定] 按钮，关闭"拾色器"对话框，单击工具栏中的 ![]（渐变工具）按钮不放，在展开的浮动工具按钮中选择 ![]（油漆桶工具），单击选择区域，将制作好的前景色填充到选区内，如图12-157所示。并按Ctrl+D快捷键，取消选区。

06 参照以上勾选玻璃隔板轮廓的方法与步骤，完成所有玻璃隔板轮廓的勾选操作，并填充上前景色，具体操作步骤这里就不再重复叙述，完成后的最终效果如图12-158所示。此时图层面板中 “图层1” 的不透明度:参数设置为100%，可以看到玻璃隔板材质不够真实。

图12-157

图12-158

07 下面我们将通过调整“图层1”的不透明度来表现玻璃隔板材质的真实效果，在图层面板中将“图层1”的不透明度:参数设置为50%，调整后的效果如图12-159所示，这样玻璃隔板就做好了。

08 为了使画面构图更加完美，下面对图片进行裁剪。首先单击工具栏中的（裁剪）工具按钮，在视图中框选保留区域，按Enter键，确认裁剪操作，结果如图12-160所示。

图12-159

图12-160

09 在打印输出图片之前，我们还需要给图片进行文字标注和添加一个边框，首先标注文字，单击工具栏中的（文字）工具按钮，在视图右下角单击指定输入文字的位置，并单击上方工具栏中文字颜色按钮，在打开的“选择文本颜色”对话框中设置颜色为白色即R:为255、G:为255、B:为255，如图12-161所示。完成后单击确定按钮关闭对话框，并在文字工具栏设置文字大小为10点。

10 此时输入“休闲客厅效果图”文字，结果如图12-162所示。此时图层面板自动生成“休闲客厅效果图”文字图层。

图12-161

图12-162

11 接下来制作边框，首先修改"背景"图层为可编辑图层。在图层面板中双击
"背景"图层，弹出"新建图层"对话框，如图12-163所示，再单击 确定
按钮，"背景"图层被修改为可编辑的"图层0"，图层面板如图12-164所示。

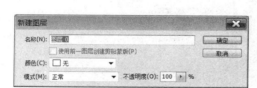
图12-163

图12-164

12 在工具栏中单击█按钮，将前景色变成黑色与背景变成白色，按Ctrl+A快捷键，
全选视图，如图12-165所示，选择区域变成虚线框。再执行"编辑/描边"菜单
命令，弹出"描边"对话框，设置宽度(W):参数为4，如图12-166所示。

图12-165

图12-166

13 单击 确定 按钮，关闭对话框，并按Ctrl+D快捷键，取消选区，结果如图
12-167所示，边框变成了黑线。

14 执行"图像"→"画布大小"菜单命令，弹出"画布大小"对话框，此时对话

框显示当前视图的尺寸大小，分别在**宽度(W):**和**高度(H):**参数基础上增加0.8厘米，如图12-168所示，将画布向四周扩展。

图12-167   图12-168

15 设置好后，单击 ` 确定 ` 按钮关闭对话框，此时的效果如图12-169所示，图像向四周扩展，并以透明的背景色显示扩展边。

图12-169

16 单击工具栏中的 按钮，将前景颜色切换为白色，单击工具栏中的 （油漆桶工具），单击扩展的透明背景区域，将其填充为白色，结果如图12-170所示。

17 接下来再添加一个细边黑色外框。单击工具栏中的 按钮，将前景色变成黑色，按Ctrl+A快捷键，全选视图，选择区域变成虚线框。再执行"编辑"→"描边"菜单命令，弹出"描边"对话框，设置**宽度(W):**参数为2，如图12-171所示。

图12-170   图12-171

18 单击 确定 按钮，关闭对话框，并按Ctrl+D快捷键，取消选区，完成边框制作，结果如图12-172所示，这样就可以打印出图了。

图12-172

19 通过以上操作"休闲客厅"效果图后期处理就完成了，最后将文件存为PSD格式，以便日后调用修改。

本章小结

通过本章对室内装饰设计的相关基础知识和"休闲客厅效果图表现"实例制作的学习，综合应用了3ds Max在建筑装饰设计中的应用技能，熟悉了效果图制作流程、掌握了室内装饰效果图的材质、灯光的表现方法以及效果图后期处理核心技术，为我们今后在实际应用工作中打下了坚实的基础，希望大家能通过大量建筑效果图的实战演练掌握不同风格效果图的表现方法和技巧，从而轻松快捷地制作出高质量的效果图作品。

过关练习

1. 选择题

（1）下面属于整个室内装饰流程的工种有____。

A．水电工

B．木工

C．水泥工

D．漆工

（2）下面哪些活动属于室内装饰？____

A．改造水电线路

B．对室内布局规划

C．装饰品的布置

D．绘制建筑效果图

（3）室内装饰设计的具体内容包括____。

A．室内空间的设计

B．装饰地面

C．装饰墙面

D．装饰天棚

2．上机题

本练习将制作"建筑外观"效果图。主要练习建筑外观效果图的制作方法与灯光设置，完成后的效果如图12-173所示。

图12-173

操作提示：

01　执行"文件"→"导入"菜单命令，导入"平面图.dwg"文件，用 ▨线▨ 工具描出墙体轮廓，如图12-174所示。

02　利用 ▨线▨ 工具与 ▨矩形▨ 工具，通过 挤出 、 编辑网格 、 布尔 等修改命令，制作出别墅的基本造型。

03　为建好的模型赋材质，并进行渲染，效果如图12-175所示。

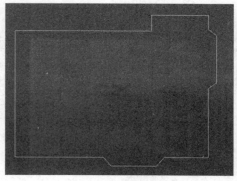

图12-174

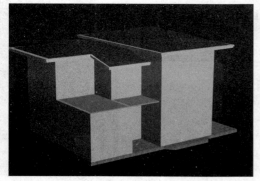

图12-175

04　制作飘窗，并用 布尔 命令修剪出窗洞与门洞，用 晶格 修改命令制作窗框，效果如图12-176所示。

05 制作阳台与装饰部件，最后赋材质，效果如图12-177所示。

图12-176　　　　　　　　　　　　　图12-177

06 合并灯具与制作花园，并赋材质，效果如图12-178所示。

07 创建相机与灯光，渲染输出，如图12-179所示。

图12-178　　　　　　　　　　　　　图12-179

08 在Photoshop中添加配景与调整图片色调，效果如图12-180所示。

图12-180